职业技术教育课程改革新规划教材
电子技术应用专业

工作过程系统化

PROTEUS仿真软件应用

PROTEUS

FANGZHEN RUANJIAN YINGYONG

本书以目前广泛使用的EDA软件——PROTEUS为基础，介绍该软件在电子电路仿真和电子线路板制作(PCB布线)方面的应用。全书共分为三个学习领域，分别介绍了PROTEUS软件在模拟电路、数字电路和单片机电路中的应用，重点讲述电路原理图的绘制与仿真、数字电路的仿真与电子线路板的制作和单片机电路的软硬件联合调试。本书适合职业技术学校电类专业理实一体化教学使用。

主　编　张文涛
副主编　吴建春
参　编　高建国　李　明　杨爱武

华中科技大学出版社
（中国·武汉）

图书在版编目(CIP)数据

PROTEUS仿真软件应用/张文涛主编．—武汉:华中科技大学出版社,2010年2月(2023.2重印)

ISBN 978-7-5609-5962-7

Ⅰ.①P… Ⅱ.①张… Ⅲ.①单片微型计算机-系统仿真-应用软件,PROTEUS-专业学校-教材 Ⅳ.①TP368.1

中国版本图书馆CIP数据核字(2010)第013100号

PROTEUS仿真软件应用　　张文涛　主编

策划编辑:王红梅

责任编辑:刘　勤　　封面设计:秦　茹

责任校对:祝　菲　　责任监印:朱　玢

出版发行:华中科技大学出版社(中国·武汉)　　电话:(027)81321913

武汉市东湖新技术开发区华工科技园　　邮编:430223

录　排:武汉市兴明图文信息有限公司

印　刷:武汉邮科印务有限公司

开本:787mm×1092mm　1/16　　印张:16.25　　字数:380 000

版次:2010年2月第1版　　印次:2023年2月第5次印刷　　定价:39.80元

ISBN 978-7-5609-5962-7/TP·717

内容简介

本书以目前广泛使用的 EDA 软件——PROTEUS 为基础，介绍了该软件在电子电路仿真和电子线路板制作（PCB 布线）方面的应用。全书共分为三个学习领域（“学习领域”一词取自德国新版的教学大纲)：学习领域一介绍了 PROTEUS 软件在模拟电路中的应用，重点讲述电路原理图的绘制与仿真；学习领域二介绍了 PROTEUS 软件在数字电路中的应用，重点讲述数字电路的仿真与电子线路板的制作；学习领域三介绍了 PROTEUS 软件在单片机电路中的应用，重点讲述单片机电路的软、硬件联合调试。在每个学习领域中安排了相应的学习项目，每个项目都由相关的学习任务组成。

本书力求理论联系实际，遵循循序渐进的原则，按照项目体系进行编写。读者在学习过程中，既可以按顺序进行学习，也可以从中挑出适合自己的项目进行练习。

本书适合电类高职及中职学校的学生学习使用，也可供广大的电子爱好者学习使用。

总　序

世界职业教育发展的经验和我国职业教育发展的历程都表明，职业教育是提高国家核心竞争力的要素。职业教育这一重要作用和地位，主要体现在以下两个方面：其一，职业教育承载着满足社会需求的重任，是培养为社会直接创造价值的高素质劳动者和专门人才的教育，职业教育既是经济发展的需要，又是促进就业的需要；其二，职业教育还承载着满足个性需求的重任，是促进以形象思维为主的具有另类智力特点的青少年成才的教育。职业教育既是保证教育公平的需要，又是教育协调发展的需要。

这意味着，职业教育不仅有着自己的特定目标——满足社会经济发展的人才需求以及与之相关的就业需求，而且有着自己的特殊规律——促进不同智力群体的个性发展以及与之相关的智力开发。

长期以来，由于我们对职业教育作为一种类型教育的规律缺乏深刻的认识，加之学校职业教育又占据绝对主体地位，因此职业教育与经济、与企业联系不紧，导致职业教育的办学未能冲破“供给驱动”的束缚；由于与职业实践结合不紧密，职业教育的教学也未能跳出学科体系的框架，所培养的职业人才，其职业技能的专深不够、职业工作的能力不强，与行业、企业的实际需求，也与我国经济发展的需要，相距甚远。实际上，这也不利于个人通过职业这个载体实现自身所应有的生涯发展。

因此，要遵循职业教育的规律，强调校企合作、工学结合，在“做中学”，在“学中做”，就必须进行教学改革。职业教育教学应遵循“行动导向”的教学原则，强调“为了行动而学习”、“通过行动来学习”和“行动就是学习”的教育理念，让学生在由实践情境构成的以过程逻辑为中心的行动体系中获取过程性知识，去解决“怎么做”（经验）和“怎么做更好”（策略）的问题，而不是在由专业学科构成的以架构逻辑为中心的学科体系中去追求陈述性知识，只解决“是什么”（事实、概念等）和“为什么”（原理、规律等）的问题。由此，作为教学改革核心的课程，就成为职业教育教学改革成功与否的关键。

当前，在学习和借鉴国内外职业教育课程改革成功经验的基础之上，工作过程导向的课程开发思想已逐渐为职业教育战线所认同。所谓工作过程，是“在企业里为完成一件工作任务并获得工作成果而进行的一个完整的工作程序”，是一个综合的、时刻处于运动状态但结构相对固定的系统。与之相关的工作过程知识，是情境化的职业经验知识与普适化的系统科学知识的交集，它“不是关于单个事务和重复性质工作的知识，而是在企业内部关系中将不同的子工作予以连接的知识”。以工作过程逻辑展开的课程开发，其内容编排以典型职业工作任务以及实际的职业工作过程为参照系，按照完整行动所特有的“资讯、决策、计划、实施、检查、评价”结构，实现学科体系的解构与行动体系的重构，实现于变化的、具体的工作过程之中获取不变的、思维过程完整性的训练，实现实体性技术、规范性技术通过过程性技术的物化。

近年来，教育部在中等职业教育和高等职业教育领域，组织了我国职业教育史上最大的职业教育师资培训项目——中德职教师资培训项目和国家级骨干师资培训项目。这些骨干教师通过学习、了解、接受先进的教学理念和教学模式，结合中国的国情，开发了更适合我国国情、更具有中国特色的职业教育课程模式。

华中科技大学出版社结合我国正在探索的职业教育课程改革，邀请我国职业教育领域的专家、企业技术专家和企业人力资源专家，特别是接受过中德职教师资培训或国家级骨干教师培训的中等职业学校的骨干教师，为支持、推动这一课程开发应用于教学实践，进行了有意义的探索——工作过程导向课程的教材编写。

华中科技大学出版社的这一探索，有以下两个特点。

第一，课程设置针对专业所对应的职业领域，邀请相关企业的技术骨干、人力资源管理者以及行业著名专家和院校骨干教师，通过访谈、问卷和研讨，由企业技术骨干和人力资源管理者提出职业工作岗位对技能型人才在技能、知识和素质方面的要求，结合目前我国中职教育的现状，共同分析、讨论课程设置存在的问题，通过科学合理的调整、增删，确定课程门类及其教学内容。

第二，教学模式针对中职教育对象的智力特点，积极探讨提高教学质量的有效途径，根据工作过程导向课程开发的实践，引入能够激发学习兴趣、贴近职业实践的工作任务，将项目教学作为提高教学质量、培养学生能力的主要教学方法，把适度够用的理论知识按照工作过程来梳理、编排，以促进符合职业教育规律的新的教学模式的建立。

在此基础上，华中科技大学出版社组织出版了这套工作过程导向的中等职业教育“十一五”规划教材。我始终欣喜地关注着这套教材的规划、组织和编写的过程。华中科技大学出版社敢于探索、积极创新的精神，应该大力提倡。我很乐意将这套教材介绍给读者，衷心希望这套教材能在相关课程的教学中发挥积极作用，并得到读者的青睐。我也相信，这套教材在使用的过程中，通过教学实践的检验和实际问题的解决，不断得到改进、完善和提高。我希望，华中科技大学出版社能继续发扬探索、研究的作风，在建立具有我国特色的中等职业教育和高等职业教育的课程体系的改革之中，做出更大的贡献。

是为序。

教育部职业技术教育中心研究所

《中国职业技术教育》杂志主编

学术委员会秘书长

中国职业技术教育学会

理事、教学工作委员会副主任

职教课程理论与开发研究会主任

姜大源 研究员 教授

2008年7月15日

前 言

随着电子技术和计算机技术的飞速发展，掌握 EDA（电子设计自动化）技术已经成为电类专业学生的一项基本技能。为了帮助同学们快速掌握 PROTEUS 软件的基本使用方法，并能利用电子设计软件完成电子电路的设计、仿真、布线，特编写了本书。

本书作为全国中等职业教育电类专业系列教材之一，在编写过程中充分吸收和借鉴了德国先进的教学理念，教材的编写采用以过程为导向，以训练学生的职业技能为基本要求，以培养学生的工作能力为最终目的。本书以目前使用广泛的 EDA 软件——PROTEUS 为基础，介绍了软件在仿真和 PCB 布线方面的应用。全书共分为三个学习领域，分别介绍了 PROTEUS 软件在模拟电路、数字电路、单片机电路中的应用。在每个学习领域中安排了相应的学习项目，每个项目都由相关的学习任务组成。

本书由入门起步，按照循序渐进的原则，讲述了 PROTEUS 软件的绘制原理图、电路仿真、PCB 布线方面的知识。由于按照项目体系进行编写，学生在学习过程中既可以按顺序进行学习，也可以从中挑出适合自己的项目进行练习。

书中共有14个项目。由张文涛任主编，吴建春任副主编，参加编写的人员有：张文涛（编写项目一、二、八、九、十三、十四、附录），吴建春（编写项目六、七），杨爱武（编写项目三、四），李明（编写项目五、十），高建国（编写项目十一、十二）。全书由张文涛统稿。

由于时间紧迫，加上编者水平所限，书中错误难免，恳请广大读者批评指正，以方便我们改正。如有问题请发邮件至：zwt139@163.com。

编　者

2009年9月

目　录

项目一　直流稳压电源

项目二　三极管开关电路

项目三　MP4 音乐放大器

contents

项目九 计数器仿真

项目十 电子秒表

项目十一 单片机控制走马灯电路

项目十二 单片机控制的加减计数器

项目十三 数控直流稳压电源

Contents

项目十四　智能小车调速电路

项目一

直流稳压电源

【项目描述】

本项目是利用直流稳压电源电路来介绍PROTUES软件的基本操作及电压表、电流表的基本使用。

【学习目标】

通过本项目的学习，学生应能掌握直流稳压电源电路中各部分的组成及调试。

【能力目标】

1.专业能力

掌握PROTEUS软件的基本操作及仿真电压表、电流表、示波器的使用。

2.方法能力

学会测得实验数据和获得实验波形，并根据电路功能调试电路。

任务 1　半波整流电路

任务要求

（1）了解半波整流电路中的仿真元器件和使用方法。

（2）掌握仿真软件的基本操作。

（3）掌握用仿真示波器观察半波整流电路参数、波形的方法。

技能训练

（1）在电脑上打开 PROTEUS 软件的 ISIS 程序，点击主工具栏的新建设计图标，新建一个文件。

（2）单击左侧工具箱中的图标后，再单击 P 按钮，打开元件拾取对话框。按表 1-1 所示，采用直接查询法，把所有元件都拾取到编辑区的元件列表中。

表 1-1　半波整流电路元件清单

元 件 名	含 义	所 在 库	参 数
RES	电阻	DEVICE	3 kΩ
DIODES	二极管	DEVICE	—
ALTERNATOR	交流电源	DEVICE	20 V，50 Hz

（3）把元件从对象选择器中放置到图形编辑区中。

（4）单击左侧工具箱中的图标后，选择“GROUND”作为接地端。

（5）调整元件在图形编辑区中的位置，并右击各元件图标，选择“Edit Properties”修改各元件参数，再将电路连接，如图 1-1 所示。

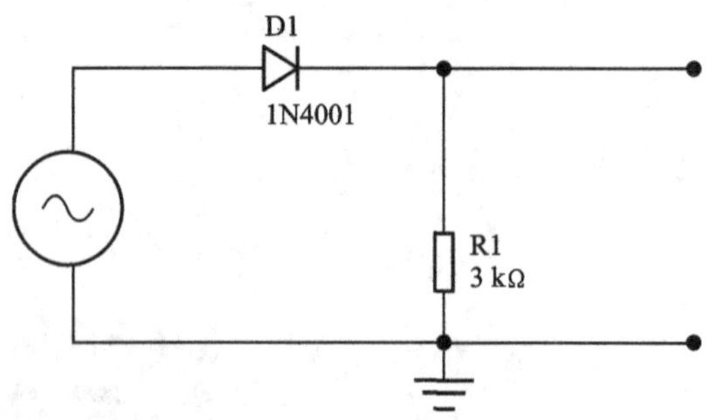

图 1-1　半波整流电路

基本活动

1. 观察输入、输出波形特点

（1）选取虚拟仪器图标 来获取示波器(OSCILLOSCOPE)放置到图形编辑区中，并与电路连接，如图 1-2 所示。

（2）控制按钮如图 1-3 所示，单击运行按钮。

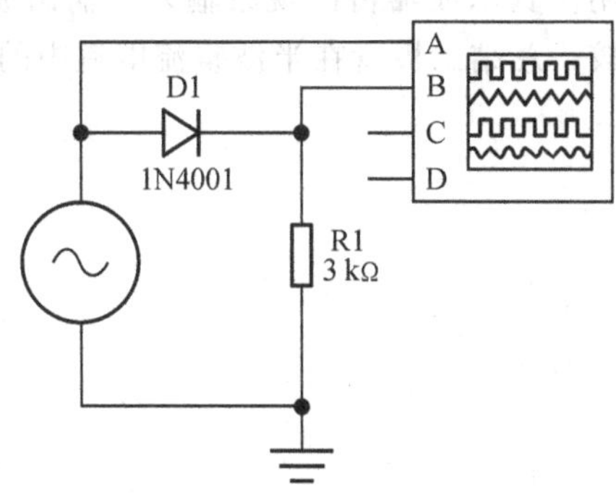

图 1-2 半波整流电路输入、输出波形观察

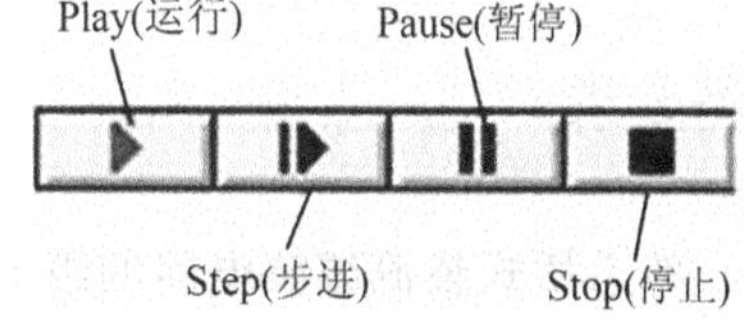

图 1-3 运行按钮

（3）调整仿真示波器的幅值及周期至波形的理想状态，如图 1-4 所示。

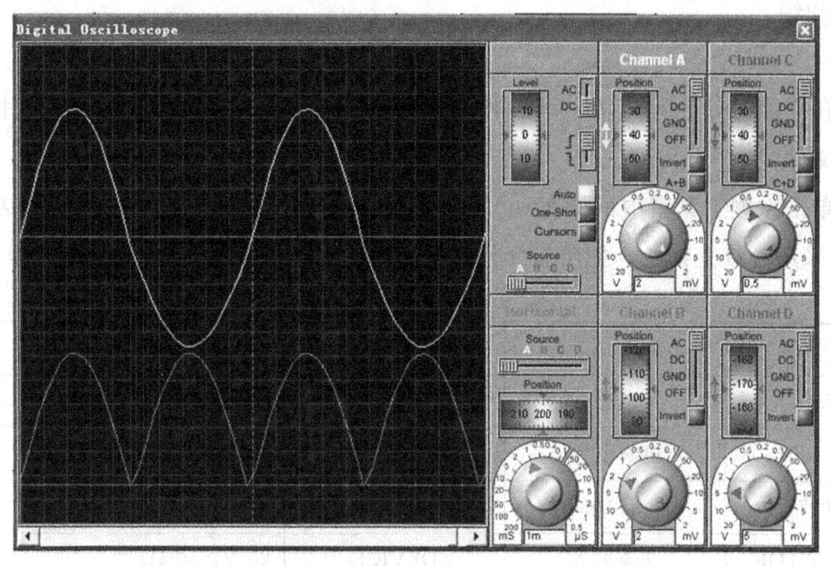

图 1-4 通过仿真示波器观察半波输入、输出波形

小贴士

①仿真示波器与真实示波器主要不同的地方是有“ChnanelA～D”四路通道，每路通道波形以不同颜色显示，以方便多波形的观察与比较。

②从仿真示波器上可以清楚地看到半波整流电路输出波形只有输入波形一半的效果。

2. 读出波形幅值、周期

在仿真示波器上，利用“Position”调整 A、B 通道波形到便于比较的合适位置，读出输入、输出波形的幅值、周期，比较输入、输出波形在幅值、相位上的关系特点。

拓展训练

将图 1-1 半波整流电路中的二极管反向，用仿真示波器再次观察输入、输出波形的幅值、相位关系，并与图 1-4 所示的波形进行比较，总结二极管在半波整流电流中的作用。

任务 2　整流滤波电路

任务要求

(1) 熟悉桥式整流滤波电路的组成。

(2) 掌握仿真电压表、电流表的使用方法。

(3) 学会用仿真仪表测量、观察全波整流滤波电路参数、波形的方法。

技能训练

(1) 在电脑上打开 PROTEUS 软件的 ISIS 程序，点击主工具栏的新建设计图标，新建一个文件。

(2) 单击左侧工具箱中的图标后，再单击 P 按钮，打开元件拾取对话框。按表 1-2所示，采用直接查询法，把所有元件都拾取到编辑区的元件列表中。

表 1-2　两级放大器元件清单

元件名	含义	所在库	参数
RES	电阻	DEVICE	3.3 kΩ
CAP-ELEC	电解电容	DEVICE	1 000 μF
1N4007	整流二极管	DEVICE	4 只
ALTERNATOR	交流电源	DEVICE	20 V，50 Hz
SW-SPST	一位开关	DEVICE	—

(3) 把元件从对象选择器中放置到图形编辑区中。

(4) 调整元件在图形编辑区中的位置，并修改元件参数，再将电路连接，如图 1-5 所示。

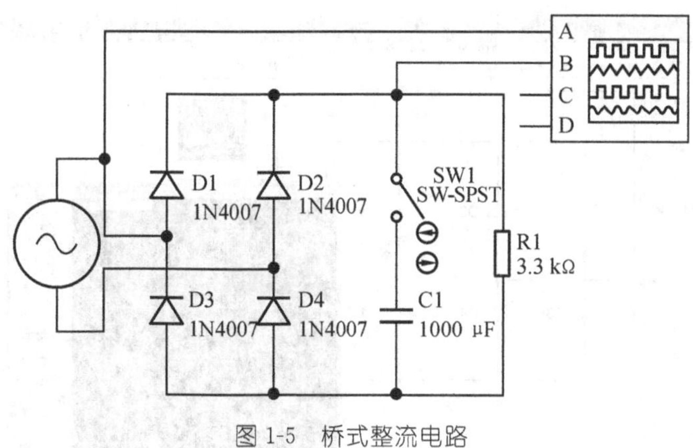

图 1-5　桥式整流电路

基本活动

1. 观察桥式整流电路波形

(1) 断开控制按钮 SW1，单击运行按钮，观察输入、输出波形，如图 1-6 所示。

(2) 在运行状态下，闭合控制按钮 SW1 SW-SPST，将电容接入电路，观察输出波形的变化，如图 1-7 所示。

闭合开关
断开开关

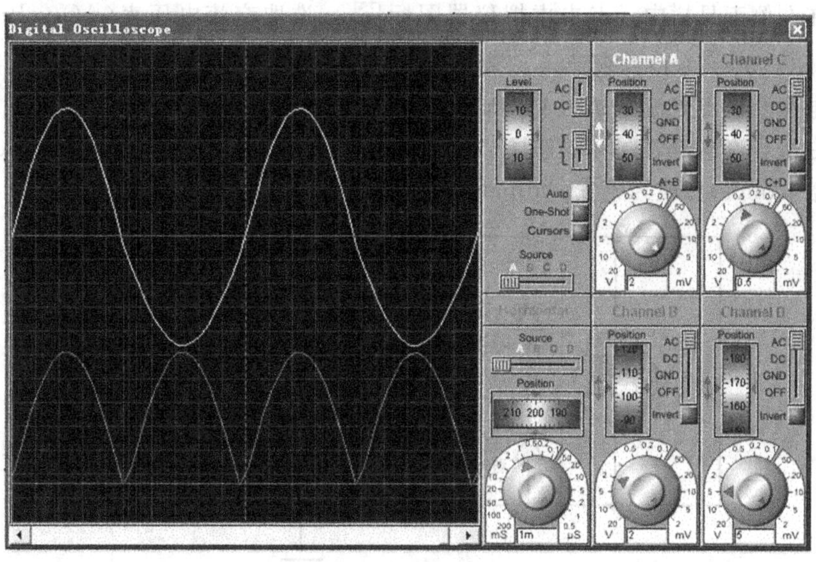

图 1-6　桥式整流电路波形

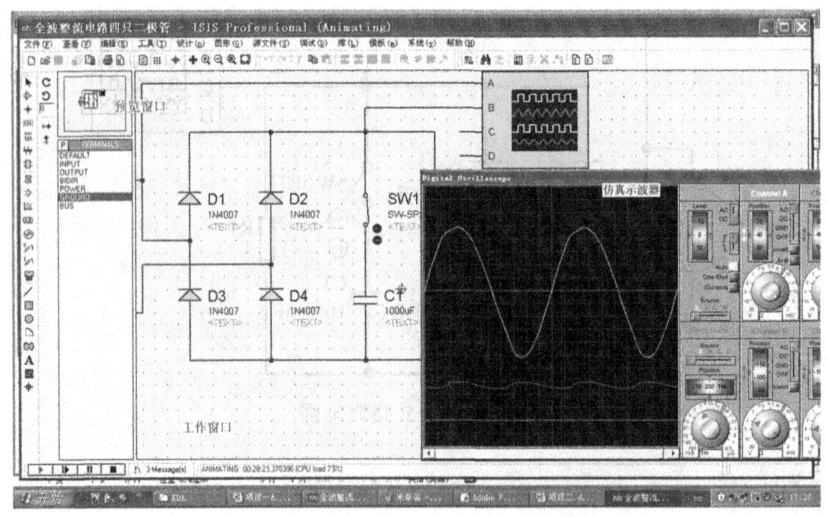

图 1-7　桥式整流滤波电路波形

①PROTEUS 的控制开关可以在运行状态下操作，以方便观察运行情况的变化。

②从仿真示波器上可以清楚地看到全波整流电路输出脉动直流电波形及电容滤波后输出较平稳直流电波形的情况。

2. 参数测量

(1) 在左侧工具栏中，点击虚拟仪器图标，选取交流电压表(AC voltmeter)、直流电压表(DC voltmeter)及直流电流表(DC ammeter)，放置到图形编辑区中用于测量输入、输出电压及输出电流，如图 1-8 所示。

(2) 右击直流电流表图标，选择“Edit Properties”，在“Display Range”（显示量程）中，将安培(Amps)修改为毫安(Milliamps)，以观察小电流。

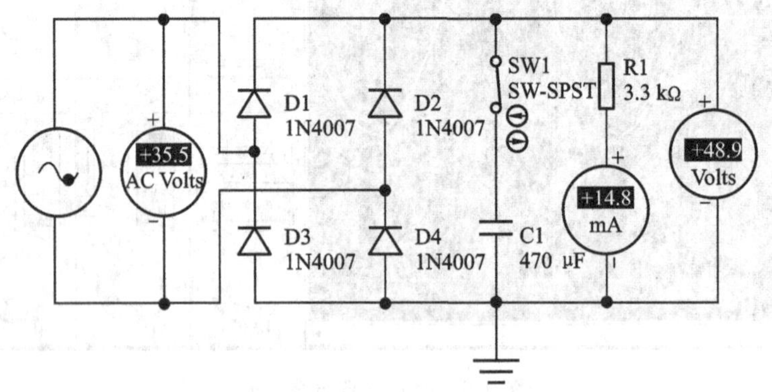

图 1-8　桥式整流滤波电路参数测量

（3）单击运行按钮，读出输入、输出电压及输出电流，并验证关系 $U_O \approx 1.2U_I$，$I_O = \frac{U_O}{R_1} = \frac{1.2U_I}{R_1}$。

拓展训练

（1）将如图 1-5 所示的桥式全波整流电路中的四只二极管中的一只改为反向，用仿真示波器观察输入、输出波形情况。

（2）将如图 1-5 所示的桥式全波整流电路中的四只二极管中的一只改为短路，用仿真示波器观察输入、输出波形情况。

（3）将如图 1-5 所示的桥式全波整流电路中的四只二极管中的一只改为断路，用仿真示波器观察输入、输出波形情况。

根据上述实验，总结输出波形与电路结构之间的关系，积累判断故障的经验。

知识链接

目前，小功率桥式整流电路中的四只整流二极管接成桥路后封装成一个整流器件，称为“整流全桥”，不但使用方便，而且性能稳定可靠。在 PROTEUS 中，用整流桥做成的桥式整流电路，如图 1-9 所示。

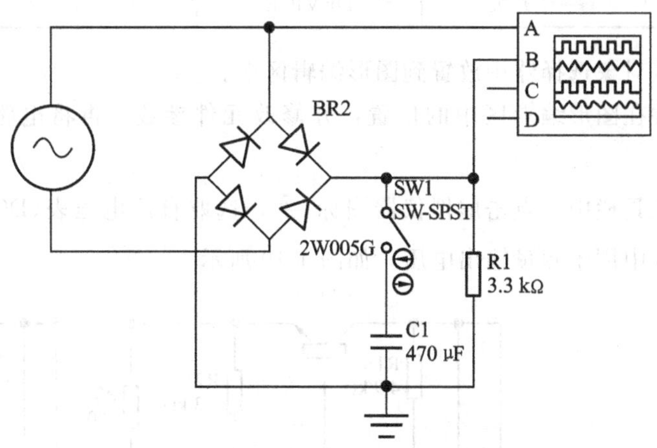

图 1-9　用整流桥做成的桥式整流电路

其中，整流桥经单击 P 按钮，打开元件拾取对话框，输入 2W005G 选取。

任务 3　稳压电路

任务要求

（1）掌握桥式整流滤波稳压电路的组成。

（2）掌握用仿真仪器观察测量稳压电路各参数、波形的方法。

技能训练

（1）在电脑上打开 PROTEUS 软件的 ISIS 程序，点击主工具栏的新建设计图标 ，新建一个文件。

（2）单击左侧工具箱中的图标 后，再单击 P 按钮，打开元件拾取对话框。按表 1-3 所示，采用直接查询法，把所有元件都拾取到编辑区的元件列表中。

表 1-3　稳压电路元件清单

元件名	含义	所在库	参数
RES	电阻	DEVICE	4.9 kΩ，3.3 kΩ，1 kΩ，1 kΩ
POT-HG	可变电阻	DEVICE	1 kΩ，1 kΩ
2N2222	三极管	DEVICE	VT1，VT2
CAP-ELEC	电解电容	DEVICE	1 000 μF
W005G	整流桥	DEVICE	—
ZPD10RL	稳压管	DEVICE	—
ALTERNATOR	交流电源	DEVICE	20 V，50 Hz
SW-SPST	一位开关	DEVICE	—

（3）把元件从对象选择器中放置到图形编辑区中。

（4）调整元件在图形编辑区中的位置，并修改元件参数，再将电路连接。如图 1-10 所示。

（5）在左侧工具栏中，点击虚拟仪器图标 ，选取直流电压表(DC VOLTMETER)放置到图形编辑区中用于测量输出电压，如图 1-10 所示。

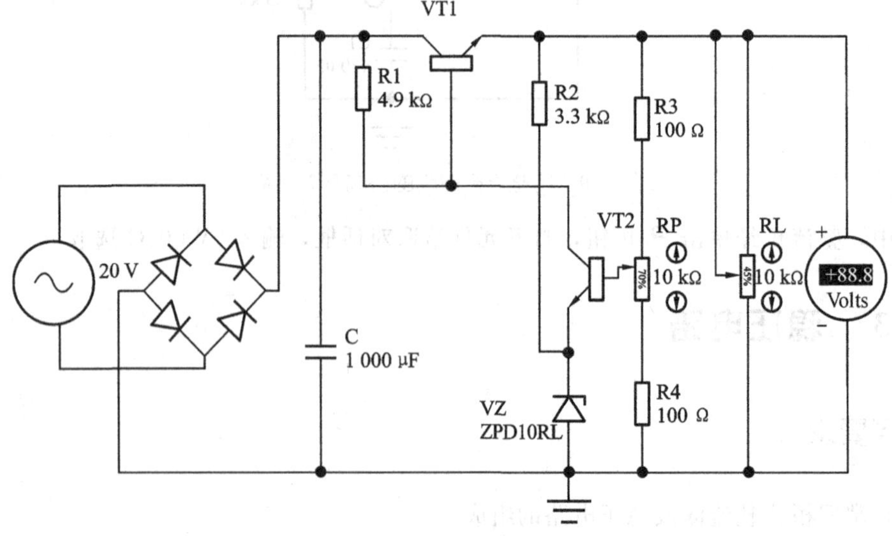

图 1-10　稳压电路

基本活动

1. 观察改变电阻 R_P 时输出电压的情况

（1）单击运行按钮，记录输出电压，如图 1-11 所示。

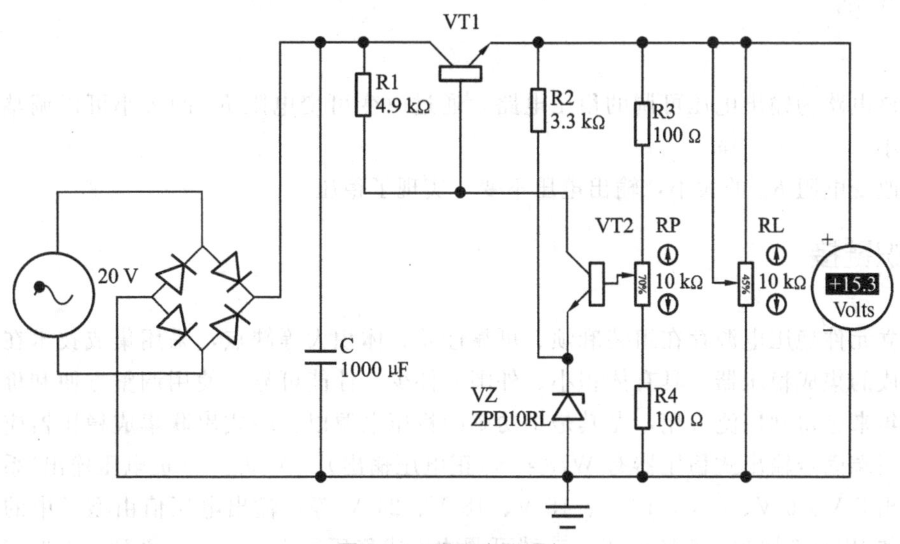

图 1-11　稳压电路运行

（2）在运行状态下，通过调节可变电阻 R_P 的控制按钮（增大 10 kΩ 减少），改变电阻大小，观察直流电压表的变化，发现输出电压可变，如图 1-12 所示。

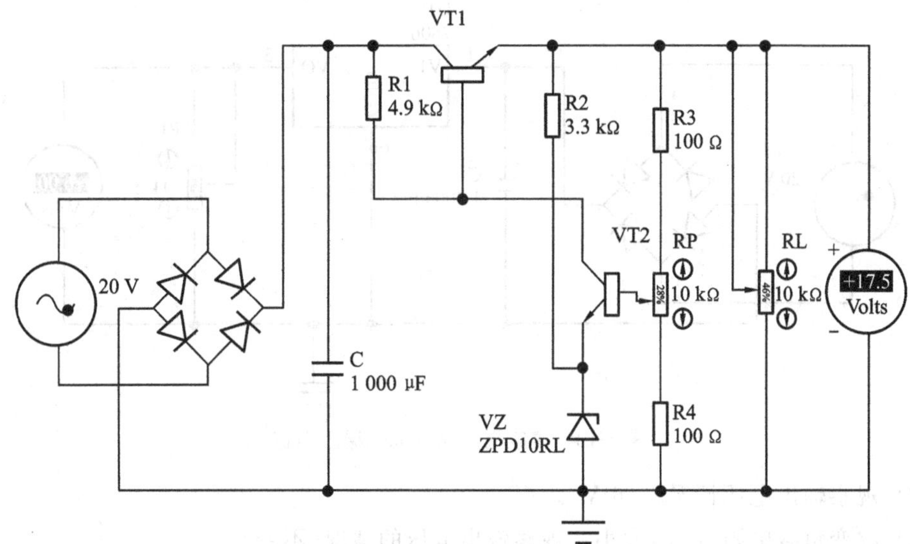

图 1-12　改变电阻 R_P 时稳压电路输出情况

2. 观察改变负载电阻 R_L 时输出电压的情况

（1）单击运行按钮，记录输出电压。

（2）在运行状态下，通过调节可变电阻 R_L 的控制按钮，改变负载电阻大小，观察直流电压表的变化，发现输出电压不变。

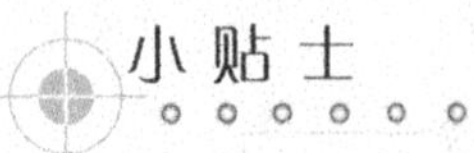

小贴士

①该电路为输出电压可调的稳压电路，通过改变可变电阻 R_P 的大小可以调整输出电压的大小。

②改变电阻 R_L 的大小，输出电压不变，实现了稳压。

知识链接

分立元件稳压电源存在组装麻烦、可靠性差、体积大等缺点，采用集成技术在单片晶体上制成的集成稳压器，具有体积小、外围元件少、性能可靠、使用调整方便和价廉等优点，近年来已得到广泛应用，尤其是小功率的稳压电源以三端式串联集成稳压器应用最为广泛。三端固定输出式稳压器有 W78××(正电压输出)、W79××(负电压输出)系列，可稳定输出 5 V、6 V、8 V、12 V、15 V、18 V、24 V 等，输出电压值由型号中的后两位表示，如 W7806 输出+6 V 电压。三端可调式集成稳压器有×17××系列，×37××系列等。

拓展训练

（1）将如图 1-10 中所示的分立稳压电路部分换成集成稳压器 W7806，如图 1-13 所示。

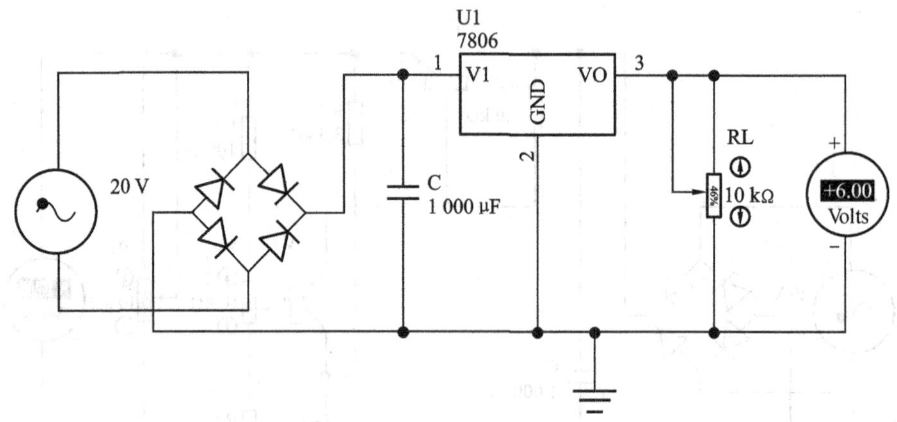

图 1-13 集成稳压器构成的稳压电路

（2）观察输出电压情况(+6 V)。

（3）改变负载电阻 R_L 的大小，观察输出电压的情况(不变)。

（4）改变输入电压的大小，观察输出电压的情况(不变)。

项目小结

本项目是对模拟电子技术中最典型的直流稳压电路进行仿真，通过对整流电路、整流滤波电路、稳压电路的制作与测量，使同学们对 PROTEUS 软件中的模拟电子技术部分仿真元器件和虚拟仪器能熟练掌握和使用。同学们可以通过仿真实验，测得实验数据，获得实验波形，设计实际电路，能同样得到实验、实训技能的提高。

思考练习

用学习过的方法对如图 1-13 所示的电路进行调试和测量，并记录仿真结果。

项目二 三极管开关电路

【项目描述】

本项目是用PROTUES软件仿真三极管组成的开关电路，介绍PROTUES软件的基本操作及函数信号发生器、电流探针和电压探针的基本使用。

【学习目标】

通过本项目的学习，学生应能掌握三极管开关电路中各部分的组成及调试方法。

【能力目标】

1.专业能力

掌握PROTEUS软件的基本操作及函数信号发生器、电流探针、电压探针的使用。

2.方法能力

学会测得实验数据和获得实验波形，并根据电路功能调试电路。

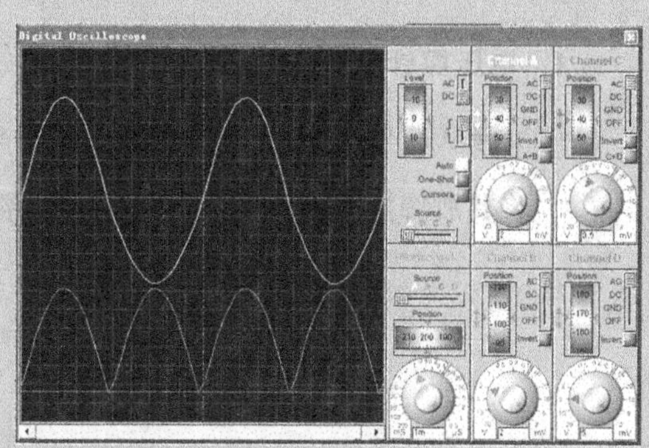

任务 1　三极管开关电路仿真

任务要求

（1）了解三极管开关电路中仿真元器件的使用方法。

（2）掌握仿真电路的基本操作。

（3）掌握电压探针、电流探针的使用方法。

技能训练

（1）在电脑上打开 PROTEUS 软件的 ISIS 程序，点击主工具栏的新建设计图标，新建一个文件。

（2）单击左侧工具箱中的图标后，再单击 P 按钮，打开元件拾取对话框。按表 2-1所示，采用直接查询法，把所有元件都拾取到编辑区的元件列表中。

表 2-1　三极管开关电路元件清单

元件名	含义	所在库	参数
RES	电阻	DEVICE	1 kΩ
POT _ LIN	可调电阻	DEVICE	1 kΩ
LAMP	灯泡	DEVICE	12 V
BC547	三极管	BIPOLAR	BC547

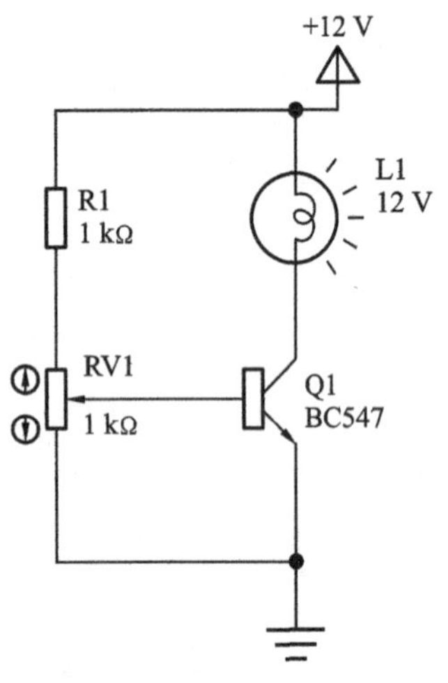

图 2-1　三极管开关电路

（3）把元件从对象选择器中放置到图形编辑区中。

（4）单击左侧工具箱中的图标后，中选择“GROUND”作为接地端；选择“POWER”作为电源正极，并修改电源属性为“+12 V”。

（5）调整元件在图形编辑区中的位置，并右击各元件图标，选择“Edit Properties”修改各元件参数，再将电路连接，如图 2-1 所示。

基本活动

1. 电压探针的使用

（1）选取左侧工具箱中图标，在桌面左上角的预览区中出现电压探针的符号，将其放置到图形编辑区中，并与电路连接，如图 2-2 所示。

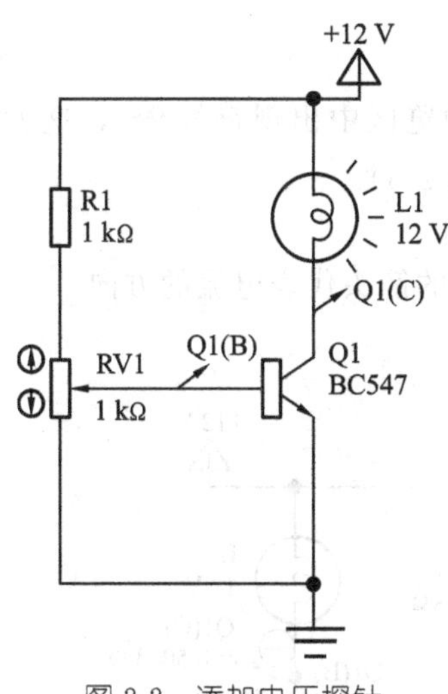

图 2-2　添加电压探针

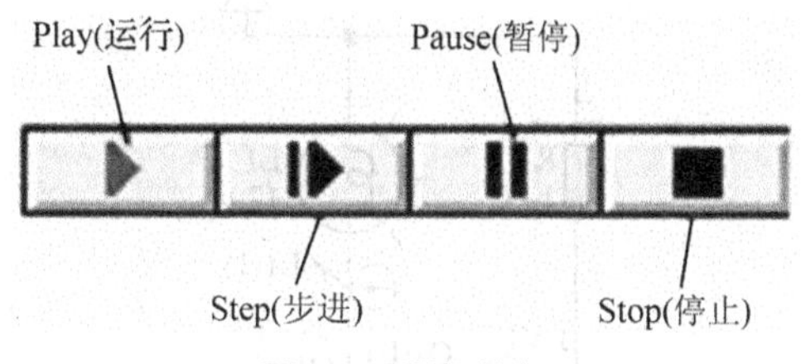

图 2-3　运行按钮

在添加电压探针时可以将图标直接用鼠标拖动至所需的连线上松手，电压探针可以自动地连接在导线上，并以就近的元器件名称显示电压探针的代号；也可以将图标放置在绘图区的空白页面，用连接线和相应的导线相连。

（2）控制按钮如图 2-3 所示，单击运行按钮。

（3）观察三极管的电压探针上的电压，如图 2-4 所示。

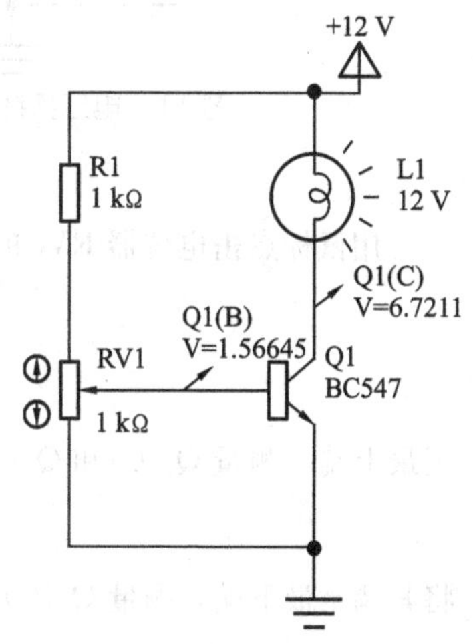

图 2-4　电压探针测量

用鼠标点击电位器 RV_1 的向上箭头（RV1 1 kΩ），可以使电位器的阻值发生变化，将其调至最上端，测量 Q_1(C)和 Q_1(B)的电压，Q_1(E)直接接地，所以电压一直为 0 V；然后用鼠标点击电位器 RV_1 的向下箭头

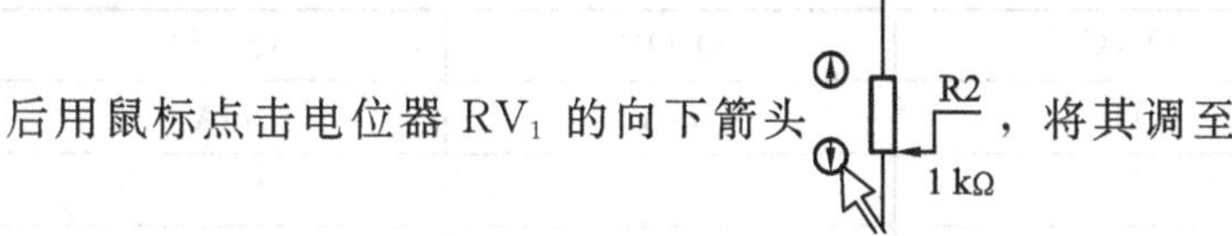

，将其调至最下端，测量 Q_1(C)和 Q_1(B)的电压，记录在表 2-2 中，观察小灯泡 L_1 的亮灭，并判断三极管 BC547 的工作状态。

表 2-2　电压探针测量表

电路测量点	Q_1(C)	Q_1(B)	Q_1(E)	L_1 的状态		BC547 状态	
电压或状态	V	V	V	亮	灭	导通	截止
RV_1 在最上端时			0				
RV_1 在最下端时			0				

2. 电压流探针的使用

（1）选取左侧工具箱中图标，在桌面左上角的预览区中出现符号，这就是电流探针，将其放置到图形编辑区中，并与电路连接（见图 2-5）。

（2）单击仿真运行按钮，开始仿真。

（3）观察三极管的电流，如图 2-6 所示。电流探针上的箭头代表电流的方向。

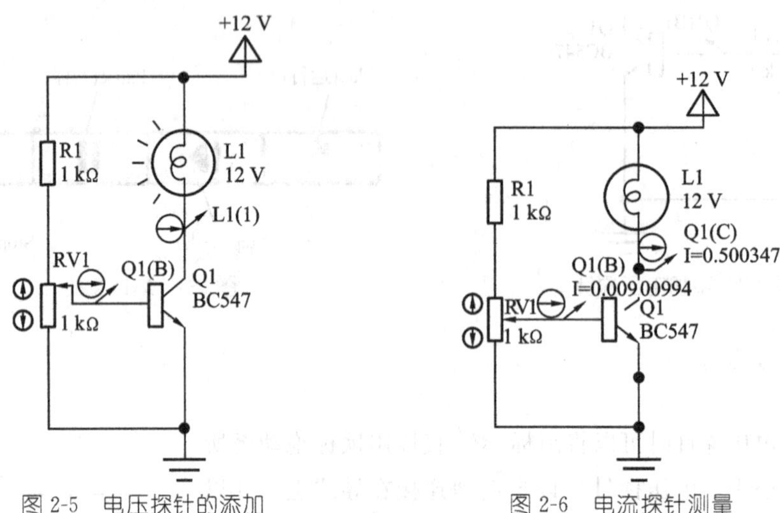

图 2-5　电压探针的添加　　　　图 2-6　电流探针测量

用鼠标点击电位器 RV_1 的向上箭头，可以使电位器的阻值发生变化，将其调至最上端，测量 Q_1(C)和 Q_1(B)的电流，然后用鼠标点击电位器 RV_1 的向下箭头，将其调至最下端，测量 Q_1(C)和 Q_1(B)的电流，记录在表 2-3 中，观察小灯泡 L_1 的亮灭。

表 2-3　电流探针测量表

电路测量点	Q_1(C)	Q_1(B)	Q_1(E)
电流状态	Ua	mA	mA
RV_1 在最上端时			
RV_1 在最下端时			

任务 2　发光二极管驱动电路

任务要求

（1）掌握函数信号发生器和示波器的使用。

（2）掌握用仿真仪表测量、观察电路参数、波形的方法。

技能训练

（1）在电脑上打开 PROTEUS 软件的 ISIS 程序，点击主工具栏的新建设计图标 ，新建一个文件。

（2）单击左侧工具箱中的图标 后，再单击 P 按钮，打开元件拾取对话框。如表 2-4 所示，采用直接查询法，把所有元件都拾取到编辑区的元件列表中。

表 2-4 发光二极管驱动电路元件清单

元 件 名	含 义	所 在 库	参 数
RES	电阻	DEVICE	1 kΩ，18 kΩ
2SC2547	三极管	BIPOLAR	—
LED-RED	发光二极管	ACTIVE	—

（3）把元件从对象选择器中放置到图形编辑区中。

（4）调整元件在图形编辑区中的位置，并修改元件参数，再将电路连接，如图 2-7 所示。

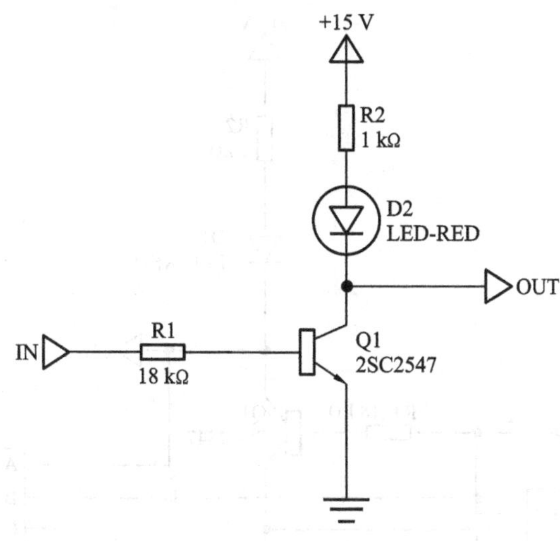

图 2-7 发光二极管驱动电路

基本活动

1. 添加函数信号发生器

（1）在左侧工具栏中，点击虚拟仪器图标 ，选取函数信号发生器(signal generator)，放置到图形编辑区中作为信号源使用，如图 2-8 所示。

（2）在左侧工具栏中，点击虚拟仪器图标 ，选取示波器(oscillosope)，放置到图

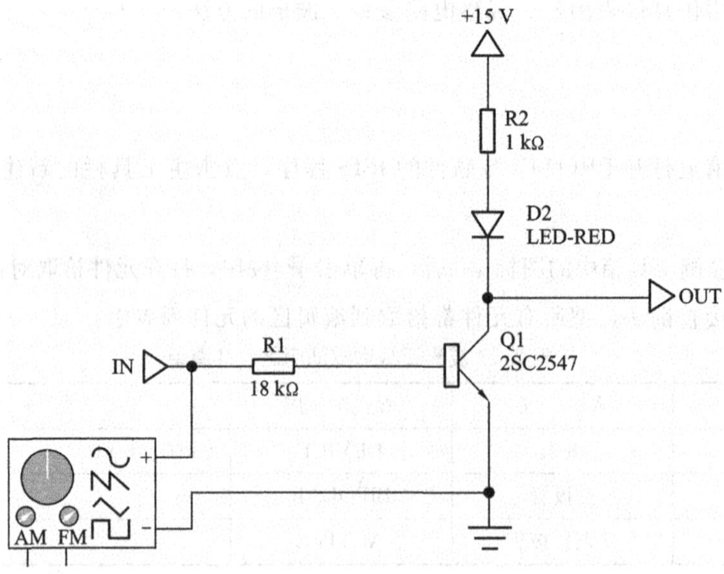

图 2-8 函数信号发生器的连接

形编辑区中作输入、输出波形显示使用，如图 2-9 所示。示波器 A 通道接 Q_1 的输出端 OUT，B 通道接信号发生器的+端。

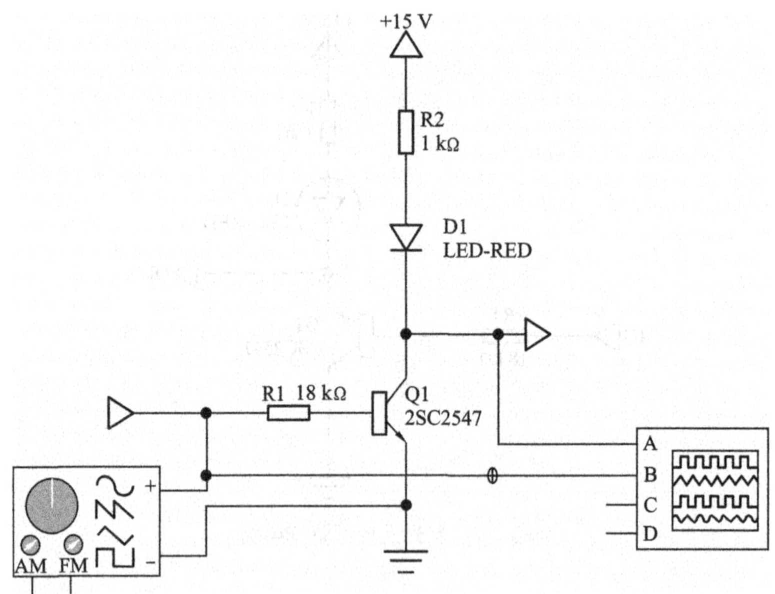

图 2-9 示波器连接

(3) 打开仿真软件的开关，进入仿真状态。

(4) 设置函数信号发生器的各按钮功能如图 2-10 所示。调节信号发生器的频率按钮，使输出频率为 1 Hz；调节信号发生器的输出幅度旋钮，使信号输出幅度为 5 V；调节波形转换按钮为方波输出；调节单/双极性转换按钮为单极性(Bi)。

(5) 调节示波器的各个按钮，在示波器上可以看到如图 2-11 所示的输入、输出波形。

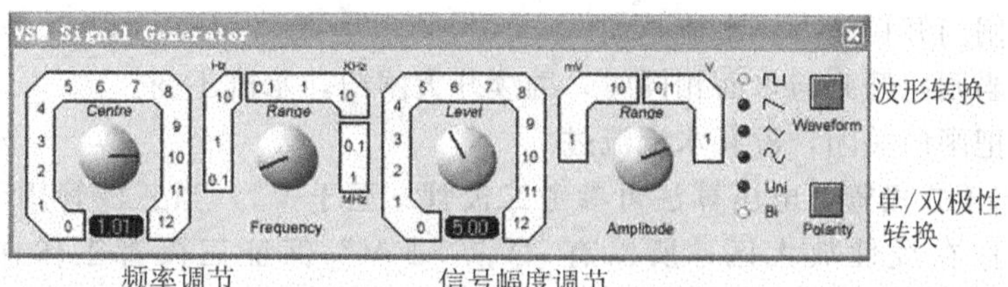

图 2-10　函数信号发生器面板

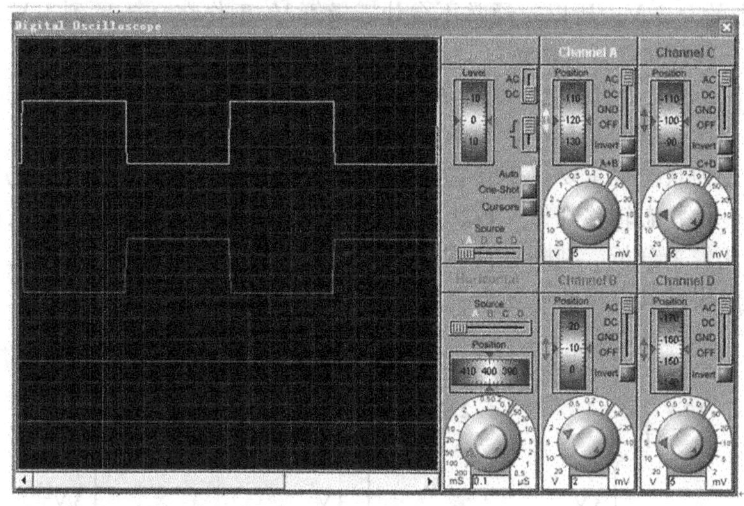

图 2-11　示波器波形显示

（6）在图 2-11 中可以看到发光二极管 D1 以 1 Hz 的频率闪亮。如图 2-12 所示。

图 2-12　发光二极管状态

拓展训练

调节函数信号发生器的波形输出的频率与幅度，同时查看示波器的输入、输出的波形，检查二极管、三极管的工作状态。

根据上述实验，总结输出波形与电路结构之间的关系，积累判断故障的经验。

知识链接

三极管工作状态判断

如果把三极管比作是一座大坝，那么三极管的基极 B 就是水坝的闸门，集电极电流 I_C 是水流。

放大区：闸门开得越大，水流越大。

饱和区：当闸门开到与水面相同时，继续开大闸门，水流不变。

截止区：把闸门关闭，没有水流流过。

BE 结相当于二极管，电压算法可参考二极管。至于 V_{ce}，当三极管用于“放大”时，通常希望它工作在线性放大区，所以有“$V_{ce}>1$ V”保证三极管工作在线性放大区，“$V_{ce}<1$ V”三极管仍能放大但是非线性的，是我们不希望的。当三极管用于“开关”时，通常希望它完全饱和导通，希望它 V_{ce} 尽可能的小，避免压降 V_{ce} 对电路的影响，所以此时希望 V_{ce} 为最小的 0.3 V，所以，通常不会让三极管 V_{ce} 工作在 0.3 V 到 1 V 之间。

放大状态：管子的 V_{ce} 一般要大于 1 V(视工作电压有关)。

(1) 测量 V_{ec} 电压，如果电压很低于 1 V 以下就是饱和。

(2) 测量 $I_B * \beta$ 是否大于 I_C，大于就饱和了。

三极管的三种状态很重要，不管它自身还是外围元件出现故障，它的工作状态总会发生变化，或从一种状态转移到另一种状态，我们完全可以通过测量它三个电极的电压与正常状态值进行比较来分析、判断出具体是哪一个元件损坏，应当特别重视之。

三极管可以根据其电极的电压来判断工作状态，如图 2-13 所示。

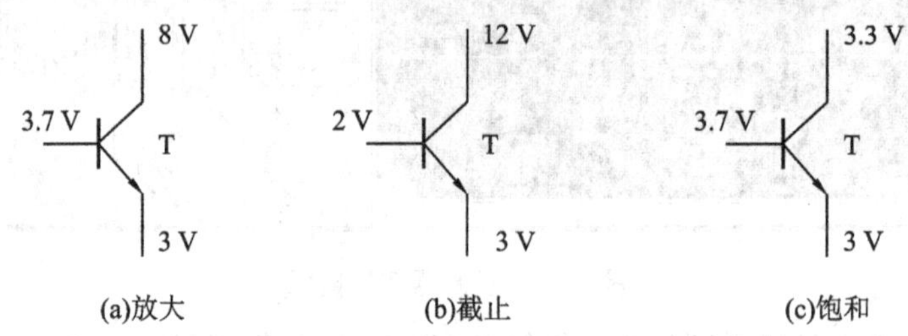

图 2-13　三极管工作状态判断

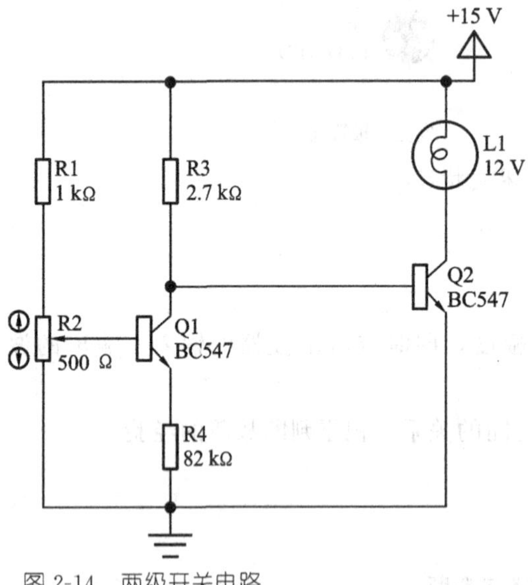

图 2-14　两级开关电路

项目小结

本项目是对模拟电子技术中最典型的三极管开关电路进行仿真，通过对电路的仿真与测量，使同学们对 PROTEUS 软件中的模拟电子技术部分仿真元器件和虚拟仪器能熟练掌握和使用。同学们可以通过仿真实验，测得实验数据，获得实验波形，设计实际电路，同时能得到实验、实训技能的提高。

思考练习

用学习过的方法对图 2-14 进行调试和测量，并记录仿真结果。

项目三

MP4音乐放大器

【项目描述】

本项目是利用MP4音乐放大器（功率放大器）来介绍放大电路静态工作点的调试与测量，以及放大电路动态参数的测量方法。

【学习目标】

通过本项目的学习，学生应能熟悉放大电路的静态工作点和动态参数的调试与测量方法。

【能力目标】

1.专业能力

掌握PROTEUS软件中的模拟电子技术部分的仿真元器件和虚拟仪器的使用。

2.方法能力

学会测量实验数据和获得实验波形，并能根据电路功能调试电路。

任务 1　单级放大器

任务要求

（1）了解放大电路中的仿真元器件及其使用方法。

（2）掌握单管共射放大电路静态工作点的调试方法。

（3）掌握用 PROTEUS 软件对单级放大电路的静态工作点的测量方法。

技能训练

（1）在电脑上打开 PROTEUS 软件的 ISIS 程序，点击主工具栏的新建设计图标 ，新建一个文件。

（2）单击左侧工具箱中的图标 后，再单击 P 按钮，打开元件拾取对话框。按表 3-1 所示，采用直接查询法，把所有元件都拾取到编辑区的元件列表中。

表 3-1　单级放大器元件清单

元　件　名	含　　义	所　在　库	参　　数
RES	电阻	DEVICE	100 Ω，1 kΩ，3 kΩ，3 kΩ，10 kΩ，15 kΩ，20 kΩ
CAP-ELEC	电解电容	DEVICE	10 μF，10 μF，100 μF
2N5551	三极管	BIPOLAR	—
POT-HG	滑动变阻器	ACTIVE	100 kΩ
BATTERY	电池	DEVICE	12 V

（3）把元件从对象选择器中放置到图形编辑区中。

（4）如图 3-1 所示，调整元件在图形编辑区中的位置，并修改元件参数，再完成电路连接。

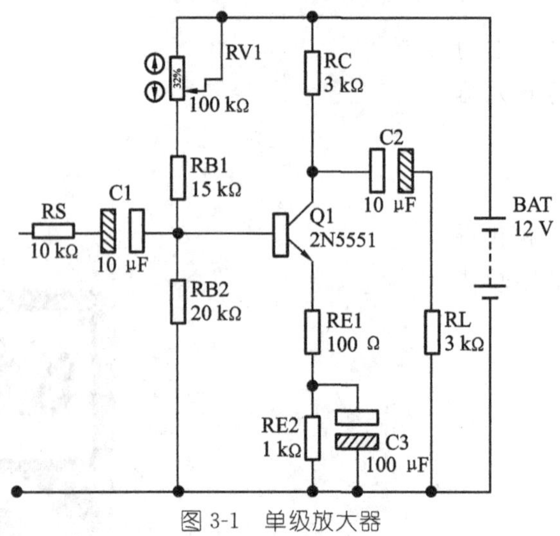

图 3-1　单级放大器

基本活动

1. 调试静态工作点

(1) 选取虚拟仪器图标，获取信号发生器(signal generator)和示波器(oscilloscope)后放置到图形编辑区中，并与电路连接，如图 3-2 所示。

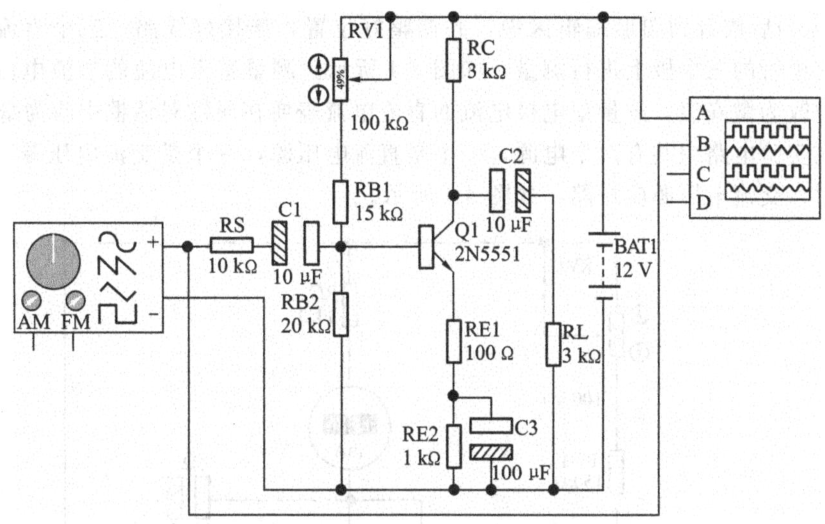

图 3-2 单级放大器静态工作点的调试

(2) 单击控制按钮中的运行按钮，把信号发生器的频率调为 1 kHz，增大幅值，直到示波器显示的输出波形出现双顶失真为止，如图 3-3(a)所示。

(3) 观察这个失真的波形为上下不对称失真，调整图 3-1 所示电路中的滑动变阻器 RV_1 来改变静态工作点，直至得到如图 3-3(b)所示波形为对称失真。

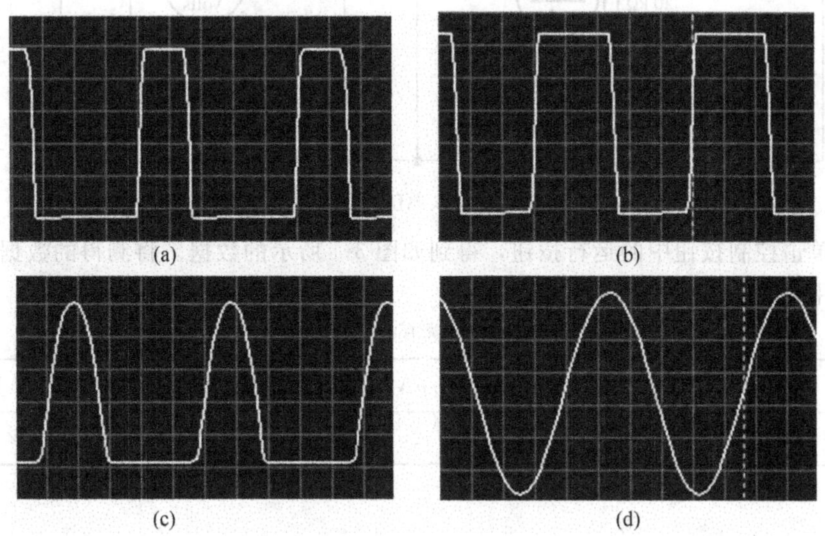

图 3-3 调试静态工作点的波形

（4）减小信号发生器的幅值，使波形一端的失真刚好消失，如图 3-3(c)所示。

（5）调整滑动变阻器 RV1，使波形两端出现对称失真，再减小信号发生器的幅值，使波形一顶端的失真消失，反复几次，直至波形两端的失真刚好同时消失，如图 3-3(d)所示。这时的静态工作点是最合适的，保持滑动变阻器的位置不动。

2. 测量静态工作点

（1）选取虚拟仪器图标，获取三个直流电压表(DC voltmeter)和两个直流电流表(DC ammeter)后放置到图形编辑区中，并调整好位置，连接好线路。三个直流电压表直接连接到三极管的三个极上进行测量，如图 3-4 所示。测量基极电流的直流电流表要在属性对话框中改为微安表，测量集电极电流的直流电流表要在属性对话框中改为毫安表。

（2）在实验电路中共有两个电源，一个是直流电压源，一个是交流电压源。当测量静态工作点时，交流电压源应短路，如图 3-4 所示。

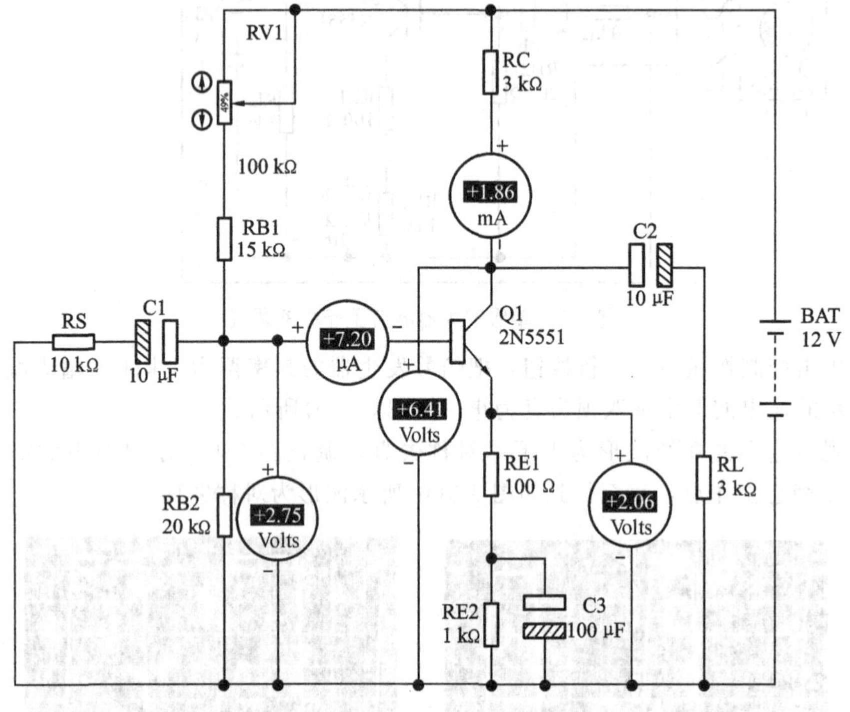

图 3-4　单级放大器的静态工作点测量

（3）单击控制按钮中的运行按钮，得到如图 3-4 所示的数据。将测得的数据填入表3-2中，并利用测量数据计算 V_{BE} 和 V_{CE} 的值。

表 3-2　单级放大器的静态工作点测量值

V_B/V	V_C/V	V_E/V	I_B/μA	I_C/mA	V_{BE}/V	V_{CE}/V
2.75	6.41	2.06	7.2	1.86	0.69	4.35

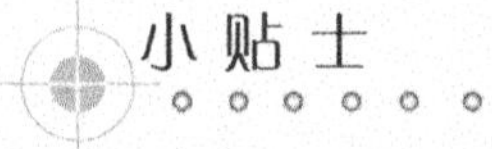

晶体三极管可构成共射、共集、共基三种基本组态的放大电路。与此相对应，由场效应管可构成共源、共漏、共栅三种组态的放大电路。

拓展训练

用 PROTEUS 软件对射极跟随器（共集电极放大电路）进行静态工作点的测试，如图 3-5 所示。

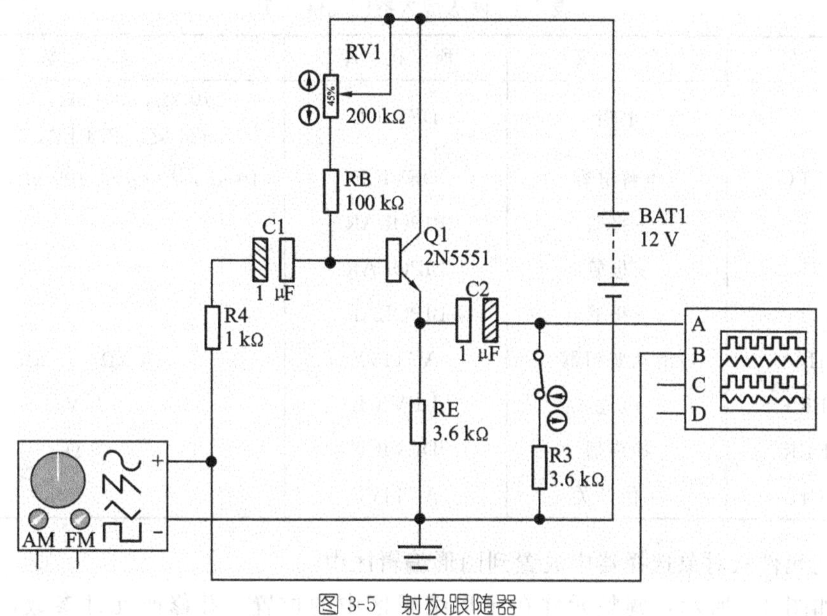

图 3-5　射极跟随器

知识链接

放大电路中的电流、电压在静态时都为直流量。在放大电路中，只有设置了合适的静态工作点，才能使三极管工作于放大区，放大电路才能具备放大信号的能力。若静态工作点过高，工作点容易进入饱和区，产生饱和失真；若静态工作点过低，工作点易进入截止区，产生截止失真。当输入信号过大时，即使工作点合适，也会产生饱和、截止失真。因此，为了实现信号的不失真放大，应给放大电路设置合适的静态工作点，并且限制输入信号的大小。只有设置了合适的静态工作点，放大电路的动态参数的测量才有意义。

任务 2　两级放大器

任务要求

（1）掌握放大电路的动态参数。

(2) 掌握用 PROTEUS 软件测量放大电路的动态参数的方法。

技能训练

(1) 在电脑上打开 PROTEUS 软件的 ISIS 程序，点击主工具栏的新建设计图标，新建一个文件。

(2) 单击左侧工具箱中的图标后，再单击 P 按钮，打开元件拾取对话框。按表 3-3 所示，采用直接查询法，把所有元件都拾取到编辑区的元件列表中。

表 3-3　两级放大器的元件清单

元件名	含义	所在库	参数
RES	电阻	DEVICE	40 kΩ，100 kΩ，510 kΩ，680 kΩ，2.4 kΩ，3.3 kΩ
CAP-ELEC	电解电容	DEVICE	10 μF，100 μF，100 μF，1 000 μF
2N5551	三极管	BIPOLAR	—
2N5771	三极管	BIPOLAR	—
2N5772	三极管	BIPOLAR	—
POT-HG	滑动变阻器	ACTIVE	1 kΩ，10 kΩ
BATTERY	电池	DEVICE	5 V
SPEAKER	扬声器	DEVICE	8 Ω
SWITCH	一位开关	ACTIVE	—

(3) 把元件从对象选择器中放置到图形编辑区中。

(4) 如图 3-5 所示，调整元件在图形编辑区中的位置，并修改元件参数，再将电路连接。

基本活动

1. 电路调试

如图 3-6 所示，连接好直流电压表和直流电流表(毫安表)。单击控制按钮中的运行按钮，观察直流电压表和直流电流表的读数。调节 RV_1，使 A 点的直流电位达到$\frac{1}{2}V_{CC}$，调节 RV_2 使毫安表的读数在 5～10 mA 之间(如图 3-5 所示，A 点电位为 2.5 V，毫安表的读数为 7.29 mA)。

2. 动态参数的测量

(1) 电压放大倍数的测量　如图 3-7 所示，在电路输入端接入信号源内阻 R_S，在 R_S 右端连接一个交流毫伏表，用来测量输入电压的有效值 U_i；在 R_S 左端连接一个交流毫伏表，用来测量信号源电压 U_S。在输出端连接一个交流电压表，用来测量输出电压 U_o。

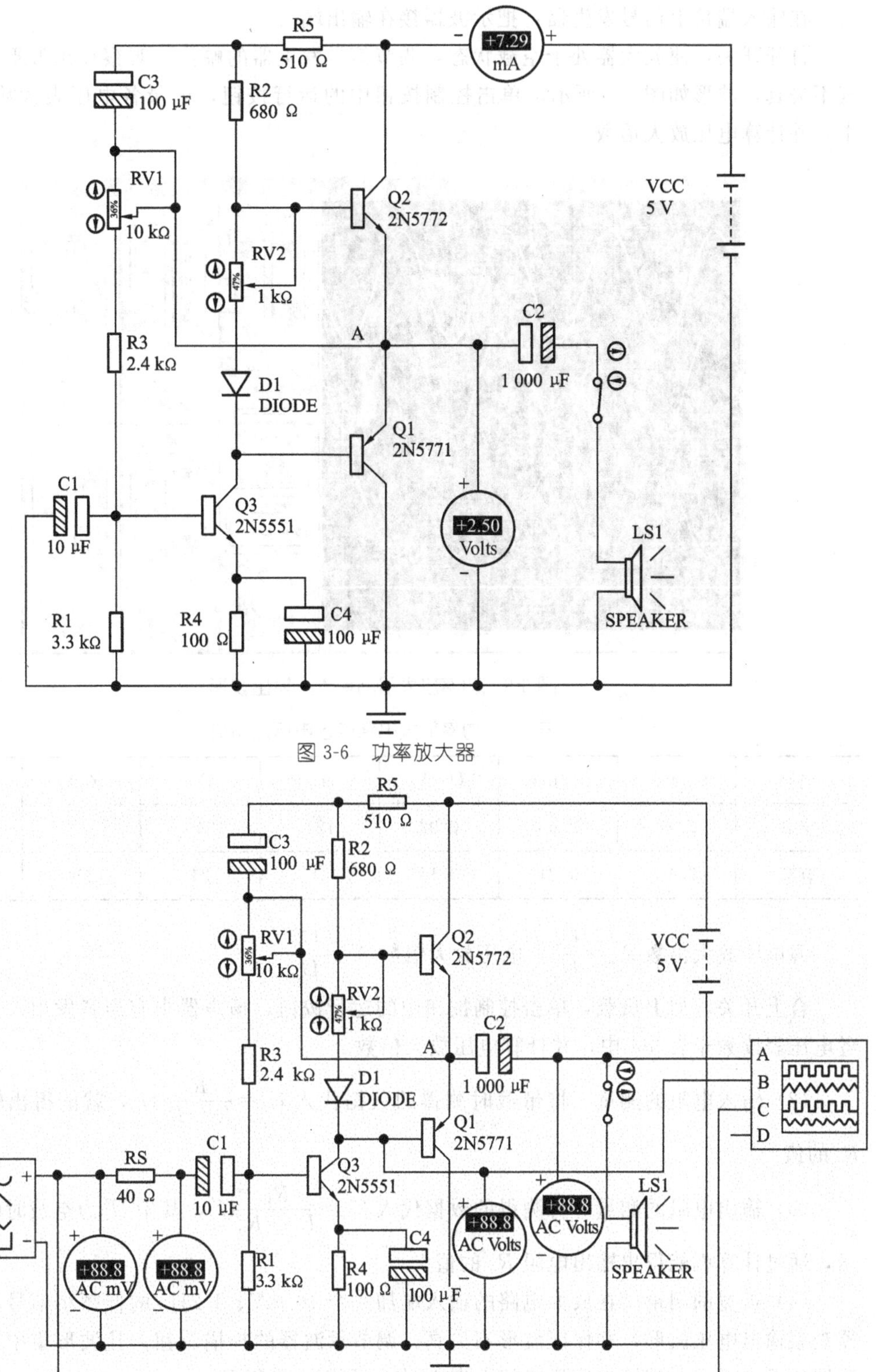

图 3-6　功率放大器

图 3-7　功率放大器动态参数的测量

在输入端接上信号发生器，把示波器接在输出端。

打开开关，使放大器处于空载状态，调节信号发生器的幅值，观察输出波形，并保证其不失真，波形如图 3-8 所示。单击控制按钮中的运行按钮，记录各电压表读数于表 3-4 中，并计算电压放大倍数。

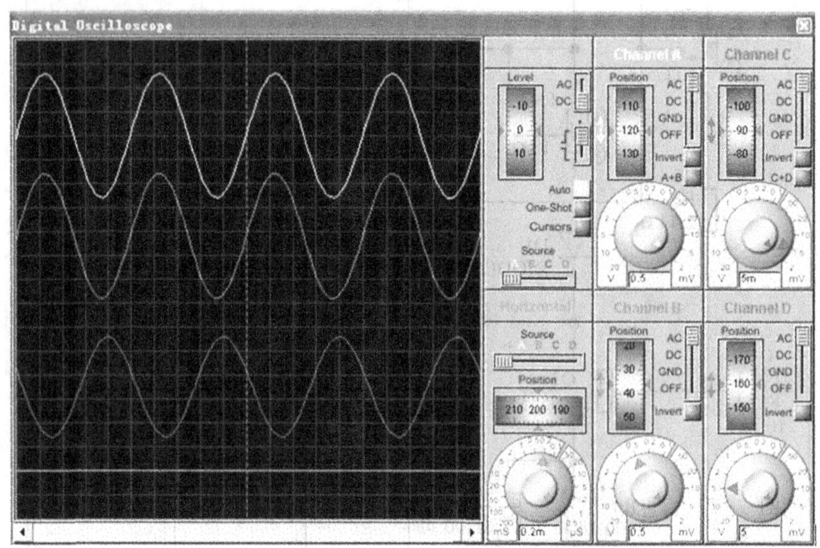

图 3-8　功率放大器的输入、输出波形

表 3-4　功率放大电路的各电压测量值

电路	U_s/mV	U_i/mV	U_o/V	A_{us}	A_u	R_i/Ω	R_o/Ω
空载	7.43	2.66	0.92	124	346	—	—
有载	7.43	6.21	0.15	21	24	204	41

源电压放大倍数 $A_{us}=\dfrac{U_o}{U_s}$，电压放大倍数 $A_u=\dfrac{U_o}{U_i}$

合上开关，加上负载，单击控制按钮中的运行按钮，扬声器中有声音发出。重新记录各电压表读数于表 3-4 中，并计算电压放大倍数。

(2) 输入电阻的测量　将带载时测得的数据代入 $U_i=\dfrac{R_i}{R_i+R_s}U_s$，就能得出输入电阻 R_i 的值。

(3) 输出电阻的测量　将测得的数据代入 $U_o=\dfrac{R_L}{R_L+R_o}U_o'$，其中 U_o'为空载时的输出电压，通过计算就能得出输出电阻 R_o 的值。

(4) 带宽的测量　在放大电路的输入端加一个 10 mV、1 kHz 的低频小信号，用示波器观察输出电压波形，并保证波形不失真。调节示波器的扫描旋钮，让波形集中，调整示波器的垂直增益，使输出波形正好占据 10 格，如图 3-9 所示。

然后减小信号发生器的频率，调整示波器的扫描旋钮，使波形在频率较低的情形下仍

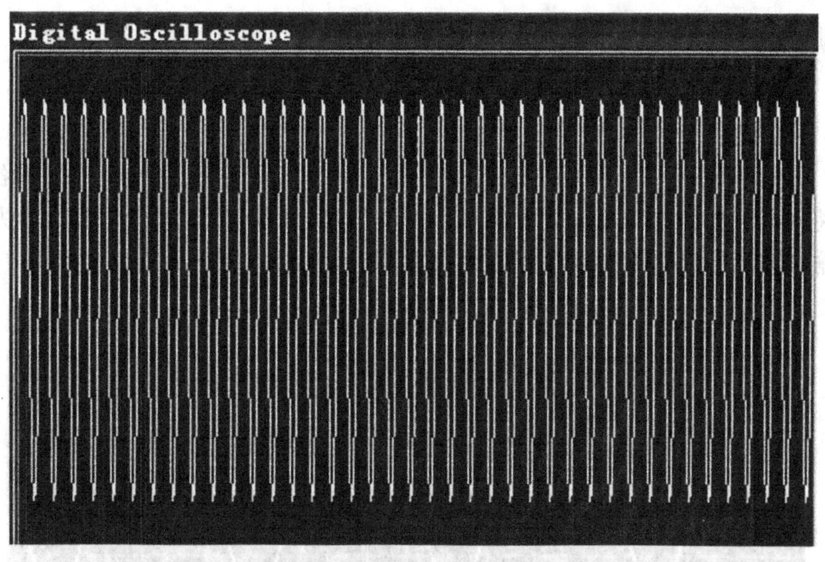

图 3-9　中频段输出波形的幅度

能相对集中，以便观察幅值所占的格数。继续减小信号发生器的频率值，直到输出波形在示波器中所占的格数为 7 格，如图 3-10 所示。读出此时信号发生器的频率，即放大器的下限截止频率 f_L 为 130 Hz。

接着再增大信号发生器的频率，调整示波器的扫描旋钮，使波形在频率较低的情形下仍能相对集中，以便观察幅值所占的格数。继续增大信号发生器的频率值，直到输出波形在示波器中所占的格数也为 7 格，也如图 3-10 所示。读出此时信号发生器的频率，即放大器的上限截止频率 f_H 为 8.5 MHz。这个放大电路的频带宽度 $B_W = f_H - f_L \approx 8.5$ MHz。

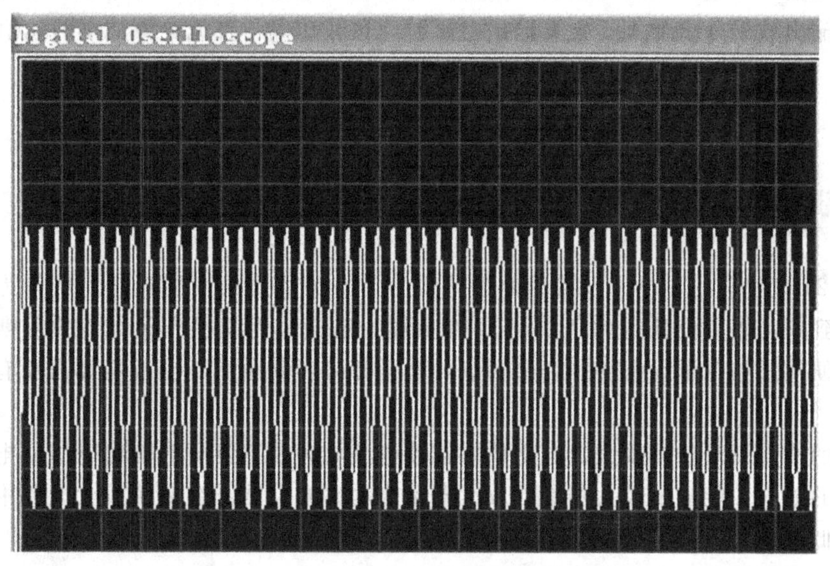

图 3-10　截止频率时的输出波形的幅度

拓展训练

1. 观察交越失真波形

图 3-7 所示电路中 RV_2 和 D_1 是用来消除输出波形的交越失真的，将 R_S 和各交流电压表去掉，将信号发生器的频率设置为 1 kHz，调节幅值，使输出电压的波形不失真。调节 RV_2，使输出波形出现交越失真，如图 3-11 所示。

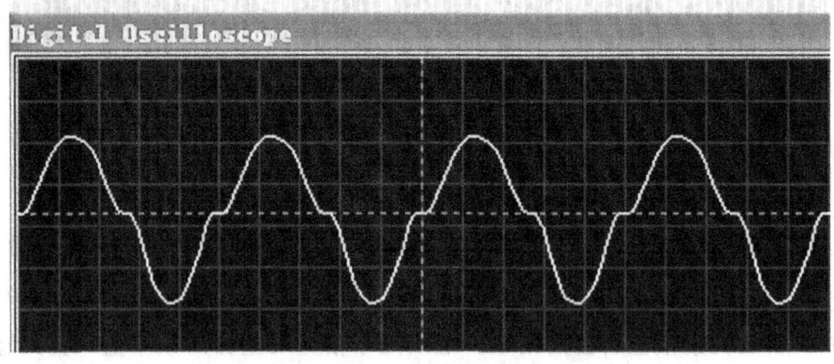

图 3-11 交越失真波形

2. 最大不失真输出电压及输出效率

(1) 调试静态工作点 调节 RV_2 消除交越失真，再加大输入信号的幅值，使输出波形上下顶部都出现失真，然后调节 RV_1 使失真对称，反复调节 RV_1 和减小输入信号幅值，直至输出波形上下顶部失真正好同时消失。

(2) 在输出端接一交流电压表，测量此时的输出电压有效值，即为最大输出电压 U_o。

(3) 输出效率等于最大不失真输出电压时，负载功率与直流电源功率的比值为

$$P_E = 5\times 7.29\ \text{mW} = 36.45\ \text{mW},\quad \eta = \frac{P_o}{P_E}\times 100\% = \frac{\frac{U_o^2}{R_L}}{P_E}\times 100\%$$

知识链接

进入 21 世纪以后，电子设备的便携化成为了一种重要的发展趋势。从作为通信工具的手机，到作为娱乐设备的 MP3、MP4 播放器，已经成为几乎人人具备的便携式电子设备。这些便携式的电子设备的一个共同点，就是都有音频输出，也就是都需要有一个音频放大器。

放大的本质就是功率放大。电压放大器或电流放大器主要要求输出电压或电流的幅度得到足够的放大。能输出较大功率的放大器称为功率放大器。在低频放大电路中为了获得足够大的低频输出功率，必须采用低频功率放大器，而且低频功率放大器也是一种将直流电源提供的能量转换为交流输出的能量转换器。

项目小结

本项目是对模拟电子技术中最典型的放大电路的仿真，通过对放大电路的静态工作点和动态参数的调试与测量，使同学们对 PROTEUS 软件中的模拟电子技术部分的仿真元器件和虚拟仪器能熟练掌握和使用。同学们可以通过仿真实验，测得实验数据，获得实验波形，设计实际电路，从而可以减少元件的浪费，提高设计的成功率。

思考练习

用学习过的方法对如图 3-12 所示的电路进行调试和测量，并记录仿真结果。

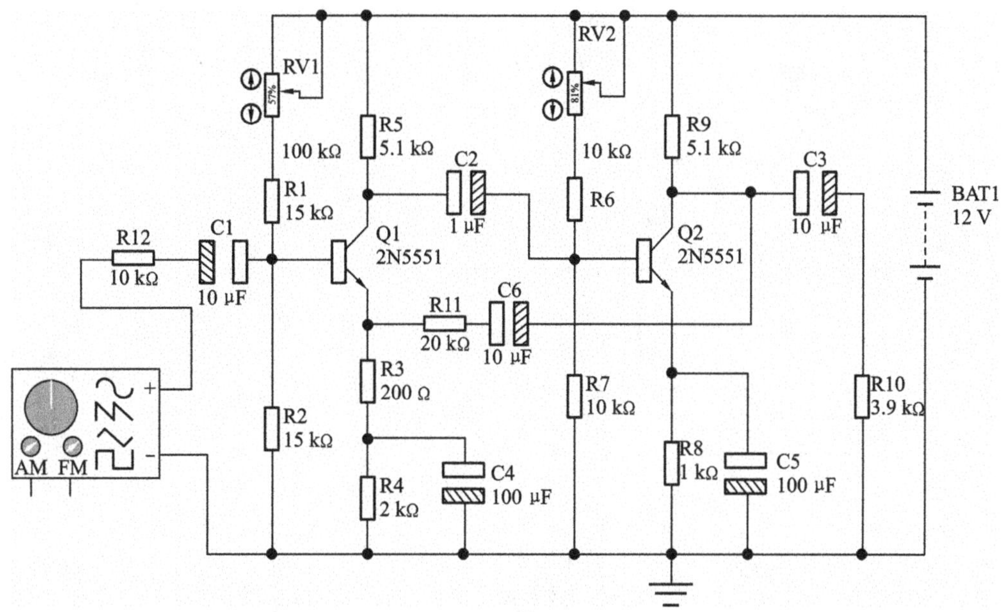

图 3-12　负反馈放大电路

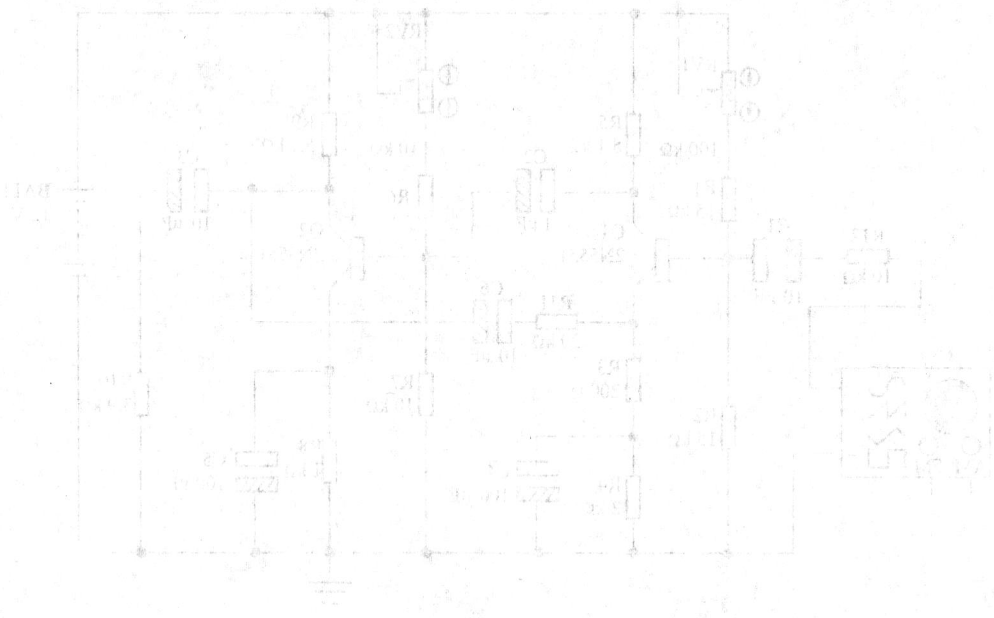

项目四 振荡电路

【项目描述】

本项目是对典型振荡电路的仿真测试。

【学习目标】

通过本项目的学习，学生应能进一步熟悉PROTEUS软件进行模拟电子技术实验的方法和步骤，并对各种振荡电路的结构和特点有所了解。理解函数信号发生器的构成和作用。

【能力目标】

1.专业能力

掌握集成运放的运用方法，熟悉振荡电路的作用和应用场合。

2.方法能力

熟练使用示波器对波形进行观察和测试。

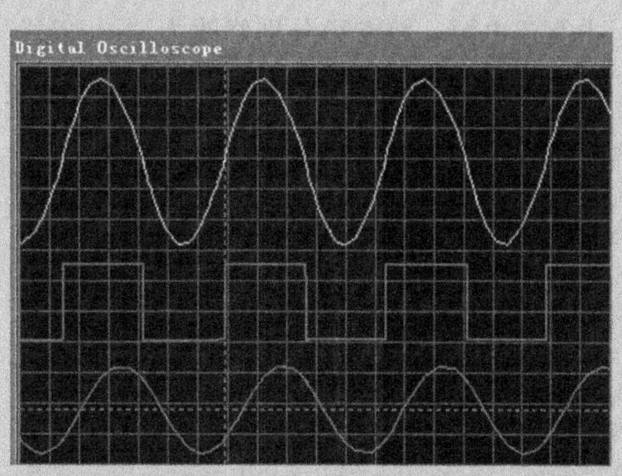

任务 1　RC 振荡器

任务要求

（1）理解 RC 桥式振荡器的电路结构和工作原理。

（2）掌握用 PROTEUS 软件观察 RC 振荡器的输出波形和测量振荡频率的方法。

技能训练

（1）在电脑上打开 PROTEUS 软件的 ISIS 程序，点击主工具栏的新建设计图标，新建一个文件。

（2）单击左侧工具箱中的图标后，再单击 P 按钮，打开元件拾取对话框。按表 4-1所示，采用直接查询法，把所有元件都拾取到编辑区的元件列表中。

表 4-1　RC 桥式振荡器的元件清单

元件名	含义	所在库	参数
RES	电阻	DEVICE	4.3 kΩ，6.2 kΩ，8.2 kΩ，8.2 kΩ
CAP	电容	DEVICE	10 nF，10 nF
UA741	单运放	OPAMP	—
1N4007	二极管	DIODE	—
POT-HG	滑动变阻器	ACTIVE	20 kΩ
SWITCH	一位开关	ACTIVE	—

（3）把元件从对象选择器中放置到图形编辑区中。

（4）如图 4-1 所示，调整元件在图形编辑区中的位置，并修改元件参数，再连接电路。

（5）单击左侧工具箱中的电源和接地图标后，再选择“POWER”，将箭头形状的标准数字直流电源放在元件预览区，拖出后分别与 UA741 的管脚 4 和管脚 12 连接上，双击直流电源，将参数分别修改为“－12V”和“＋12V”。

（6）选取虚拟仪器图标，获取示波器（oscilloscope）后放置到图形编辑区中，并与电路连接，如图 4-1 所示。

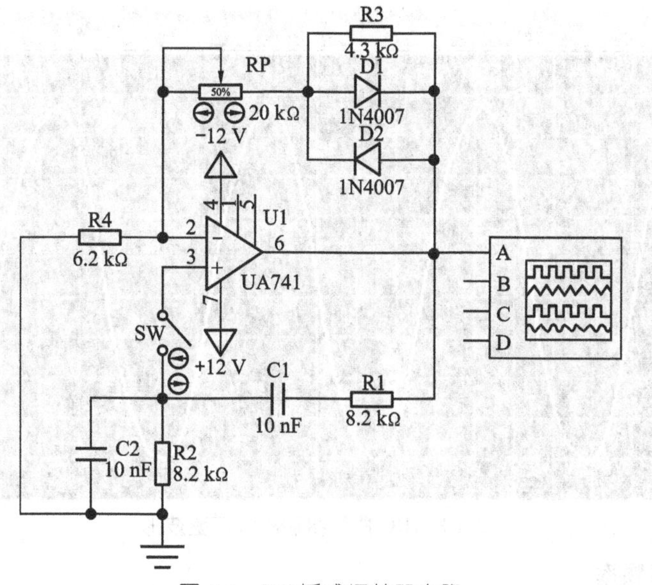

图 4-1　RC 桥式振荡器电路

基本活动

1．调试 RC 桥式振荡器的输出波形

(1) 先把滑动变阻器调到最左端，使放大器引入的负反馈最弱，放大器的放大倍数最大。

(2) 将开关 SW 处于打开状态。

(3) 单击控制按钮中的运行按钮，合上开关 SW，示波器上的波形如图 4-2 所示。可以看到，出现了失真波形。

(4) 慢慢向右调节 RP，使放大器负反馈增强，放大器的放大倍数减小，输出波形逐渐演化成图 4-3 所示的不失真的正弦波形。

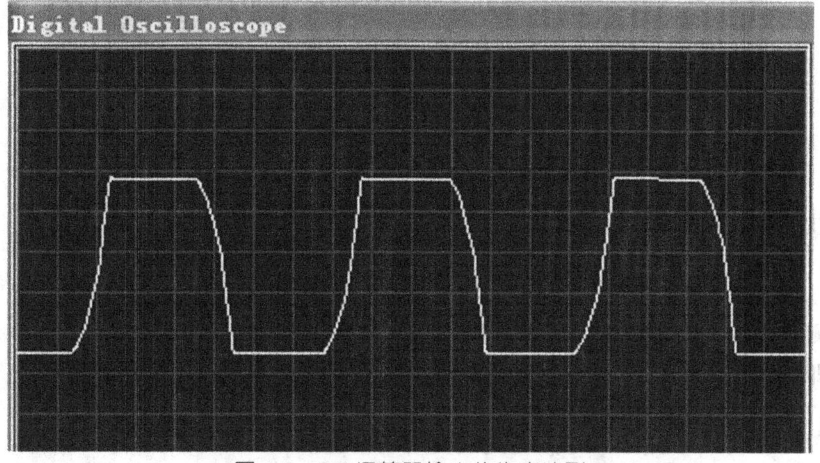

图 4-2　RC 振荡器输出的失真波形

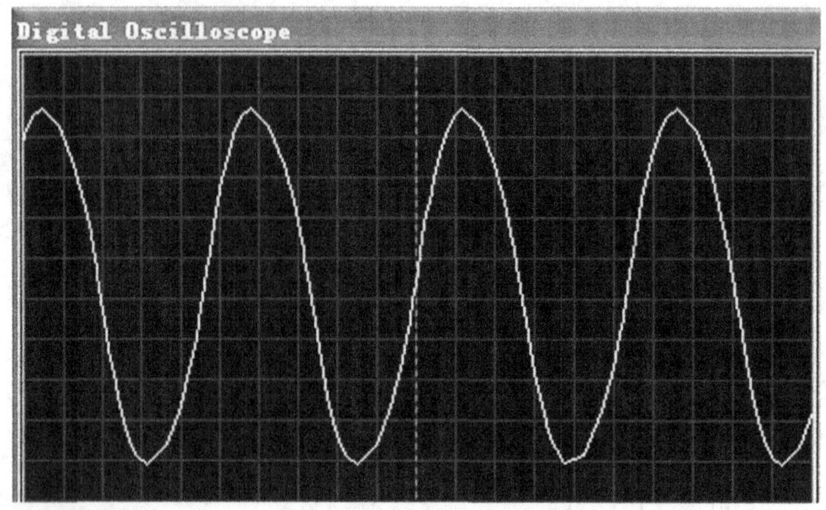

图 4-3　RC 振荡器输出的正弦波形

2. 测量振荡频率

(1) 读出正弦波的周期　在示波器的触发区，选中"Cursors"光标按钮，在图标区标注正弦波的横坐标，从而读出波形的周期，如图 4-4 所示。

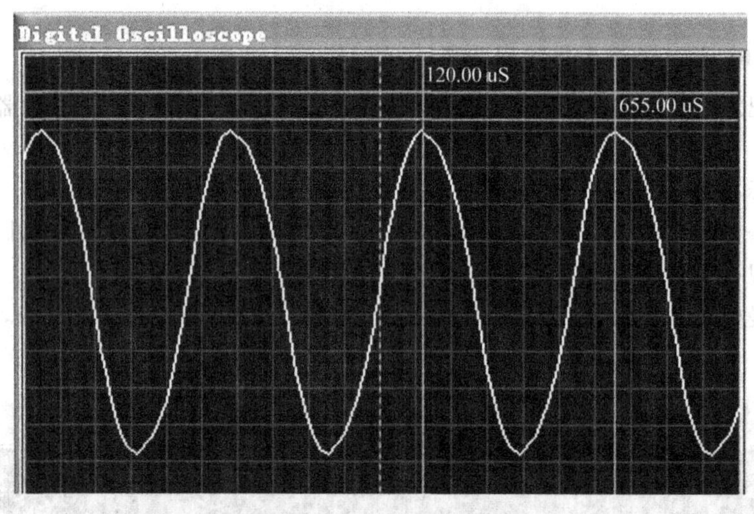

图 4-4　读出正弦波的周期

$$T=(655-120)\ \mu s=535\ \mu s$$

(2) 计算正弦波的频率。

$$f=\frac{1}{T}=\frac{1}{535\times 10^{-6}}\ \text{Hz}=1\ 869\ \text{Hz}$$

(3) 测量值与理论值的比较　RC 桥式正弦波振荡器的振荡频率是由 $R_1(R_2)$ 和 $C_1(C_2)$ 决定的，即

$$f=\frac{1}{2\pi RC}=\frac{1}{2\pi\times 8.2\times 10^{3}\times 10\times 10^{-9}}\ \text{Hz}=1\ 941\ \text{Hz}$$

结论：仿真测量值与理论值虽有一定的误差，但结果基本上一致。

3. 观测 $R_1(R_2)$ 和 $C_1(C_2)$ 对振荡频率的影响

改变 $R_1(R_2)$ 和 $C_1(C_2)$ 的值，用上述测量振荡频率的方法来测量对应的振荡频率，观测 $R_1(R_2)$ 和 $C_1(C_2)$ 是如何影响 RC 振荡电路的振荡频率的。

4. 观测 RP 对输出电压的影响

慢慢调节 RP，同时用示波器观测输出电压的幅值的变化情况。

5. 结论

对于 RC 桥式振荡电路，增大电阻 $R_1(R_2)$ 即可降低振荡频率，可用 RP 来调节输出电压的波形和幅度。

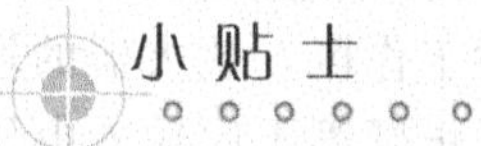

将 RC 串并联选频网络和放大器结合起来即可构成 RC 振荡电路，放大器可采用集成运放。运算放大器的输入端和输出端分别跨接在电桥的对角线上，故把这种振荡电路称为 RC 桥式振荡电路。

RC 振荡电路适用于低频振荡，一般用于产生 1 Hz～ 1 MHz 的低频信号。

拓展训练

除了 RC 桥式振荡电路以外，还有一种最常见的 RC 振荡电路，称为 RC 移相式振荡电路，其反馈环节由三节 RC 移相电路构成，如图 4-5 所示，可观测输出电压的波形。

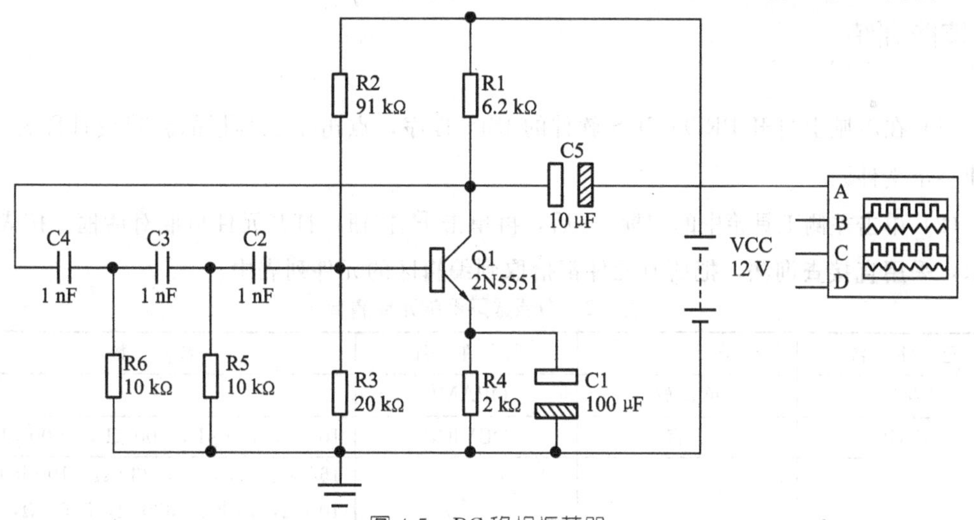

图 4-5　RC 移相振荡器

运用上述方法可以测量振荡器输出电压的频率。

移相式振荡电路的振荡频率为

$$f=\frac{1}{2\pi\sqrt{6}RC}$$

RC 移相式振荡电路具有结构简单、经济方便等优点。其缺点是选频性能较差，频率调节不方便，输出幅度不够稳定，输出波形较差。这种电路一般只用于振荡频率固定、稳定性要求不高的场合。

知识链接

正弦波振荡器由四部分组成，分别是放大电路、选频网络、正反馈电路和稳幅环节。正弦波振荡电路不需外加信号就可以产生输出信号。振荡环路内存在的微弱的电扰动(如接通电源间在电路中产生很窄的脉冲，放大器内部的热噪声等)都可作为放大器的初始输入信号。由于很窄的脉冲内具有十分丰富的频率分量，经选频网络选频，使得只有某一频率的信号能反馈到放大器的输入端，而其他频率的信号被抑制。这一频率分量的信号经放大后，又通过反馈网络回送到输入端，且信号幅度比前一瞬时要大，再经过放大、反馈，使回送到输入端的信号幅度进一步增大，最后将使放大器进入非线性工作区，放大器的增益下降，振荡电路输出幅度越大，增益下降也越多，最后当反馈电压正好等于原输入电压时，振荡幅度不再增大，从而进入平衡状态。

任务 2　有源振荡器

任务要求

(1) 了解函数信号发生器的功能。

(2) 掌握用 PROTEUS 软件中的示波器多通道，测量函数信号发生器的各路输出波形。

技能训练

(1) 在电脑上打开 PROTEUS 软件的 ISIS 程序，点击主工具栏的新建设计图标，新建一个文件。

(2) 单击左侧工具箱中的图标后，再单击 P 按钮，打开元件拾取对话框。按表 4-2 所示，采用直接查询法，把所有元件都拾取到编辑区的元件列表中。

表 4-2　有源振荡器的元件清单

元件名	含义	所在库	参数
741	单运放	OPAMP	—
CAP	电容	DEVICE	10 μF，100 μF，100 μF，1000 μF
RES	电阻	DEVICE	165 kΩ，165 kΩ，330 Ω，100 kΩ，10 kΩ，10 kΩ，330 Ω，5.6 kΩ，10 kΩ，330 Ω，5.6 kΩ，100 kΩ，330 Ω，100 kΩ
POT-HG	滑动变阻器	ACTIVE	20 kΩ，100 kΩ
1N4001	整流二极管	DIODE	—
1N4734	稳压二极管	ZENERM	—
SW-SPDT	开关	ACTIVE	—

（3）把元件从对象选择器中放置到图形编辑区中。

（4）如图 4-6 所示，调整元件在图形编辑区中的位置，并修改元件参数，再将电路连线。

（5）选取虚拟仪器图标，获取示波器（oscilloscope）后放置到图形编辑区中，并与电路连接(A 通道接正弦波发生器的输出波形；B 通道接方波发生器的输出波形；C 通道接三角波发生器的输出波形)，如图 4-6 所示。

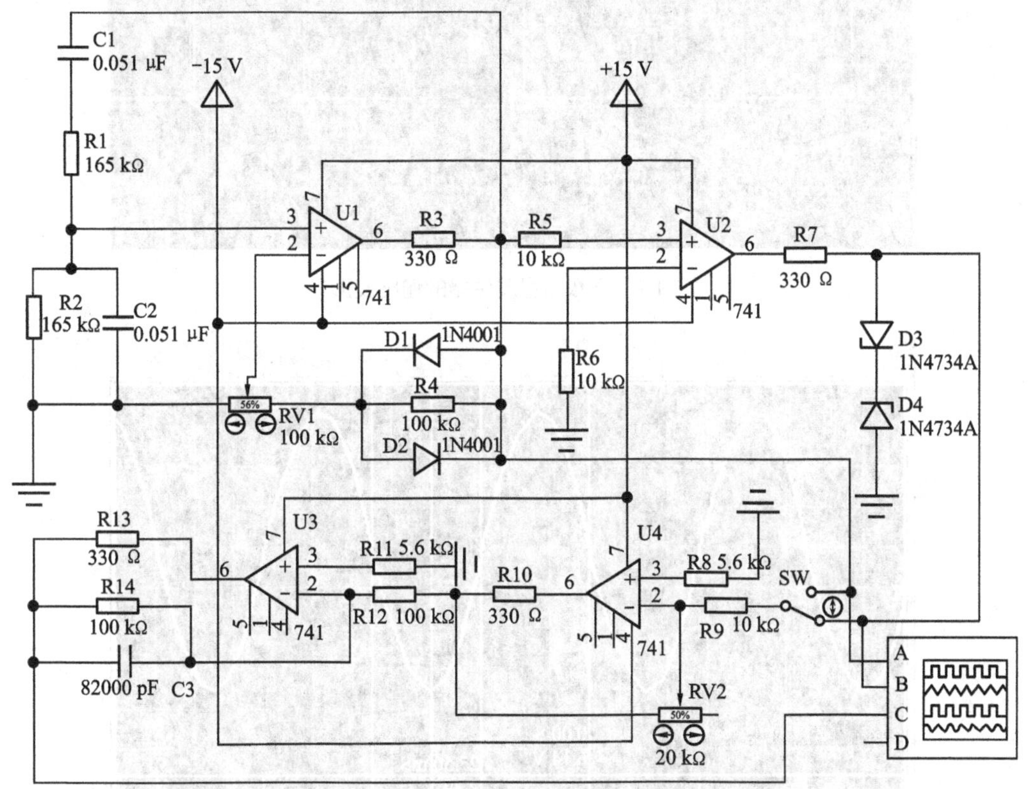

图 4-6　函数信号发生器电路

基本活动

用示波器的多路通道观测函数信号发生器的各路输出波形。

（1）调节 RV_1，使正弦波振荡器的输出波形为不失真的正弦波形。

（2）将开关 SW 打到向下的位置，此时从示波器上观测到的波形如图 4-7 所示。

（3）测量矩形波的频率、占空比和输出电压的幅值。在示波器的触发区，选中“Cursors”光标按钮，在图标区标注矩形波的横坐标，从而读出波形的周期 T、t_{on}及电压幅值，如图 4-8 所示。

$$T=55\ \text{ms}$$

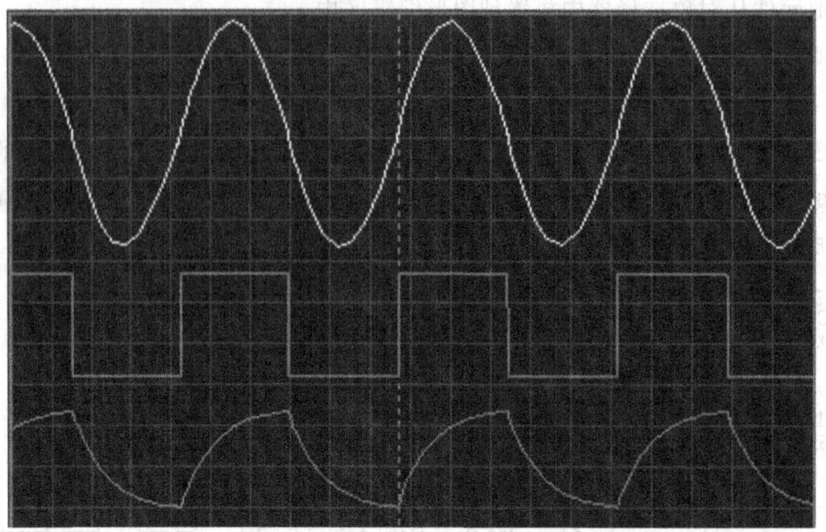

图 4-7　函数信号发生器的输出波形

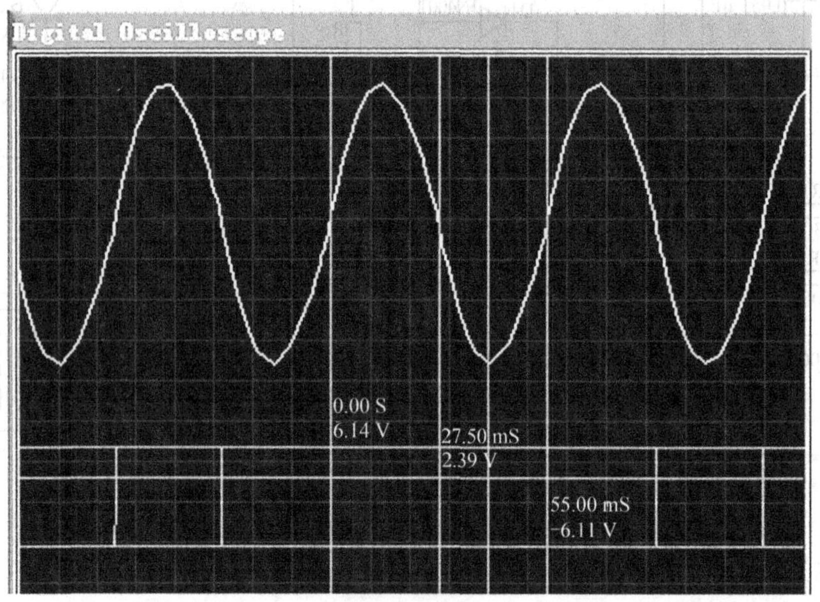

图 4-8　测量矩形波的占空比和电压幅值

$$f=\frac{1}{T}=\frac{1}{55\times10^{-3}}\ \text{Hz}=18.2\ \text{Hz}$$

$$q=\frac{t_{\text{on}}}{T}=\frac{27.5}{55}=0.5(\text{方波})$$

(4) 将开关 SW 打到向上的位置。此时从示波器上观测到的波形如图 4-9 所示。

(5) 调节 RV_2，可以调节 C 通道的正弦电压的幅值。

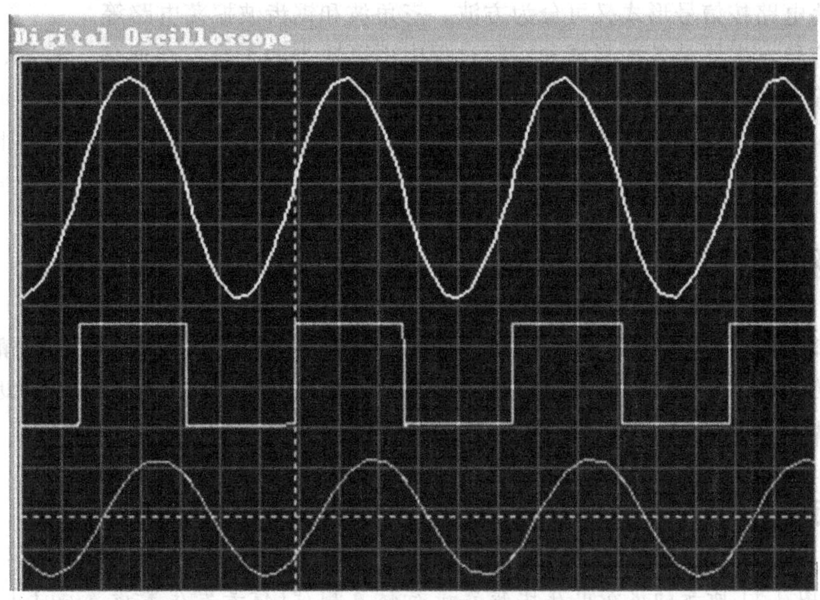

图 4-9 开关 SW 向上时的输出波形

拓展训练

占空比可调的矩形波振荡电路如图 4-10 所示。调节 RV_1，观察示波器显示的波形的变化，测量并计算各对应波形的占空比，了解 RV_1 的变化与占空比之间的关系。

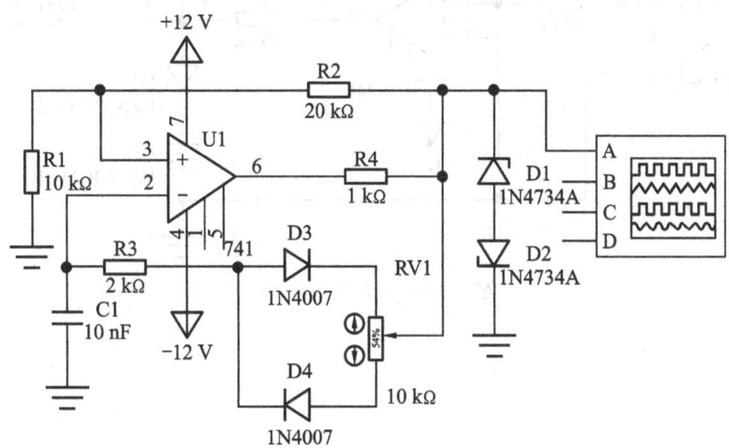

图 4-10 占空比可调的矩形波振荡电路

知识链接

信号产生电路通常被称为振荡器，用于产生一定频率和幅度的信号。按输出信号波形的不同，可将信号产生电路分为两大类，即正弦波振荡电路和非正弦波振荡电路，而正弦波振荡电路按电路形式又可分为 RC 振荡电路、LC 振荡电路和石英晶体振荡电路等；非正弦波振荡电路按信号形式又可分为方波、三角波和锯齿波振荡电路等。

函数信号发生器是各种测试和实验过程中不可缺少的工具，在通信、测量、雷达、控制、教学等领域应用十分广泛。函数信号发生器是一种多用途的波形发生器，可以用来产生正弦波、方波、三角波和锯齿波，由正弦波振荡器、比较器、积分电路、比例放大器组成。

项目小结

本项目是运用 PROTEUS 软件对各种振荡电路进行调试和测量，通过仿真，了解各振荡电路的组成、特点、工作原理，能够对振荡电路的输出波形进行测试，并进一步熟悉示波器的使用方法。

思考练习

1. 对图 4-11 所示的迟滞电压比较器进行仿真测试(信号发生器设置成 1 Hz、2 V 的正弦波信号，观察输出电压的波形，测量输出电压的值)。

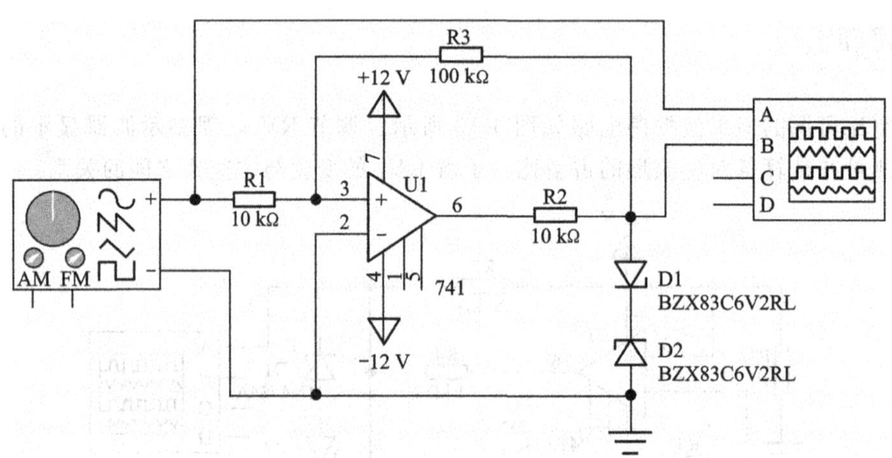

图 4-11　迟滞电压比较器

项目五

音频放大器

【项目描述】

PROTEUS包含有丰富的元件库及仿真仪器，本项目通过设计音频放大电路的实例，可使同学们体会到PROTEUS在设计综合模拟电路的方便之处。

【学习目标】

通过学习，学生应对PROTEUS中模拟电路部分的仿真元器件和虚拟仪器有较为详细的了解，并能够熟练掌握和使用。

【能力目标】

1.专业能力

掌握PROTEUS软件的各种仿真手段及分电路的连接方法。

2.方法能力

掌握单元电路的连接、调试、仿真方法。

任务 1　音频功率放大电路的电源设计

活动情景

图 5-1　封装为 TO-220 的 LM317

LM117/LM317 是美国国家半导体公司的三端可调稳压器集成电路，其中采用 TO-220 封装的外形如图 5-1 所示，各封装形式及管脚排列如图 5-2 所示。LM117/LM317 的输出电压范围为 1.2～37 V，最大负载电流为 1.5 A。它的使用非常简单，仅需两个外接电阻就可设置输出电压。此外它的线性调整率和负载调整率也比固定稳压器好。LM117/LM317 内置有过载保护、安全区保护等多种保护电路。通常 LM117/LM317 不需要外接电容，除非输入滤波电容到 LM117/LM317 输入端的连线超过 6 英寸(约 15 cm)。使用输出电容能改变瞬态响应。调整端使用滤波电容能得到比标准三端稳压器高得多的纹波抑制比。LM117/LM317 具有许多特殊的用法。比如把调整端悬浮到一个较高的电压上，可以用来调节高达数百伏的电压。还可以把调整端接到一个可编程电压上，实现可编程的电源输出。注意，输入/输出压差不得超过 LM117/LM317 的规定值。当然，还要避免输出端短路。

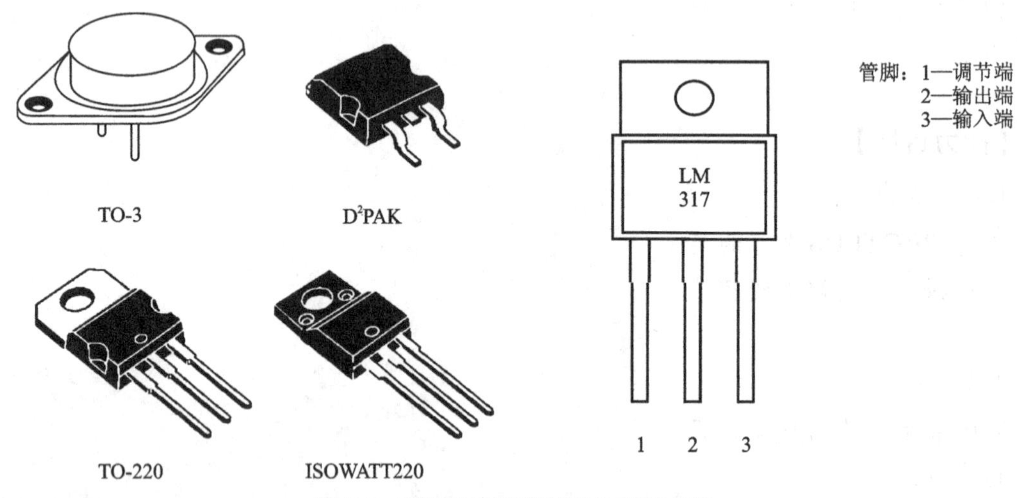

图 5-2　LM317 封装及管脚排列示意图

本任务通过把 50 Hz 的交流电变压、整流、滤波后用 LM317 构成直流稳压电路，从而给音频功率放大电路提供恒定的直流电压，如图 5-3 所示。

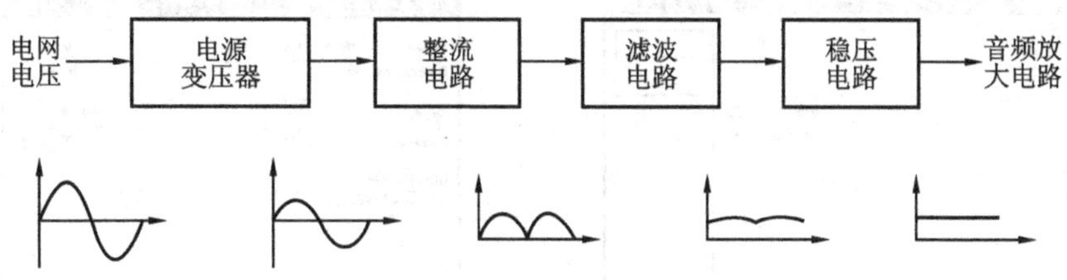

图 5-3 直流稳压电路组成

任务要求

(1) 掌握变压、整流、滤波电路的设计及仿真。

(2) 掌握直流可调稳压电源电路的设计方法。

基本活动

1. 变压电路

(1) 打开 PROTEUS 软件的 ISIS 程序，点击主工具栏的新建设计图标，新建一个文件。

(2) 选择模型工具栏中选择元件图标，将 ALTERNATOR(交流电源)、TRAN-2P2S(变压器)、CAP、SWITCH(开关)放置到绘图区。

(3) 按图 5-4 所示调出 AC VOLTMETER(交流表)，然后用导线将各元件进行连接，如图 5-5 所示。

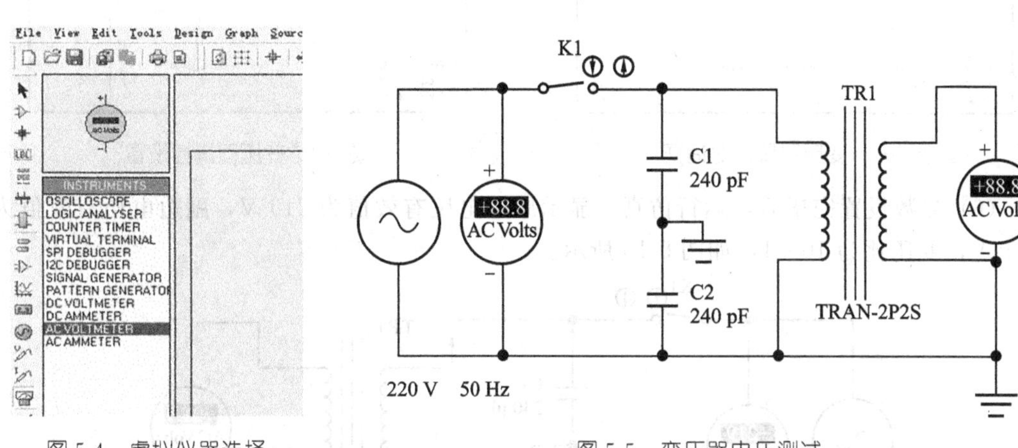

图 5-4 虚拟仪器选择　　　　图 5-5 变压器电压测试

(4) 双击 ALTERNATOR，打开单相交流电源的对话框，如图 5-6 所示，其中 Amplitude 设置的是幅值，Frequency 设置的是频率。我们使用的电源电压的有效值为 220 V，频率为 50 Hz。因为幅值和有效值的关系是$\sqrt{2}$，可按如图 5-7 所示的参数设置幅值。

Edit Component
Component Reference:
Component Value:
Amplitude: 6V
Frequency: 1Hz
Other Properties:
{PACKAGE=NULL}
Exclude from Simulation
Exclude from PCB Layout
Edit all properties as text
Attach hierarchy module
OK
Cancel

图 5-6　交流电压设置

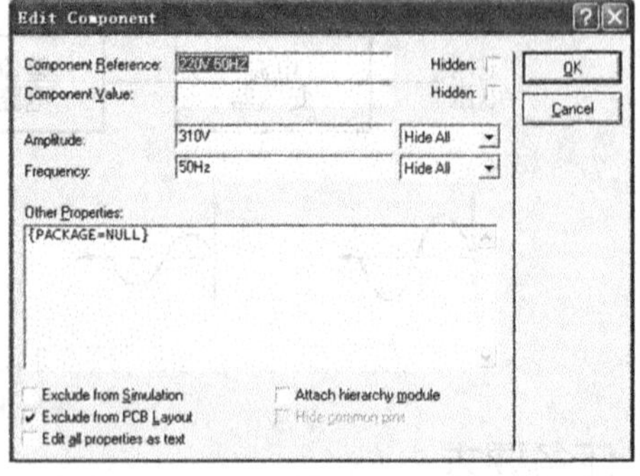

图 5-7　电源电压设置

（5）双击“TRAN－2P2S”，打开变压器的元件属性对话框，如图 5-8 所示。变压器的变压比是通过改变原、副边（Primary inductance 、Secondary inductance）的电感值来实现的。计算公式是：原、副边电压比值的平方等于原边电感与副边电感的比值。既可以改变原边电感，也可改变副边电感，还可以两者同时改变。默认设置的原边和副边的电感值都是 1 H，其变压比 $K=1$。如果想使用变压比 $K=10$ 的降压变压器，可以设置原边电感值为 1 H，副边电感值为 0.01 H，如图 5-9 所示。

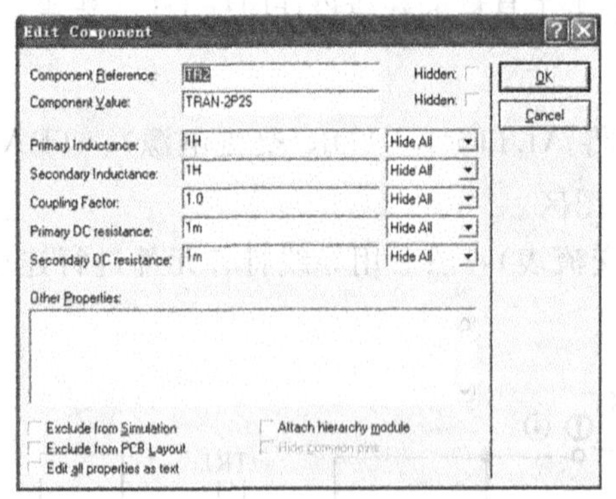

图 5-8　变压器属性对话框

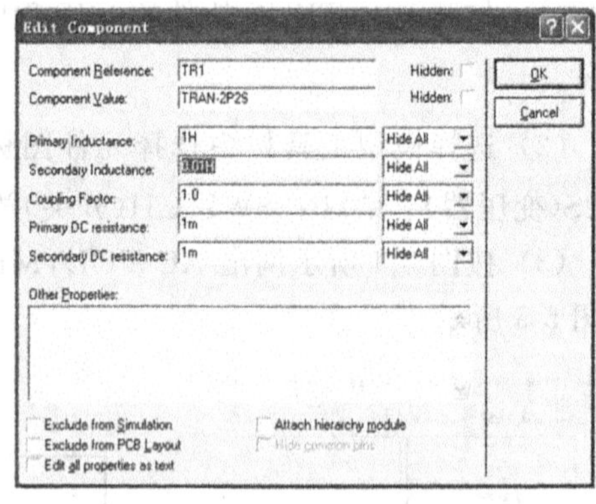

图 5-9　变压器属性设置

（6）参数设置完毕后，运行仿真，显示原边电压有效值为 219 V，副边电压有效值为 21.9 V，变压比为 10∶1，如图 5-10 所示。

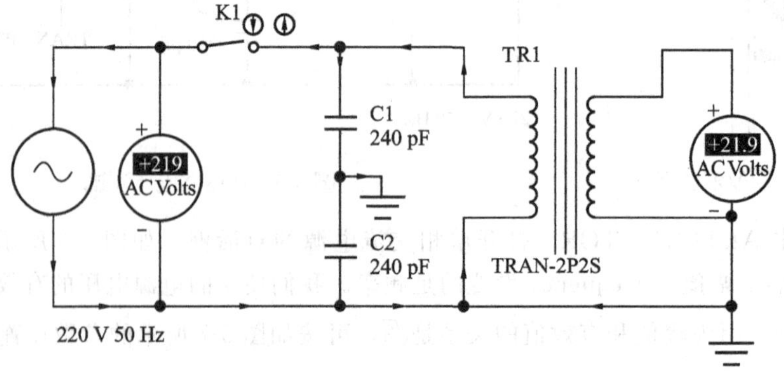

图 5-10　仿真显示

【注意】

变压器在调用时，由于位于左下角的对称按钮 ↔ 可能处于选中状态，这时原、副边绕组的位置就颠倒了，使用时要注意，尤其是原边和副边绕组数目相同的变压器。

2. 整流及滤波电路

（1）整流采用常用的二极管桥式整流电路。可在 Diodes 库的子类 Bridge Rectifiers 中取出通用整流电桥，放置在电路中，要注意接法。

（2）整流电路将交流电变为脉动的直流电，但其中含有大量的交流成分（纹波电压）。为了获得平滑的直流电压，应在整流电路后面加接滤波电路，以滤去交流成分。本项目采用电容滤波方式。在选择电解电容时用容值较大的电容，且耐压值要大于电路中所承受的电压，本例中用 1 000 μF 电容。电容极性的接法是上正下负，如图 5-11 所示。

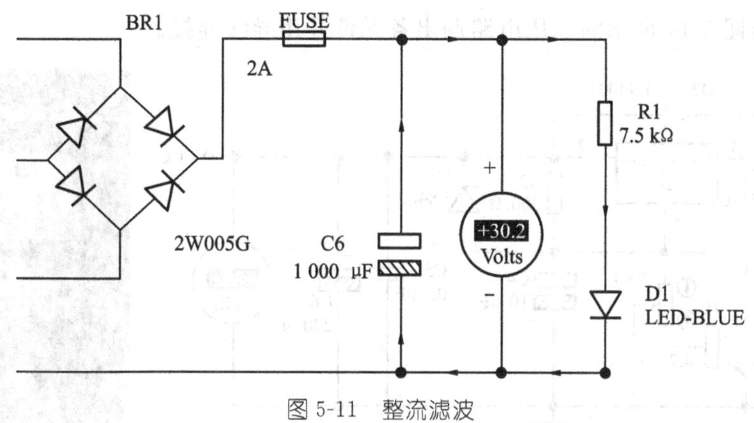

图 5-11　整流滤波

变压、整流和滤波电路的总体仿真如图 5-12 所示。

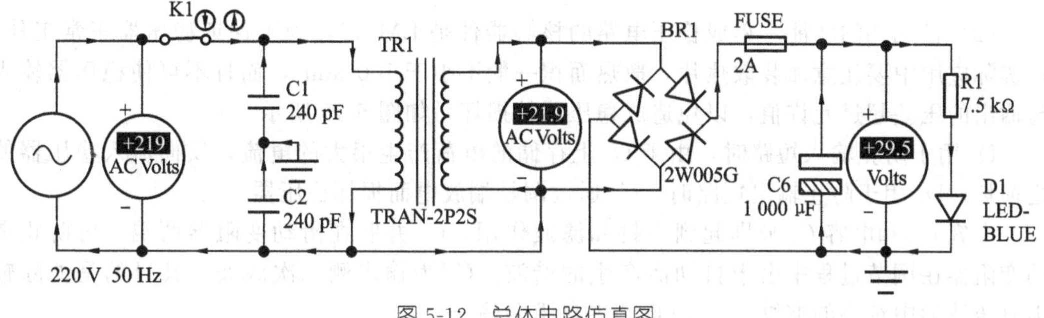

图 5-12　总体电路仿真图

小贴士

电路的动态仿真：在仿真时，如果能显示电流方向等其他信息，会帮助同学们加深对电路的认识和理解，如图 5-12 所示。具体方法是：首先在主菜单“System”→“Set Animation Options”中设置仿真时电压及电流的颜色及方向，如图 5-13 所示。

出现如图 5-13 所示的对话框后，将“Show Wire Voltage by Colour”和“Show Wire

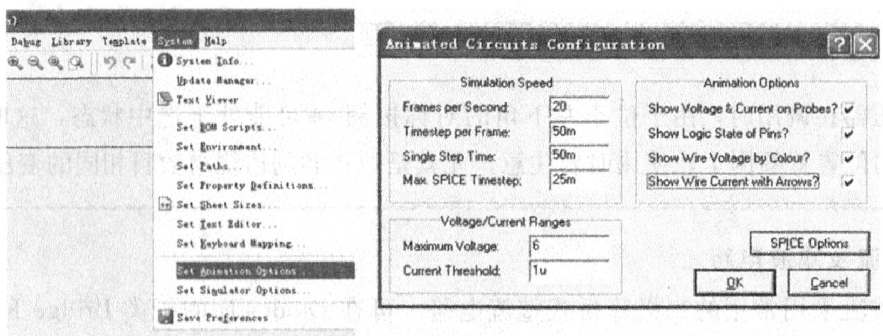

图 5-13　显示电流方向设置

Current with Arrows”两项选中(第一项的意思是用红、蓝颜色表示电压的高低；第二项的意思是以箭头标示电流的流向)。

3. 集成稳压电路

(1) 按如图 5-14 所示的稳压电路调出各元件并用导线连接。

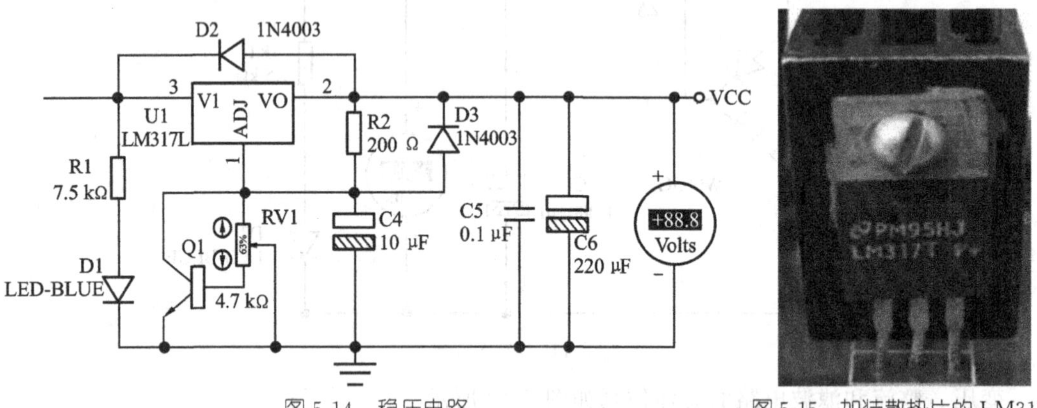

图 5-14　稳压电路

图 5-15　加装散热片的 LM317

(2) 各元件的功能　集成稳压电路的核心器件是 LM317，为了保证稳压器正常工作，在实际应用中要注意加装散热片，散热面积一般不小于 100 mm^2，而且不可使稳压器输入与输出的压差超过允许值，以免造成稳压器的损坏，如图 5-15 所示。

D_2 用于防止输入短路时，由于 C_6 上存储的电荷产生很大的电流，反向流入稳压器使之损坏。D_3 用于防止输出短路时，C_4 通过调整端放电而损坏稳压器。

电容 C_4 和电容 C_6 分别起到去抖和滤波作用。C_4 并联在滑动变阻器两端，可防止滑动变阻器在调节过程中由于抖动而产生的谐波。C_6 为输出侧二次滤波，其目的是滤除输出电压波形中细小的波纹。C_5 防止产生自激振荡。

R_2 和 RV_1 构成取样电路，调节 RV_1 可改变取样比，即可调节输出电压 V_{CC} 的大小。由前面所述，电路的输出电压 V_{CC} 为

$$V_{CC}=\frac{V_{REF}}{R_2}(R_2+RV_1)=1.25\times\left(1+\frac{RV_1}{R_2}\right)$$

其中 $V_{REF}=1.25$ V。

用 LM317 制作可调稳压电源，常因电位器接触不良(相当于调整端悬浮)而使输出电压升高而烧毁负载。Q_1 起的作用是：在正常情况下，Q_1 的基极电位为 0，Q_1 截止，对电

路无影响；而当 RV_1 接触不良时，Q_1 的基极电位上升，升至 0.7 V 时，Q_1 导通，将 LM317 的调整端电压降低，输出电压也降低，从而对负载起到保护作用。

4. 波形测试

（1）打开 ISIS 的仿真运行开关，调节 RV_1，直到电压输出 V_{CC} 为 15 V 左右，如图 5-16 所示。

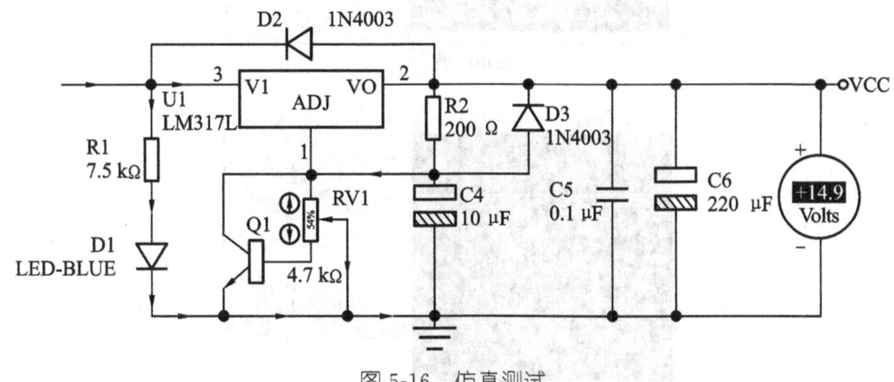

图 5-16　仿真测试

（2）用示波器观察各部分的电路波形。如图 5-17 所示，A 通道接变压器原级输入端 AC_1；B 通道接变压器次级输出端 AC_2；C 通道接滤波输出端 V_1；D 通道接稳压输出端 V_{CC}。图5-18是各点输出波形图，可以看出经过稳压电路后得到了非常稳定的直流电压 V_{CC}。

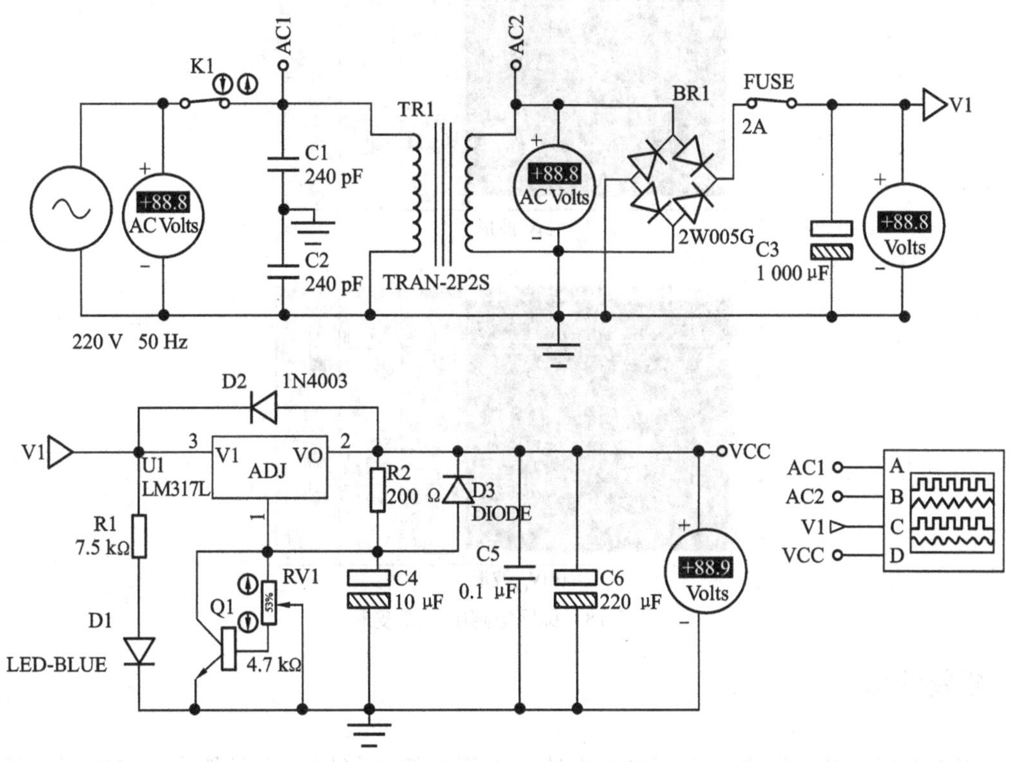

图 5-17　仿真测试图

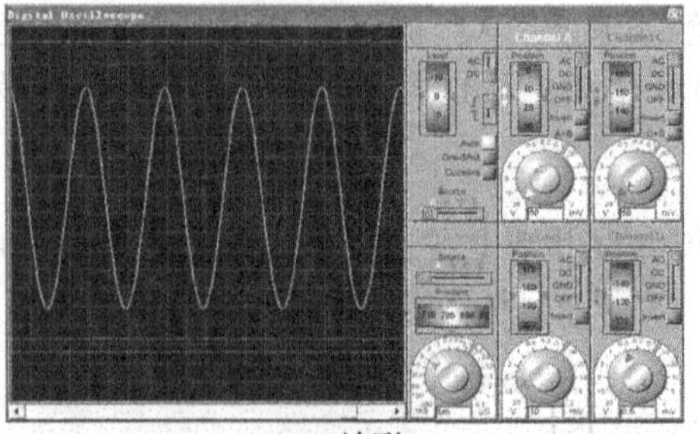

(a)AC_1波形

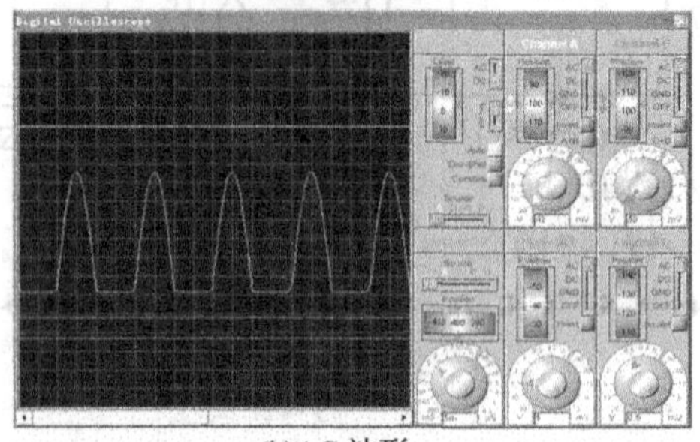

(b)AC_2波形

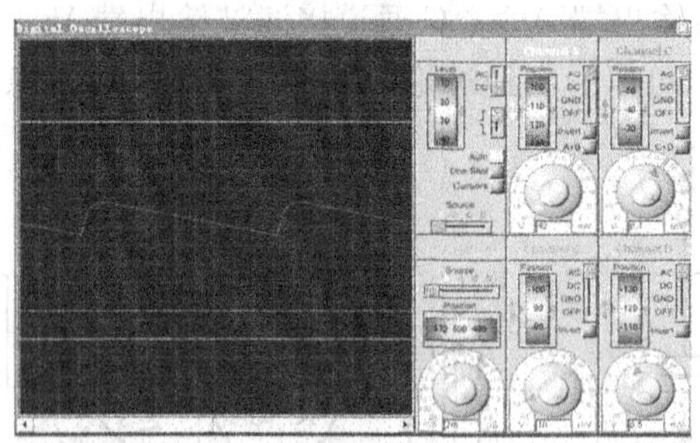

(c)V_1波形

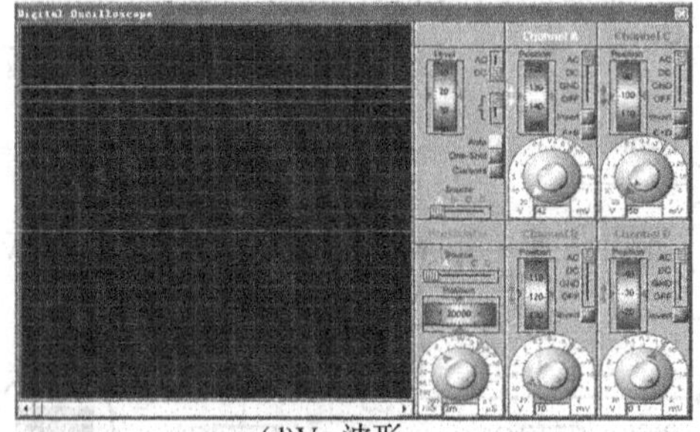

(d)V_{CC}波形

图 5-18　稳压电路的各点波形

拓展训练

以上介绍的是三端集成稳压电源电路，下面介绍如何用分立元件构成串联型稳压电路。图 5-19 所示为具有放大环节的串联型稳压电源，由六部分组成。

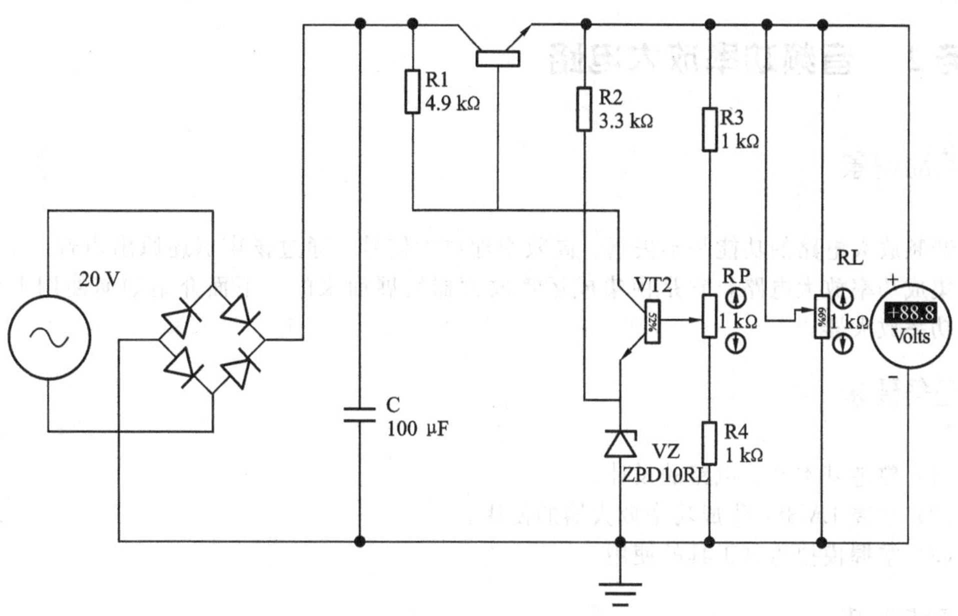

图 5-19 串联型稳压电源

(1) **变压电路** 由 TR_1 组成。TR_1 属性可按图 5-20 设置。

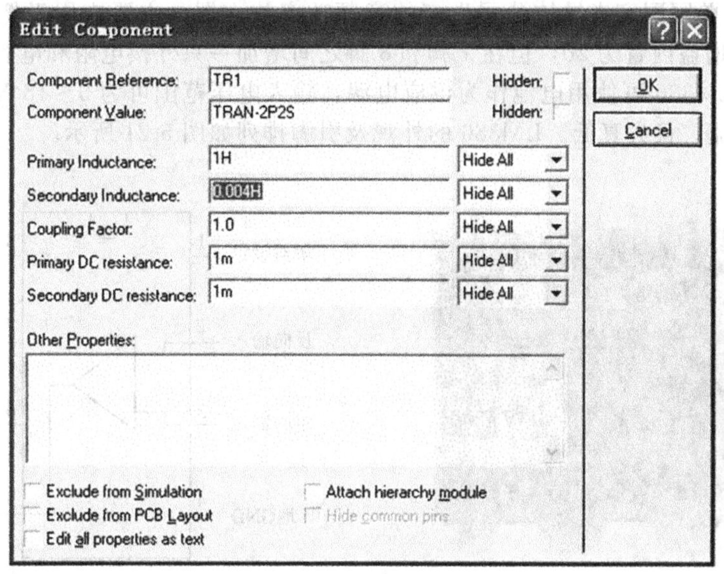

图 5-20 变压器属性对话框

(2) **整流滤波电路** 由 BR_1 和 C_3 组成。

(3) **基准电压电路** 由 D_1 及 R_5 组成。

(4) **取样电路** 由 R_6、R_7 及 RP_1 组成。

(5) **比较放大电路** 由 Q_3、R_2 及 R_1 组成。

(6) **调整电路** 由 Q_1、Q_2 组成。

任务 2　音频功率放大电路

活动情景

音频放大电路的功能是不失真、高效率地放大信号，通过扬声器还原出声音。本项目采用集成功率放大电路，它是由集成运算放大器发展而来的。下面介绍如何使用 LM386 集成功率放大器。

任务要求

（1）熟悉基本放大电路的设计。

（2）掌握 LM386 集成功率放大器的使用。

（3）掌握模拟仿真工具的使用。

技能训练

核心器件 LM386 **介绍**

LM386 是美国国家半导体公司生产的音频功率放大器，主要应用于低电压消耗类产品。它的电压增益内置为 20，但在 1 脚和 8 脚之间增加一只外接电阻和电容，电压增益最高可达 200。LM386 可使用电池作为供应电源，输入电压范围可为 5～18 V，不工作时仅消耗 4 mA 电流，且失真低。LM386 的外观及引脚排列如图 5-21 所示。

图 5-21　LM386 的外观及引脚排列

基本活动

1. 前置放大电路

由于信号源输出信号的幅度往往很小，不足以激励功率放大器输出额定功率，因此常在信号功率放大器之间插入一个前置放大电路，将信号源输出信号放大，同时对信号进行适当的音色处理。

(1) 点击元件图标 ⊳ ，然后单击元件列表上的"P"按钮，从弹出的选取元件对话框中选择电路仿真元件，将 2N5551(三极管)、RES(电阻)、CAP(电容)及电源等元件添加到原理图编辑窗口，并按图 5-22 所示的电路设置电路中各元件参数。

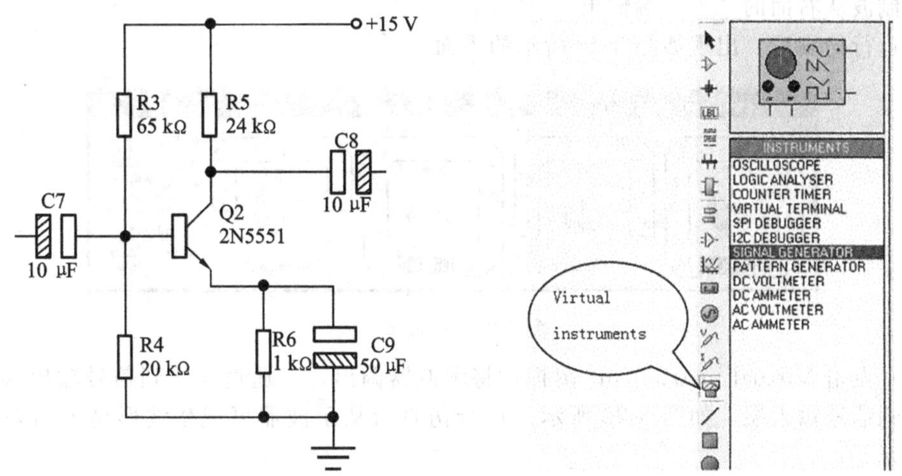

图 5-22 前置放大器　　　　图 5-23 虚拟仪器

(2) 调出虚拟信号发生器　点击 Virtual instruments 图标，如图 5-23 所示。在窗口中选择"SIGNAL GENERATOR"放置到编辑区中，与电路输入端相连，如图 5-24 所示。

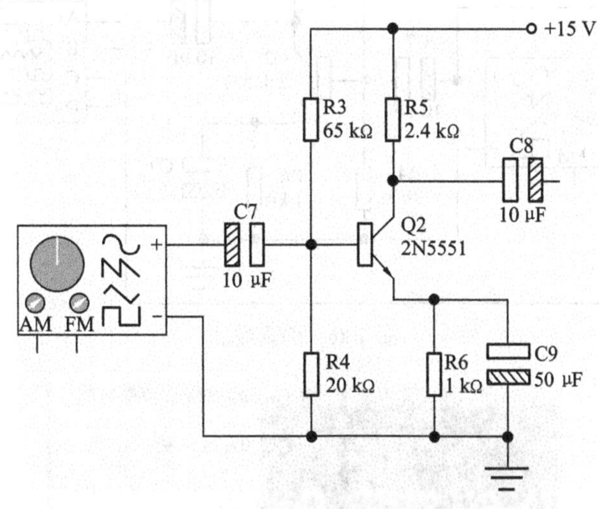

图 5-24 仿真测试

(3) 虚拟信号发生器的使用。

①虚拟信号发生器主要有以下功能：

产生方波、锯齿波、三角波和正弦波；

输出频率范围为 0～12 MHz，8 个可调范围；

输出幅值为 0～12 V，4 个可调范围；

幅值和频率的调制输入和输出。

②可输出调制波及非调制波。输出的非调制波包括正弦波、三角波、锯齿波和方波。

当非调制波发生器使用时，信号发生器的下面两个接头“AM”和“FM”悬空不接，右面两个接头的“+”端接至电路的信号输入端，“−”端接地。

③PROTEUS 的虚拟信号发生器还具有调幅波和调频波输出功能。无论是哪种调制，调制电压都不能超过±12 V，且输入阻抗要足够大。调制信号从下面两个端中的一个输入，调制波从右面的“+”端输出。

④运行仿真后，出现如图 5-25 所示的界面。

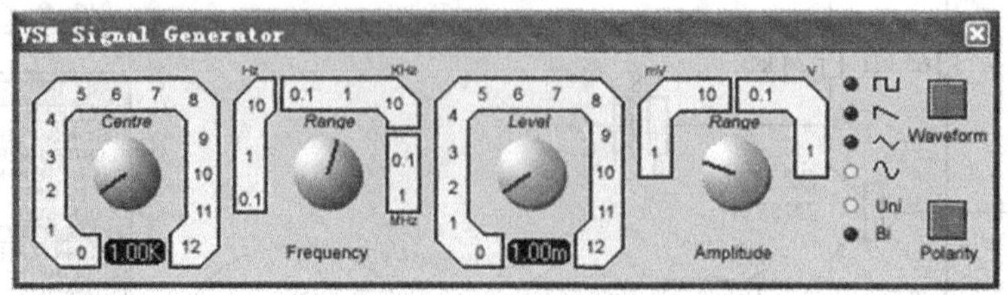

图 5-25　仿真运行

（4）点击 Virtual instruments 图标，将示波器调出，A 通道连接到信号输出端，B 通道连接到信号输入端，如图 5-26 所示。运行仿真后从示波器可观察波形显示结果，如图 5-27 所示。

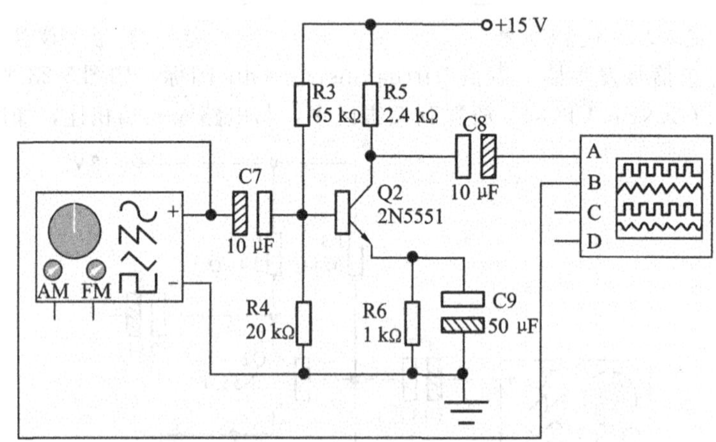

图 5-26　仿真测试

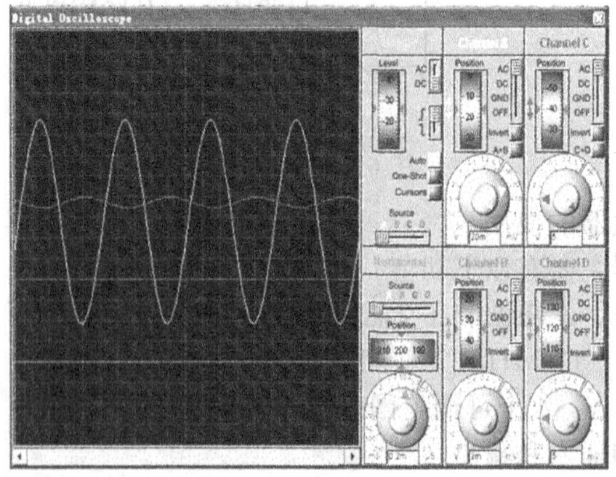

图 5-27　波形显示

2. 集成功率放大电路

(1) 点击元件图标 ，然后单击元件列表上的“P”按钮，从弹出的选取元件对话框中选择电路仿真元件，将LM386、电阻、电位器、电容及扬声器(SPEAKER)、电源等元件添加到原理图编辑窗口，并按如图5-28所示的电路设置电路中各元件参数。

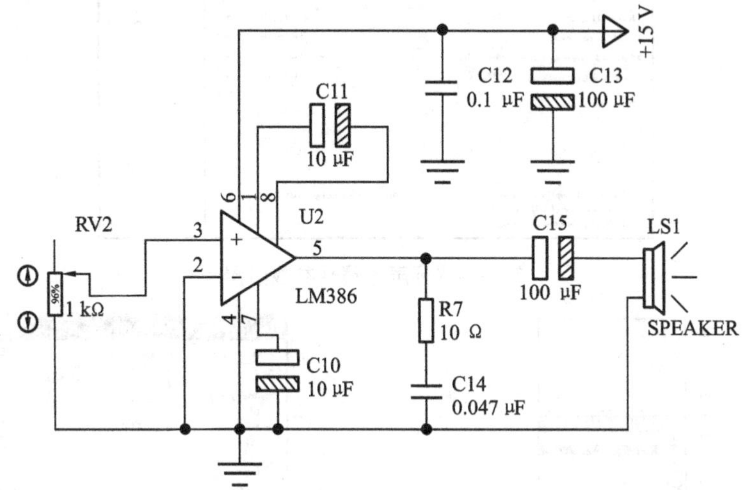

图5-28　功放电路

(2) 各元件的作用。输入信号由C_{10}和电位器RV_2接入同相输入端3脚，调节电位器RV_2可改变输入信号的大小。反相输入端2脚接地，构成单端输入方式。C_{11}为直流电源去耦电路，用于提高纹波抑制能力，消除低频自激振荡。电容C_{12}接在1脚和8脚之间，在交流通路中短路，电压放大倍数为200，也可串接一个电位器，使放大倍数在20～200之间变化。C_{16}为功放输出电容，以便构成OTL电路，R_7、C_{15}是频率补偿电路，用以抵消扬声器音圈电感在高频时产生的不良影响，改善功率放大电路的高频特性和防止高频自激。

(3) 扬声器直接输入“SPEAKER”来调用。为了听到声音，要注意使用ACTIVE中的“SPEAKER”。两个接线端不分正负，因为它接收的是交流模拟信号。要注意驱动信号的幅值和频率应在扬声器的工作电压和频率范围之内，否则不会发出声响(音频范围：50 Hz到20 kHz)。当扬声器不会发出声响时，可能是因为信号种类不匹配(比如数字信号)或扬声器的电压设置得太大而需要修改参数，而且要确认使用的计算机装有声卡。扬声器的属性参数设置对话框如图5-29所示。

(4) 点击GENERATOR图标，如图5-30所示。在窗口选择“SINE”，放置到原理图中与电路输入端相连。打开“SINE”对话框，如图5-31所示，将Amplituede(幅值)设为10 mV，Frequency(频率)设为1 kHz。

(5) 点击Virtual instruments图标，将示波器调出，A通道连接LM386的同相输入端，B通道连接输出端，如图5-32所示。运行仿真后从示波器可观察波形显示结果，如图5-33所示。

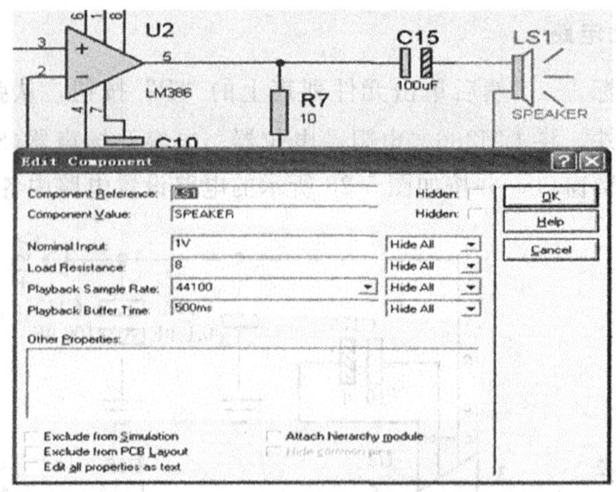

图 5-29　扬声器属性参数设置

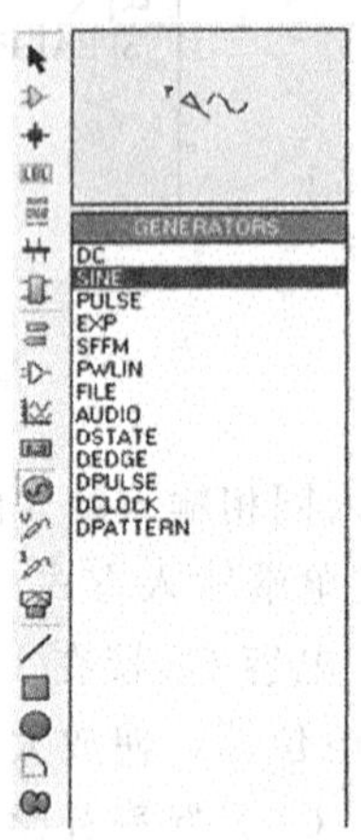

图 5-30　信号源选择

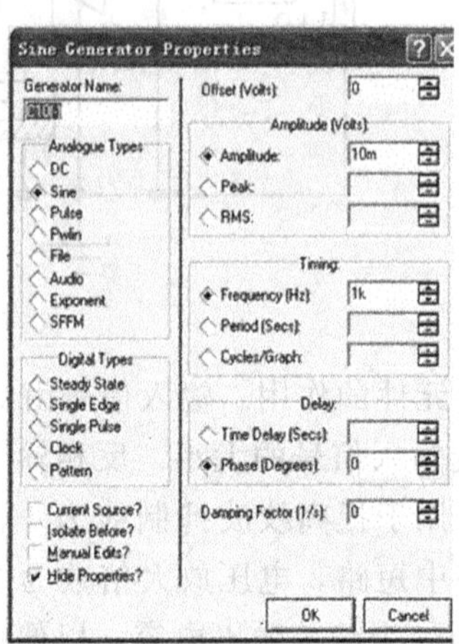

图 5-31　SINE 对话框

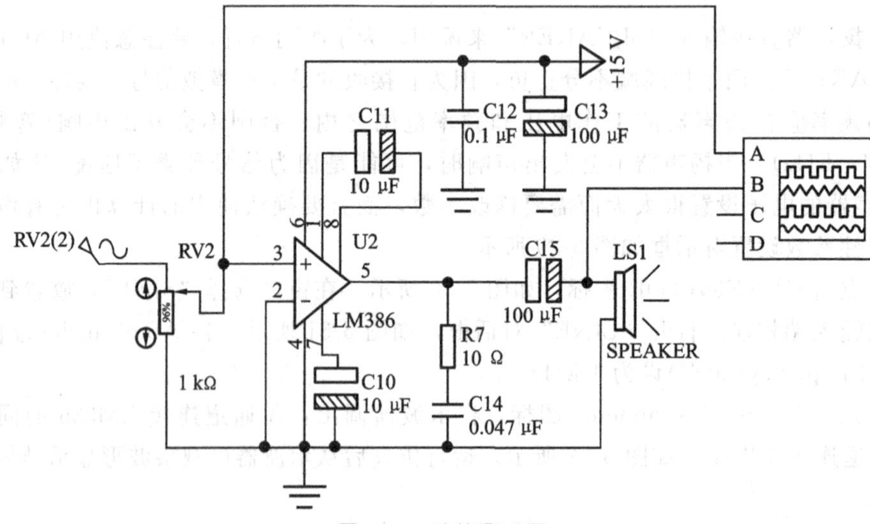

图 5-32　功放测试图

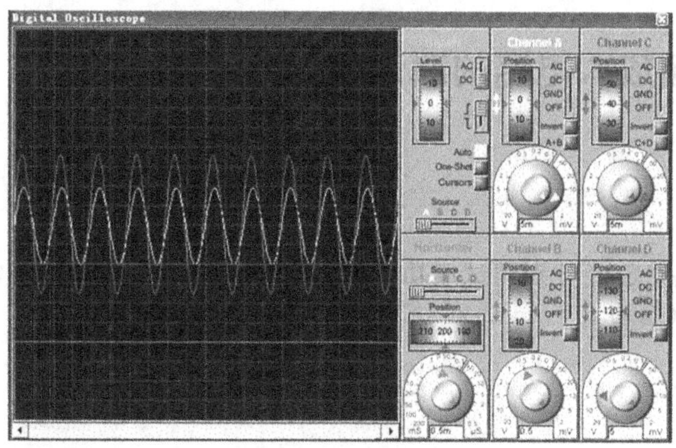

图 5-33　波形显示结果

3. 两级放大电路的连接

(1) 将图 5-32 中的输入正弦信号去掉，并与图 5-26 的输出端相连接，将示波器 A 通道接电路输出端，B 通道接输入端，如图 5-34 所示。

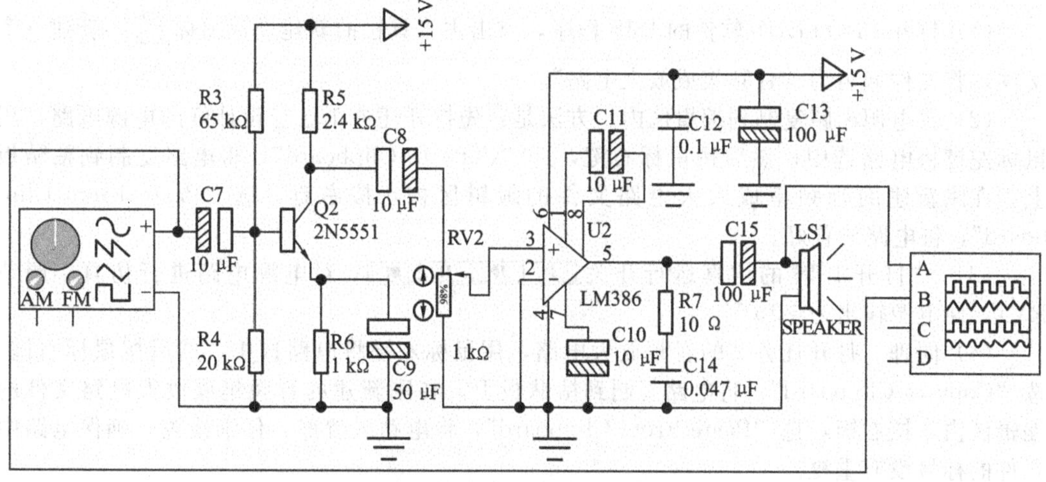

图 5-34　两级放大电路的连接及测试

(2) 运行仿真后，波形显示结果如图 5-35 所示。

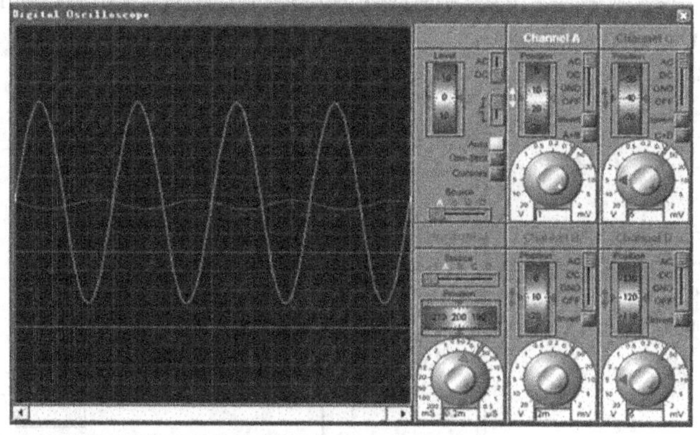

图 5-35　波形显示结果

任务 3　音频放大电路的联调及 PCB 板的制作

活动情景

前面各单元电路已经分别调试成功，现将其连接成为一整体电路，并用 PROTEUS ARES 设计生成 PCB 板。

任务要求

（1）掌握电路的联调方法。
（2）熟悉 PCB 板的制作。

基本活动

（1）打开 PROTEUS 软件的 ISIS 程序，点击主工具栏的新建设计图标 ，新建一个文件，将文件起名为“音频集成放大电路”。

（2）将电源电路复制到编辑区内　方法是：先打开任务 1 已经设计好的电源电路，用鼠标左键将电路选中；然后按鼠标右键，选“Copy to Clipboard”，将电路复制到粘贴板上；在刚新建的音频集成放大电路文件的编辑区内，按右键，选“Paste From Clipboard”，将电路放置好。

（3）“打开 ISIS 的仿真运行开关 ，对电源电路进行仿真。调节 RV1，使电源输出为＋15 V。

（4）同理，打开任务 2 的音频放大电路，用鼠标左键将电路选中，然后按鼠标右键，选“Copy to Clipboard”，将电路复制到粘贴板上。在刚新建的音频集成放大电路文件的编辑区内，按右键，选“Paste From Clipboard”，将电路放置好。仔细检查，确保电路中元件的标号没有重复。

（5）将音频放大电路的＋15 V 电源去掉，从工具箱中选择“Terminal Mode”图标 ，选择“DEFAULT”（默认端口）的终端模式，如图 5-36 所示，以替代刚才的＋15 V 电源。

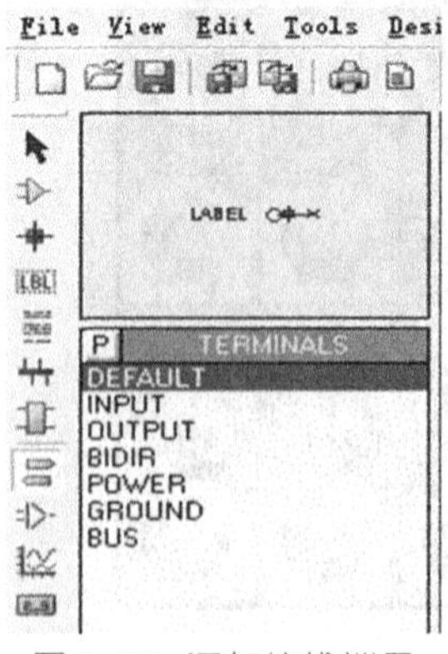

图 5-36　添加接线端子

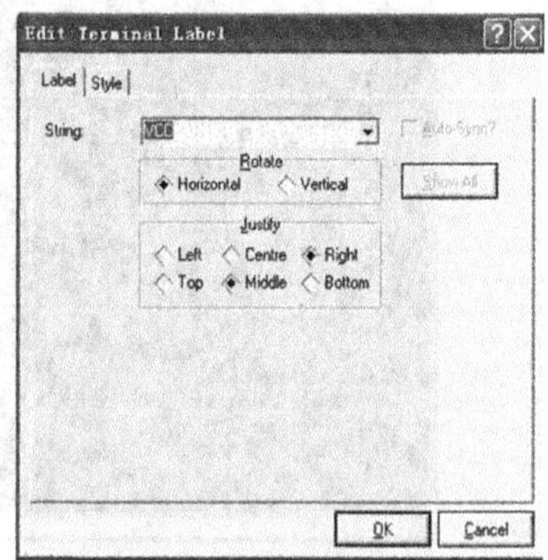

图 5-37　属性设置

（6）双击该终端模式，在 label 的 string 中将名称改为“VCC”，如图 5-37 所示。

音频放大器的总体电路如图 5-38 所示。

（7）打开 ISIS 的仿真运行开关，对图 5-38 进行仿真。可以看到，整体电路已经设计成功了。

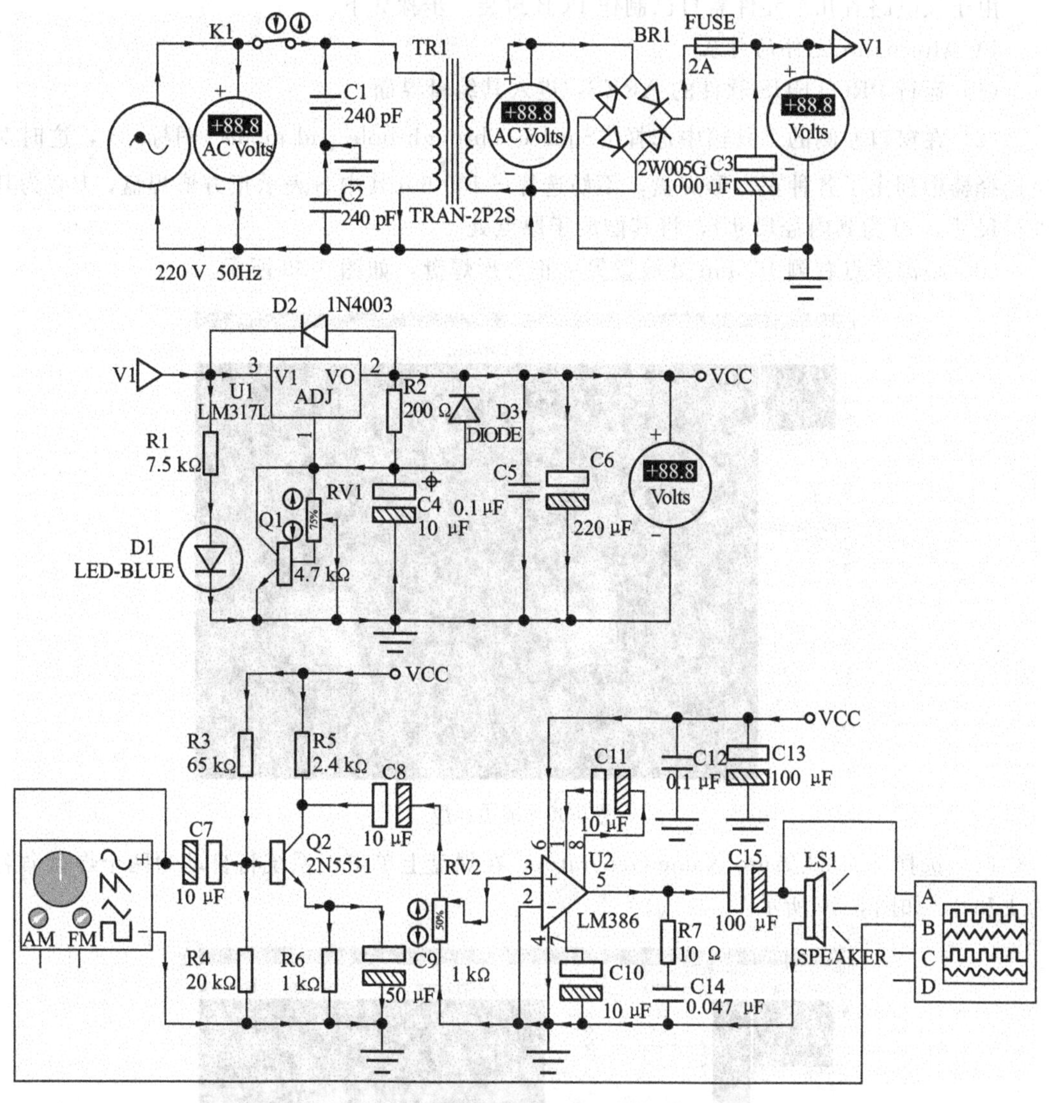

图 5-38　放大器综合电路

【注意】

当我们仿真时，有时需要将原理图中的某一部分屏蔽掉，又不破坏整个原理图，其方法是：双击需要屏蔽的元件，对其属性进行编辑，在属性中，将 Exclude from Simulation（仿真不包含）选项打钩。

1. 元件封装制作

由于该电路有几个元件需自己制作 PCB 封装，步骤如下。

1） Alternator 元件的封装

（1）运行 PROTEUS 软件的 ARES，进入其编辑界面。

（2）在窗口左侧的工具箱中选择“Square Through-hole pad mode”图标 ■ ，这时对象选择器中列出了各种正方形焊盘，不妨选择 S-100-50(其中 S 表示正方形焊盘，100 为其外径尺寸，50 为其内径尺寸)，将其摆放于原点处。

（3）距离原点右侧 10 mm 处放置另一正方形焊盘，如图 5-39 所示。

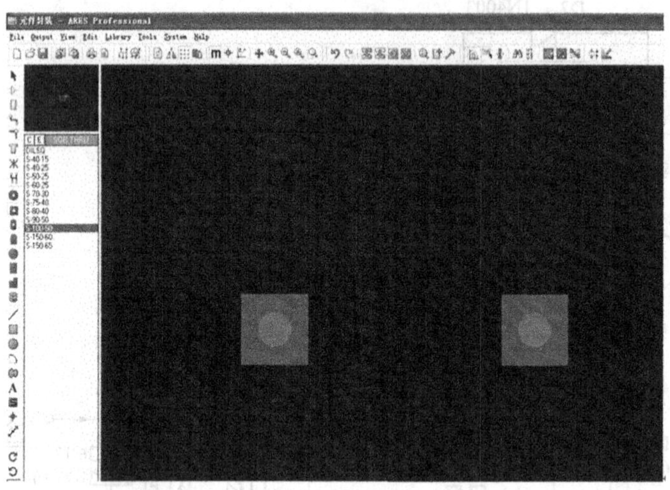

图 5-39　放置焊盘

（4）选择 Tools \ Auto Name Generator，在焊盘上单击，系统将自动为两个焊盘命名为 1 和 2，如图 5-40 所示。

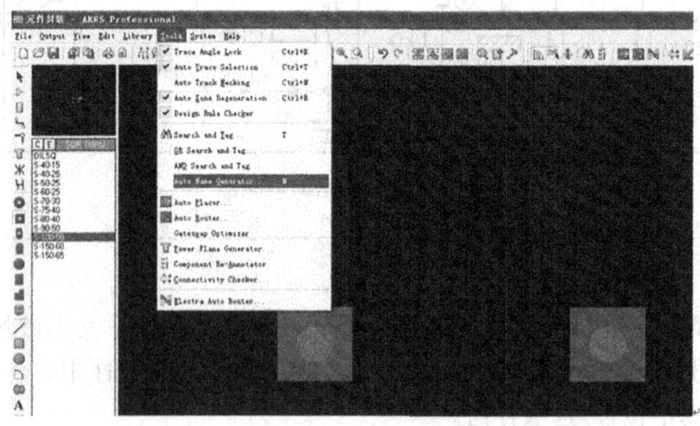

图 5-40　管脚命名

(5) 选中 2D 绘图工具，绘制元件外形边界，如图 5-41 所示。

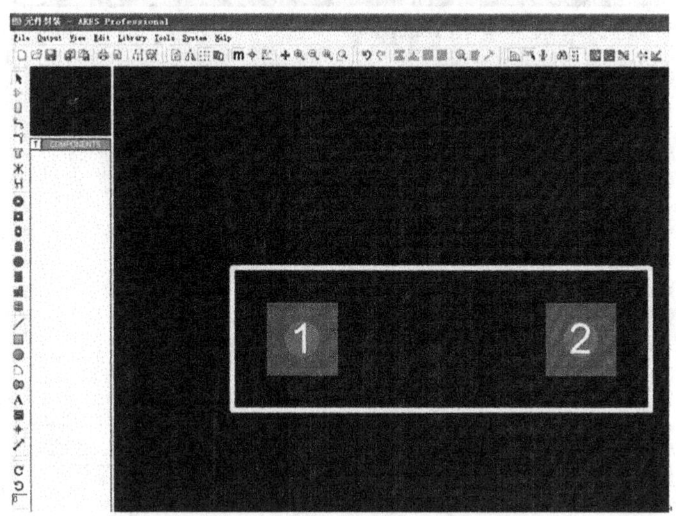

图 5-41 元件外形边界

(6) 按右键，选中整个元件轮廓，选择 Library/Make Package，如图 5-42 所示。

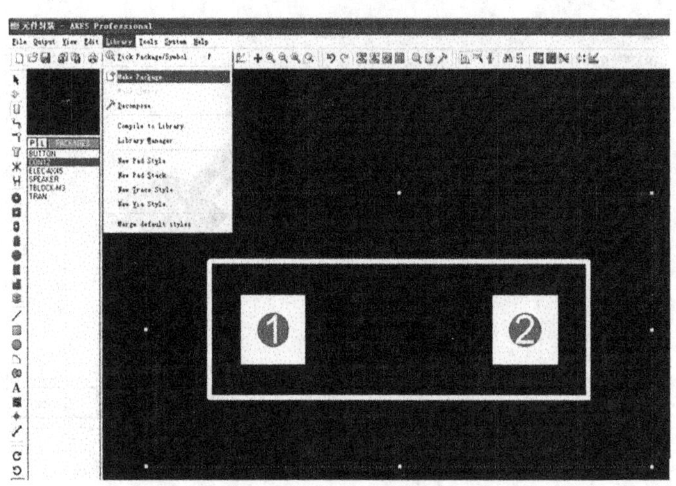

图 5-42 元件封装

(7) 系统出现封装对话框，按图 5-43 所示的栏目设置有关参数。

其中，"New Package Name" 为新封装名称，"Package Category" 为封装类别，"Package Type" 为封装类型，"Package Sub-category" 为封装子类别，"Package Description" 为封装描述，"Advanced Mode(Edit Manually)" 为高级模式(手工编辑)，"Save Package To Library" 为保存封装到指定库中。

点击 3D Visualization，出现图 5-44 所示对话框，在 Model parameters 中输入 "pinmin=－10 mm 和 pinmax=10 mm"（管脚的上下长度）。在右边对话框中，可以看到该元件的三维效果。

单击 "OK" 按键，该封装即保存在 "USERPKG" 库中。

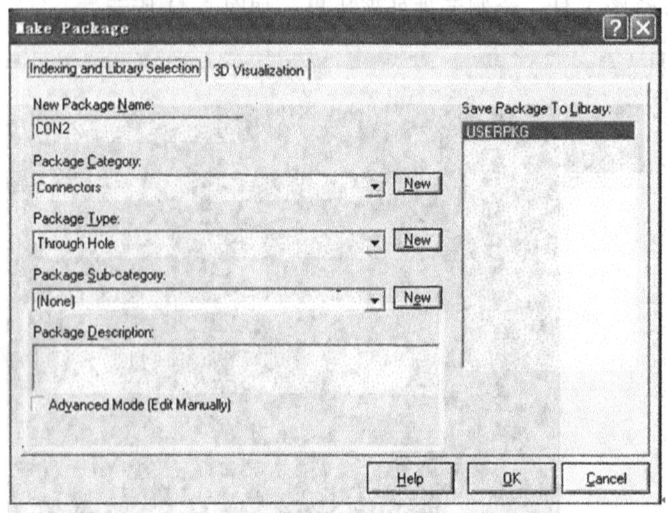

图 5-43 元件封装对话框

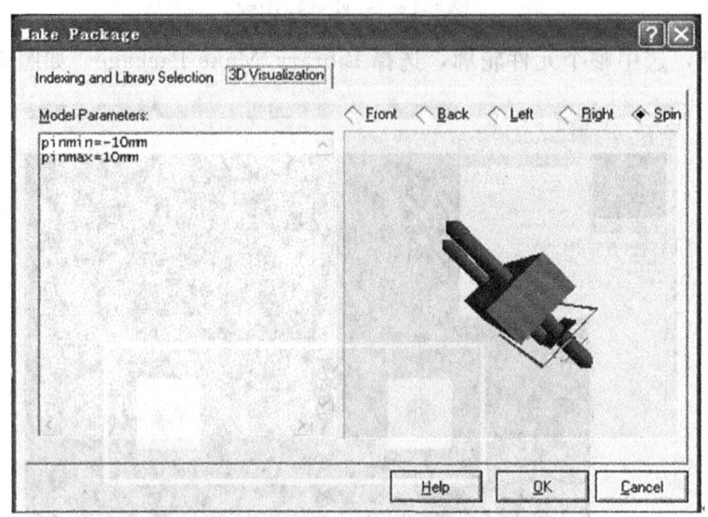

图 5-44 封装对话框及元件的 3D 外形图

2) Tran-2p2s 元件的封装

Tran-2p2s(变压器)体积较大，外壳接地。该元件的封装制作步骤如下。

(1) 放置焊盘 先将单位转为公制(mm)，分别在坐标为(0，0)、(40，0)、(40，30)、(0，30)处放置 C-100-50 的圆形焊盘；在右下角将层选择为 drill hole，在坐标为(20，0)、(20，30)处放置 C-200-M3 的圆形焊盘，变压器焊盘如图 5-45 所示。

(2) 焊盘编号 因为变压器有原、副边绕组，将焊盘命名为 P_1、P_2、S_1、S_2，中间两个焊盘为外壳接地，命名为 E，如图 5-46 所示。

(3) 画外形边框 在 ARES 工具栏中选中■，将左下角当前层设置为丝印层 [Top Silk]，画一个 50 mm×40 mm 的边框，如图 5-47 所示。

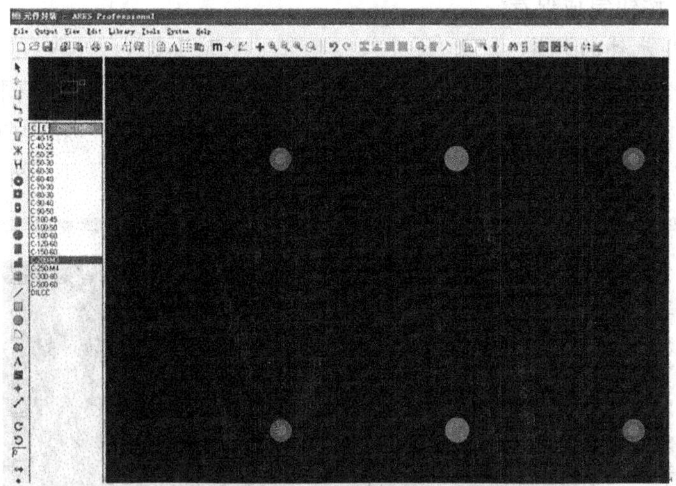

图 5-45 变压器焊盘

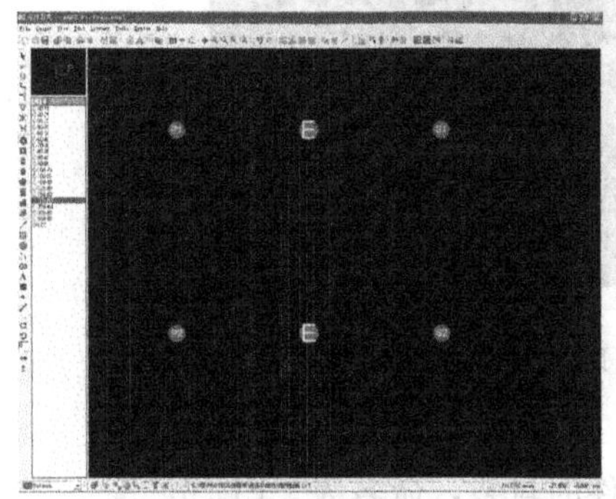

图 5-46 焊盘编号

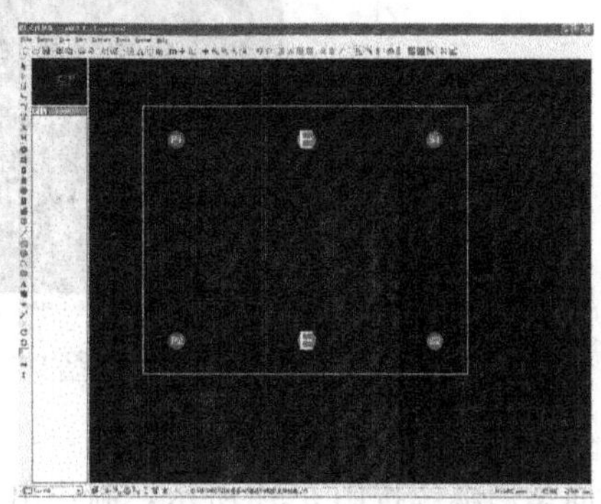

图 5-47 元件外形

(4) 保存及属性编辑 单击右键并拖动鼠标指针，选中设计完成的封装，选择“Library”→“Make Package”菜单项，弹出“Make Package”对话框，按图 5-48 和图 5-49 所示栏目进行相应设置。

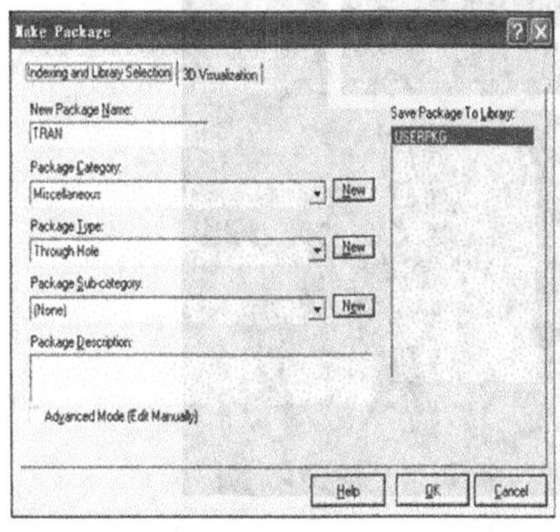

图 5-48 封装设置

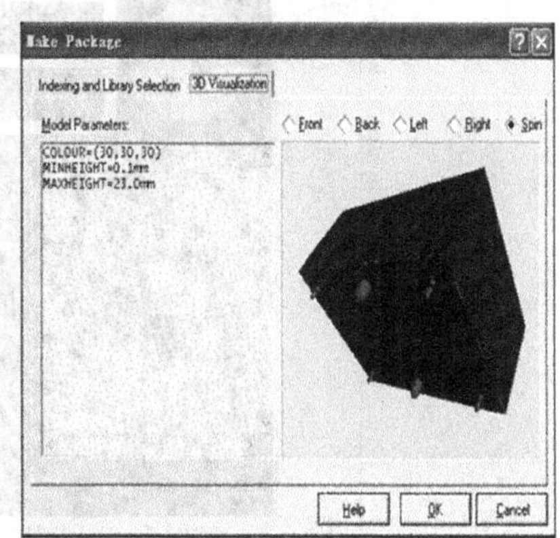

图 5-49 元件的 3D 外形

单击“OK”按钮完成保存。

3）SWITCH 元件的封装

通过前面两个例子，同学们已初步掌握制作元件封装的有关步骤。同理，大家可按图5-50 所示，制作 SWITCH 元件的封装。焊盘的名称分别为“NO”和“COM”。封装名称命名为“SWITCH”。

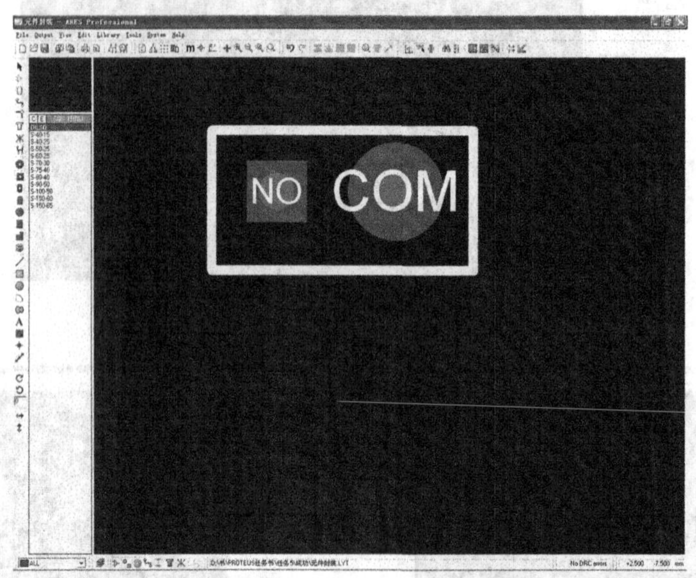

图 5-50 SWITCH 封装

4）FUSE 元件的封装

同学们继续按图 5-51 所示，制作出 FUSE 元件的封装，命名为“FUSE”。

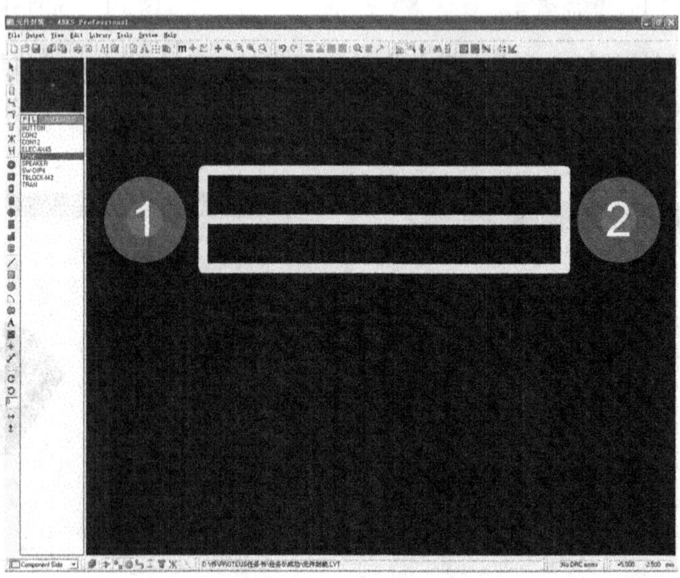

图 5-51 FUSE 封装

5）其他元件的封装可按表 5-1 提供的内容来设置。

表 5-1 音频放大器元件对应的封装

序 号	元 件	标称值或型号	封装名称
1	ALTERNATOR	220V/50Hz	CON2
2	C_1	240pF	CAP10
3	C_2	241pF	CAP10
4	BR_1	2W005G	BRIDGE1
5	C_3	1000μF	ELEC-RAD10
6	C_4	10μF	ELEC-RAD10
7	C_5	0.1μF	CAP10
8	C_6	220μF	ELEC-RAD10
9	C_7	10μF	ELEC-RAD10
10	C_8	10μF	ELEC-RAD10
11	C_9	50μF	ELEC-RAD10
12	C_{10}	10μF	ELEC-AX45
13	C_{11}	10μF	ELEC-AX45
14	C_{12}	0.1μF	CAP10
15	C_{13}	100μF	ELEC-RAD10
16	C_{14}	0.047μF	CAP10
17	C_{15}	100μF	ELEC-RAD10
18	D1	LED-BLUE	LED
19	D2	1N4003	DO41
20	D3	1N4003	DIODE30
21	FUSE	2A	FUSE
22	K1	—	SWITCH
23	LS1	SPEAKER	SPEAKER
24	Q1	9013	TO98
25	Q2	2N5551	TO92
26	R_1	7.5 kΩ	RES40
27	R_2	200	RES40
28	R_3	65 kΩ	RES40
29	R_4	20 kΩ	RES40
30	R_5	2.4 kΩ	RES40
31	R_6	1 kΩ	RES40
32	R_7	10	RES40
33	RV1	4.7 kΩ	TBLOCK-M3
34	RV2	1 kΩ	TBLOCK-M3
35	TR1	TRAN-2P2S	TRAN
36	U1	LM317L	P3
37	U2	LM386	DIL08

2. 网络表导入

1) 生成网络表

单击“Tools”→“Netlist to Compiler”菜单，弹出图 5-52 所示对话框。在该对话框中可设置生成的网络表的输出形式、模式、范围、深度和格式。默认为“SDF (Schematic Description Formation”。单击“OK”按钮，就会生成一个平面的物理连接的网络表，如图 5-53 所示。

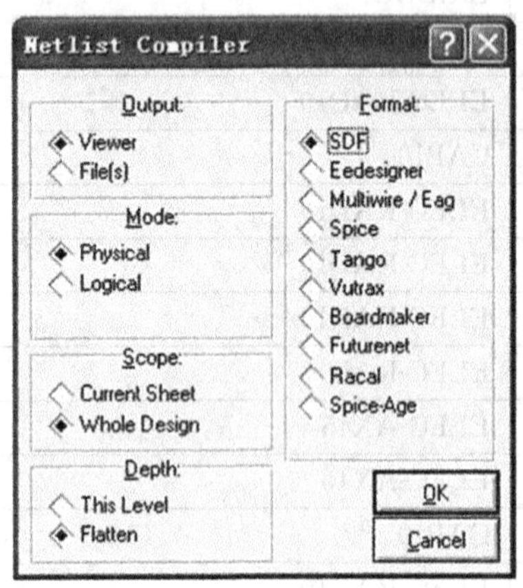

图 5-52 网络表对话框

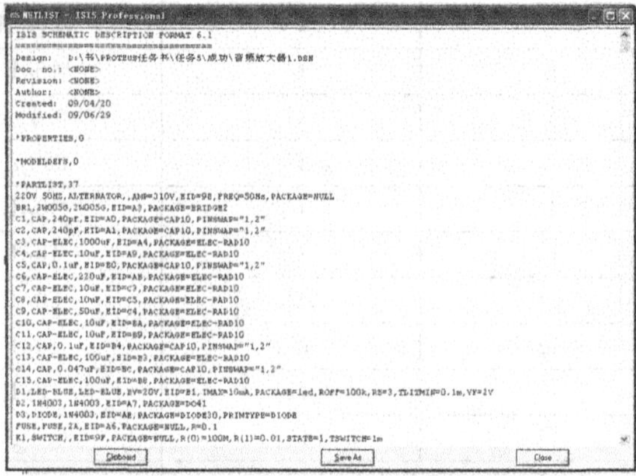

图 5-53 网络表

2) 修改网络表

点击图 5-53 中的“Save As”按钮，将网络表保存为“*. TXT”文件。打开该文本文件，按表 5-1 所示的内容将元件修改为所需的封装。

3) 网络表导入

选择“开始”→“程序”→“Proteus 7 Professional”→“ARES 7 Professional”，打开 ARES 系统，然后选择“File”→“Load Netlist”，出现一个“Load Netlist”对话框，如图 5-54 所示。

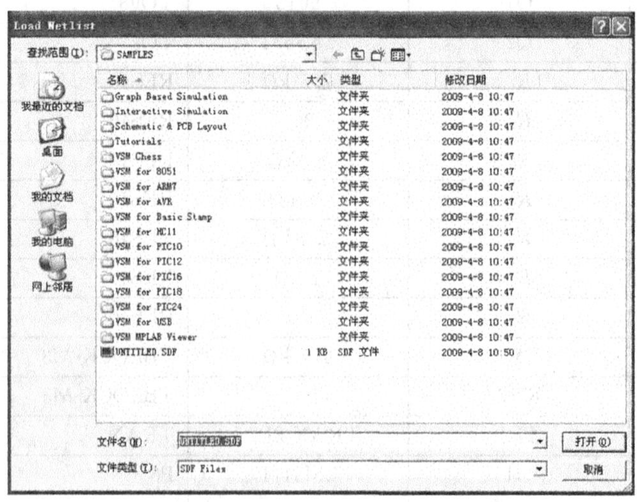

图 5-54 Load Netlist 对话框

找到刚才保存的网络表文件(TXT 文件)即可导入网络表。

3. 规划电路板框及自动布局

1) 规划电路板框

在 ARES 左侧的工具箱中选择画图工具，从主窗口底部左下角下拉列表框中选择“Board Edge”（黄色），在适当的位置画一个矩形，作为板框，如图 5-55 所示。如果以后想修改这个板框的大小，需要再次单击“2D Graphics Box”中的矩形符号。在板框的边框上右键单击，这时会出现控制点，拖动控制点就可以调整板框的大小了。

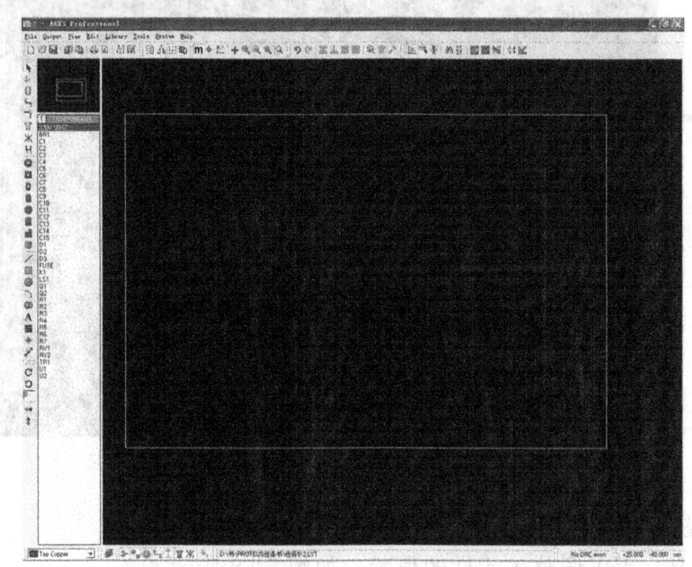

图 5-55 规划电路板框

2) 自动布局

选择“Tools”→“Auto Placer”菜单项，或单击工具按钮，弹出“Auto Placer”对话框，如图 5-56 所示。

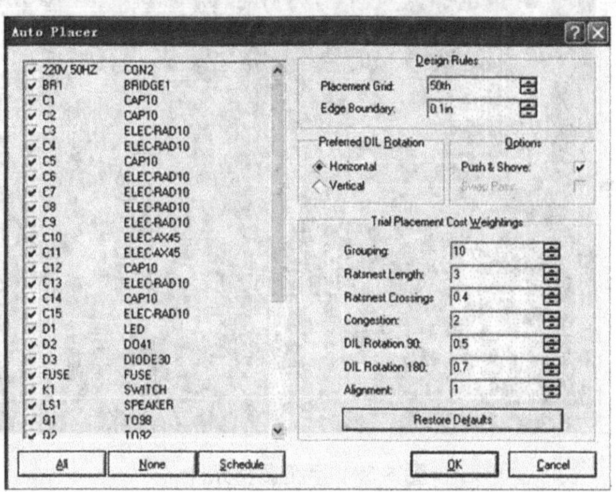

图 5-56 Auto Placer 对话框

3) 自动布局

单击“OK”按钮，元器件就会被逐个摆放到板框中，如图 5-57 所示。

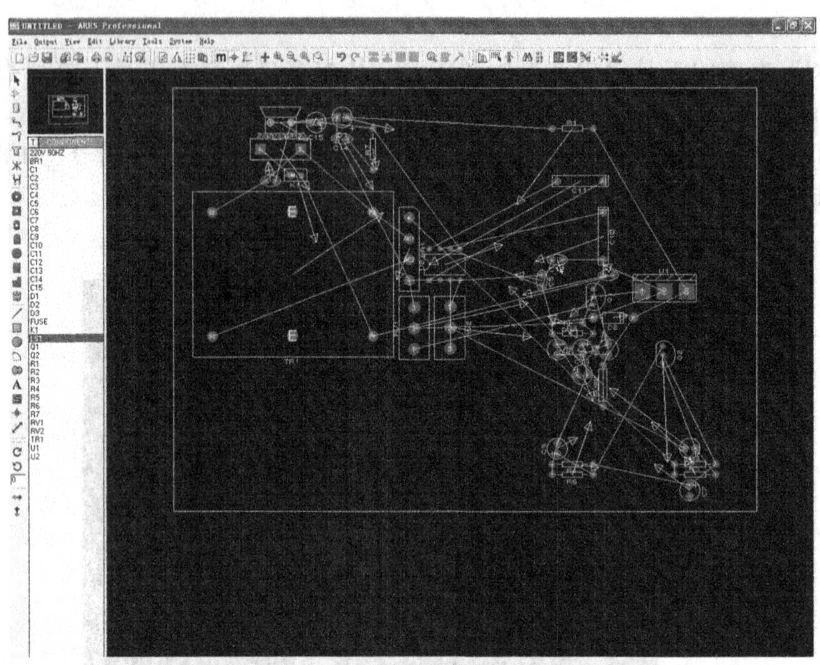

图 5-57　自动布局结果

4) 手工调整

根据实际情况，手工调整各元件的位置，如图 5-58 所示。

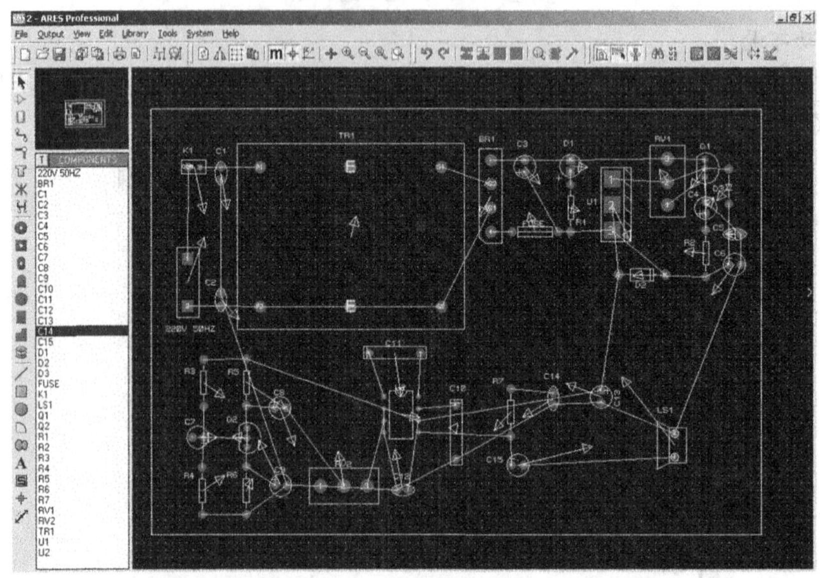

图 5-58　手工调整元件

4. 布线规则设置

（1）选择“System”→“Set Strategies”菜单项，弹出“Edit Strategies”对话框，如图 5-59 所示。

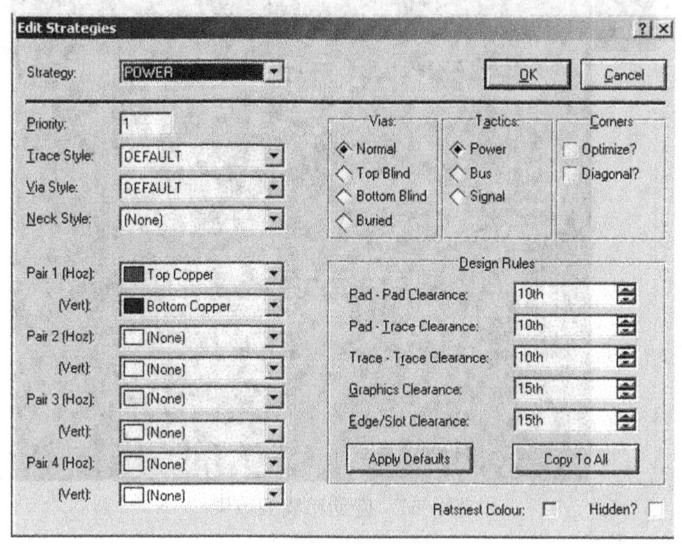

图 5-59　布线规则对话框

（2）将 Strategy（策略）选择 POWER 层，Trace Style（导线类型）设为 T70，Pair1(Hoz)选择“None”。

（3）再将 Strategy（策略）选择 SIGNAL 层，Trace Style（导线类型）设为 T40，Pair1(Hoz)选择“None”。

（4）单击“OK”按钮完成设置。

5. 自动布线

布线参数设置好后，就可以利用 PROTEUS ARES 提供的布线器进行自动布线了，执行自动布线的方法是：选择“Tools”→“Auto Router”菜单项，或者单击工具按钮 即可弹出如图 5-60 所示的自动布线（Auto Router）设置对话框。

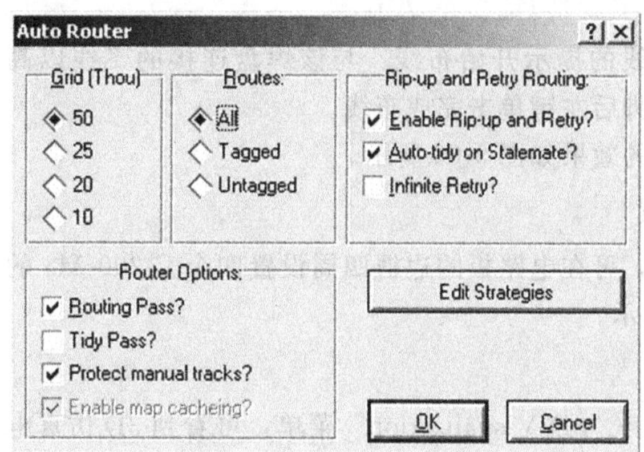

图 5-60　自动布线对话框

单击“OK”按钮，关闭对话框，电脑将会开始自动布线，布线完成后效果如图 5-61 所示。

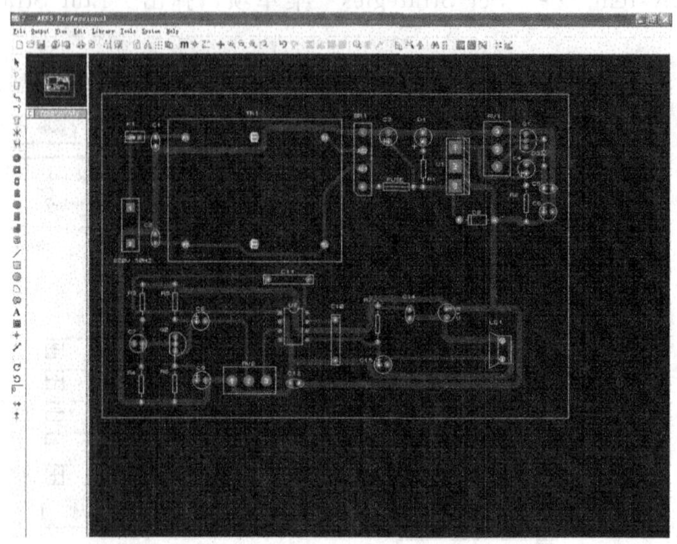

图 5-61　自动布线的效果

6. 局部手工调整

尽管自动布线器提供了一个简单而有效的布线方式，然而自动布线的结果仍有不尽如人意之处，所以往往还需要手工调整。

(1) 选择“View”→“Layers”菜单项，弹出“Displayed Layers”对话框，选择“Ratsnest”和“Vectors”，显示飞线和向量。

(2) 删除导线时，在 ARES 窗口左侧工具栏中单击按钮，然后选中需要删除的导线，按“Delete”按钮删除。或使用右键快捷菜单，选择“Delete Route (s)”删除导线。

(3) 在 ARES 窗口左侧工具栏中单击添加按钮，在列表框中选择合适的导线类型（如 T10），再从主窗口底部左下角下拉列表框中

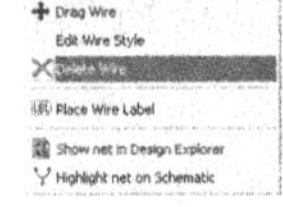

选择当前编辑层（见图 5-62），然后单击一个焊盘，作为布线的起点，沿着飞线的提示开始布线。与该焊盘连接的飞线以高亮显示，到达目标引脚后左键单击完成布线。

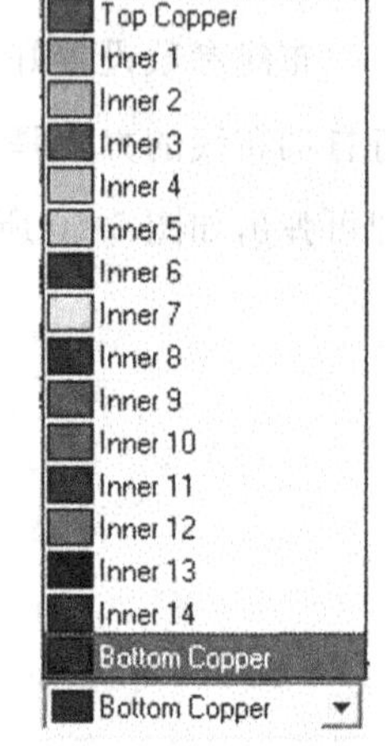

图 5-62　布线层选择

(4) 局部调整后的效果如图 5-63 所示。

7. 固定焊盘装置

为了固定电路板，可在电路板的边框四周设置四个 C-200-M3 的螺钉孔，如图 5-64 所示。

8. 3D 仿真显示

打开“Output”→“3D Visualization”菜单，可看到 3D 仿真电路板的效果，如图5-65所示。

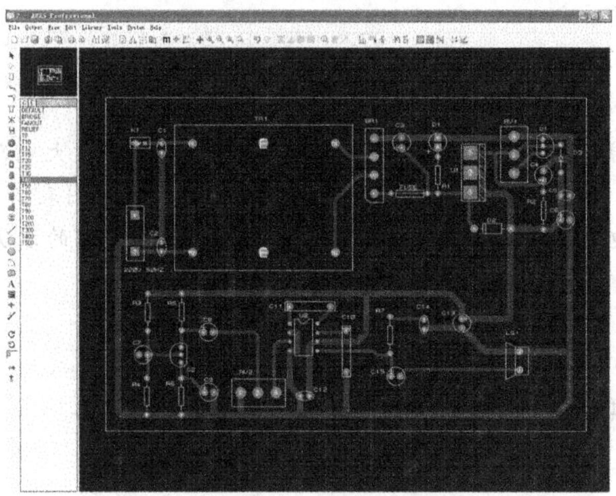

图 5-63　局部调整的效果

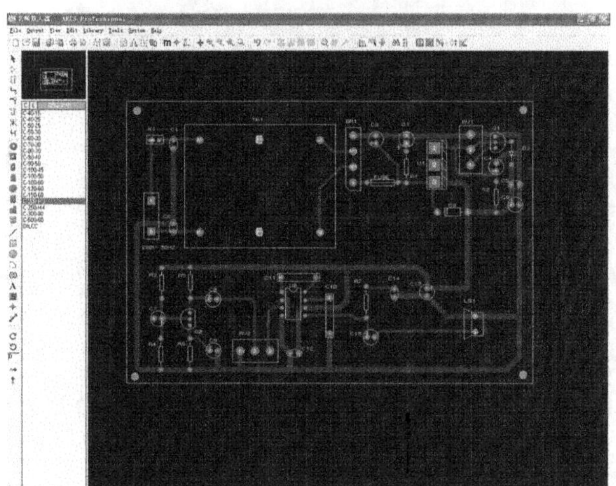

图 5-64　放置固定焊盘

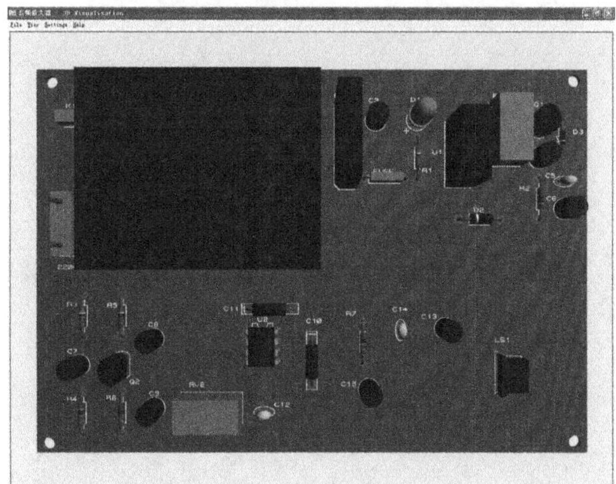

图 5-65　3D 仿真电路板的效果

项目小结

本项目是一个综合性的模拟应用电路，介绍了电源电路、放大电路的设计、调试及仿真方法。通过学习，同学们应会灵活使用各种虚拟仿真工具及图表工具。同时对于PROTEUS 的强大印刷电路板设计功能有所认识，并能参照本书介绍的方法自行设计 PCB 板。

思考练习

请同学们参考其他课外书籍，设计一个可行的功率放大电路。

项目六

运放电路仿真

【项目描述】

本项目是利用运算放大器构成比较器和放大器电路，通过仿真软件观察电路效果,掌握PCB制板技巧和虚拟仪器的使用。

【学习目标】

通过本项目的学习，学生应能熟练地掌握PROTEUS软件制板的整个流程和操作方法，通过对电路的仿真，掌握虚拟仪器的使用方法。

【能力目标】

1.专业能力

掌握PROTEUS软件的PCB制板的操作方法和技巧。

2.方法能力

通过电路实例实现软件布线功能。

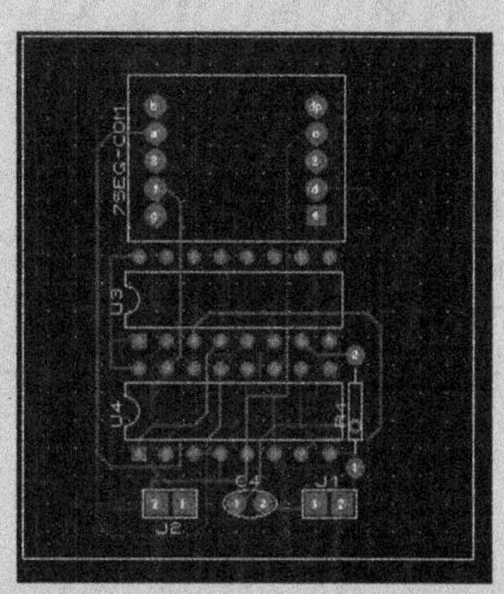

任务 1　比较器的使用

活动情景

用图 6-1、图 6-2 中所示的比较器芯片 LM324 设计比较器电路。

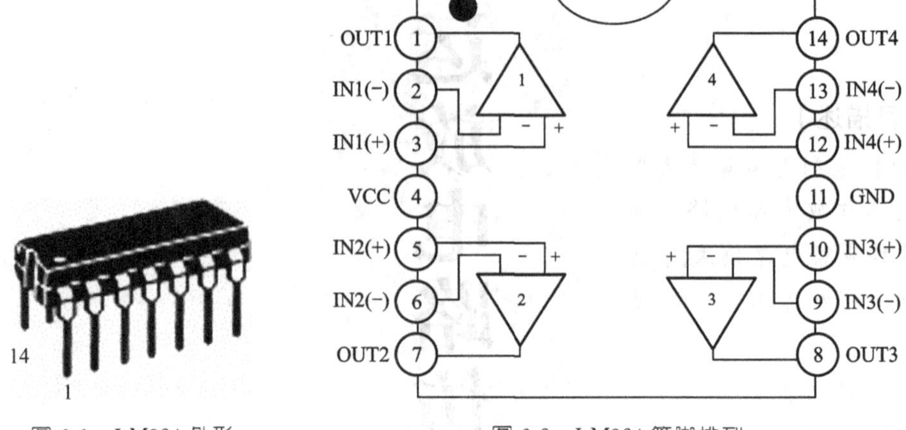

图 6-1　LM324 外形　　　　图 6-2　LM324 管脚排列

任务要求

（1）熟悉用比较器芯片 LM324 设计原理图的方法。

（2）掌握运用 PROTEUS 软件对原理图进行后期处理、生成网络表和元器件报表的方法。

基本活动

（1）在电脑上打开 PROTEUS 软件的 ISIS 程序，点击主工具栏的新建设计图标，新建一个文件。

（2）单击左侧工具箱中的图标后，再单击 P 按钮，打开元件拾取对话框。按表 6-1 所示，采用直接查询法，把所有元件都拾取到编辑区的元件列表中。

表 6-1　比较器的元件清单

元件名	含义	所在库	参数
RES	电阻	DEVICE	1 kΩ，2 kΩ，3 kΩ，4 kΩ，10 kΩ，11 kΩ，12 kΩ，13 kΩ，14 kΩ
LM324	比较器	NATOA	—
POT-HG	滑动变阻器	ACTIVE	15 kΩ
LED	绿色发光管	ACTIVE	GREEN，RED，YELLOW，BLUE

（3）把元件从对象选择器放置到图形编辑区中。

（4）调整元件在图形编辑区中的位置，并修改元件参数，再将电路连接，如图 6-3 所示。

（5）单击左侧工具箱中的电源和接地图标 后，选择“POWER”，将箭头形状的标准数字直流电源放在元件预览区，拖出后分别与 LM324 的管脚 4 连接，双击直流电源，参数修改为“+15 V”。再选择“GROUND”，将接地符号拖出后分别与 LM324 的管脚 11 连接。

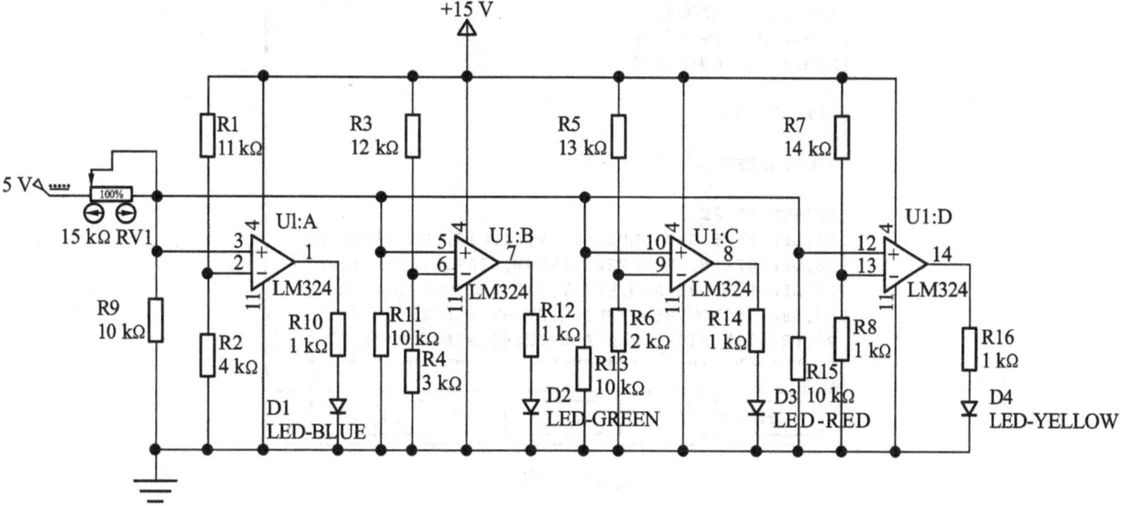

图 6-3　LM324 电路图

基本活动

（1）按要求将图 6-3 所示电路连接完毕，点击 按钮开始仿真。

（2）从右至左调节 RV_1 的大小，逐个点亮黄、红、绿、蓝发光二极管。

（3）网络表的生成。选择图 6-4 所示菜单项，弹出如图 6-5 所示对话框，在该对话框中可设置要生成的网络表的输出形式、模式、范围、深度及格式。

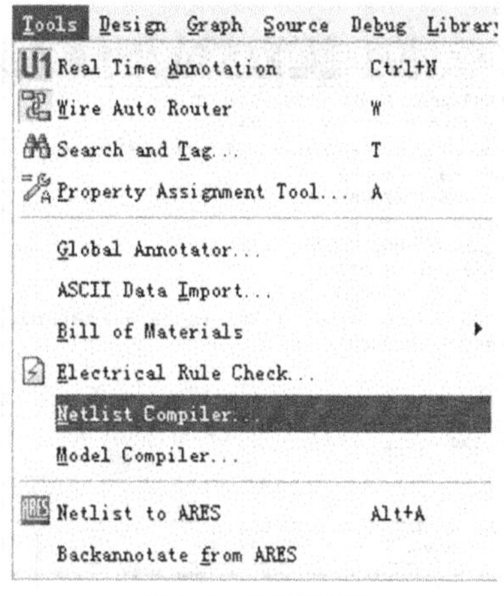

图 6-4　网络菜单

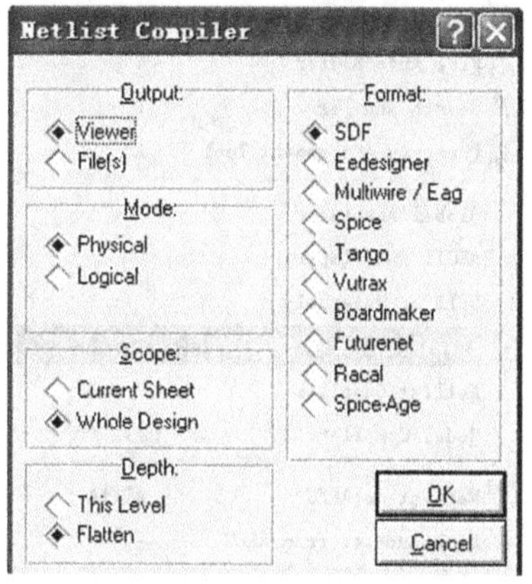

图 6-5　网络对话框

在大多数情况下缺省设置就可以了。单击“OK”按钮，生成一个平面的物理连接的网络表，如图 6-6 所示。

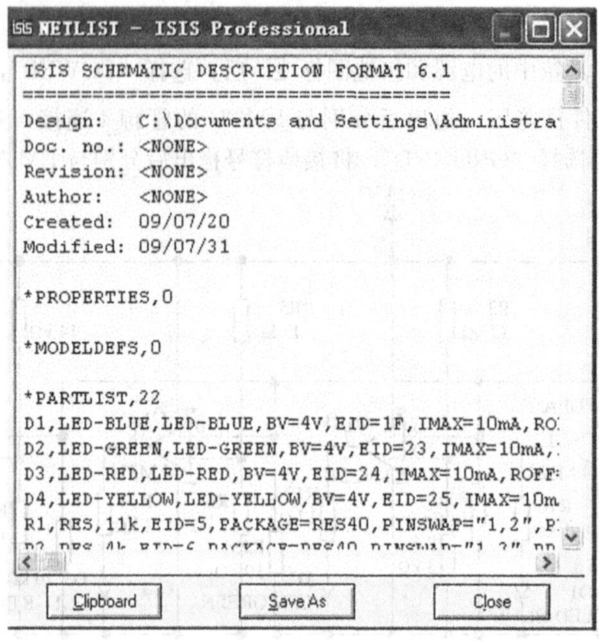

图 6-6　网络表

【注意】

元件库中的许多芯片都有隐藏的电源引脚。网络表编译器遇到这种情况时将创建一个新的网络，并把隐藏引脚的名字分配给它。

（4）电气规则检查。对设计完成之后的电路需要进行电气规则的检查，先选择如图 6-7所示菜单项，出现如图 6-8 所示电气规则检查报告。在此报告中提示网络表已经生成，没有发现电气错误。

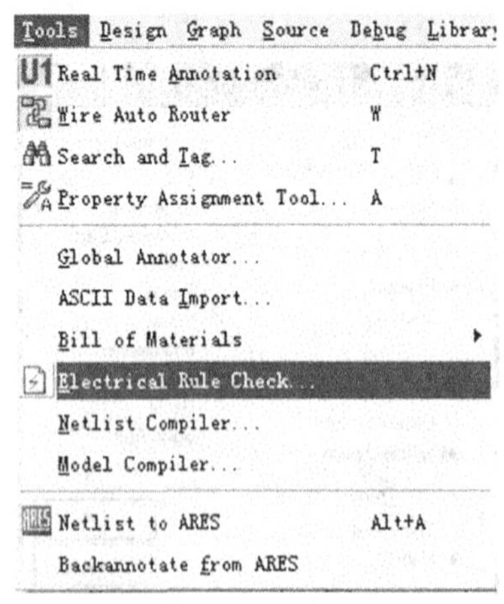

图 6-7　电气规则检查

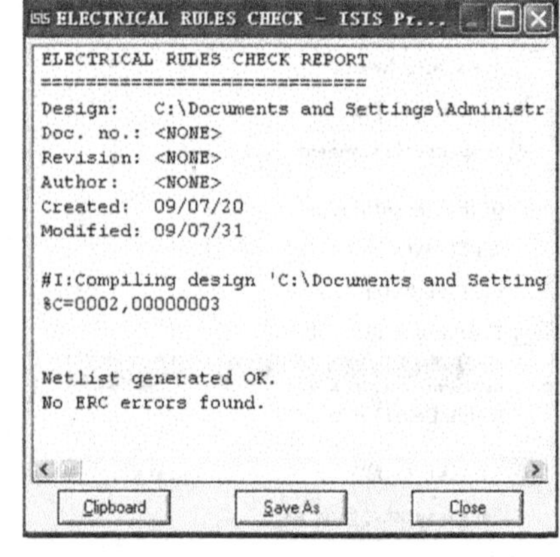

图 6-8　电气规则检查报告

（5）生成元件报表。选择如图 6-9 所示菜单项，出现下拉列表，有四种形式的报表文件可供选择，根据需要生成如图 6-10、图 6-11、图 6-12、图 6-13 所示的报表文件。

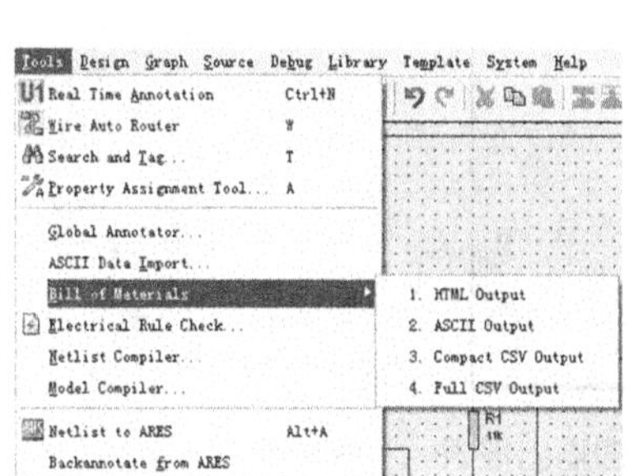

图 6-9　生成元件报表

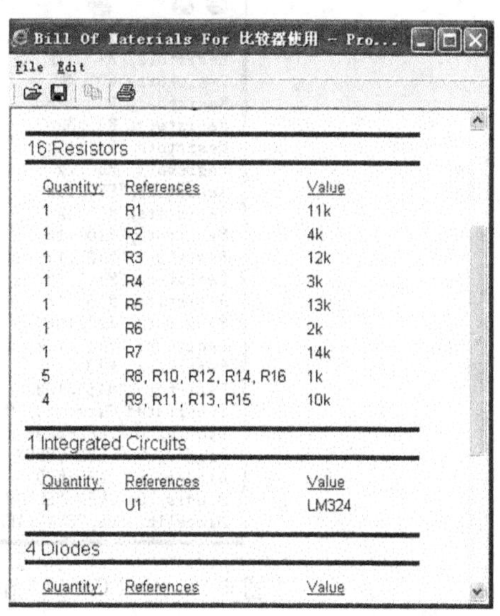

图 6-10　HTML Output 选项对应的输出报表

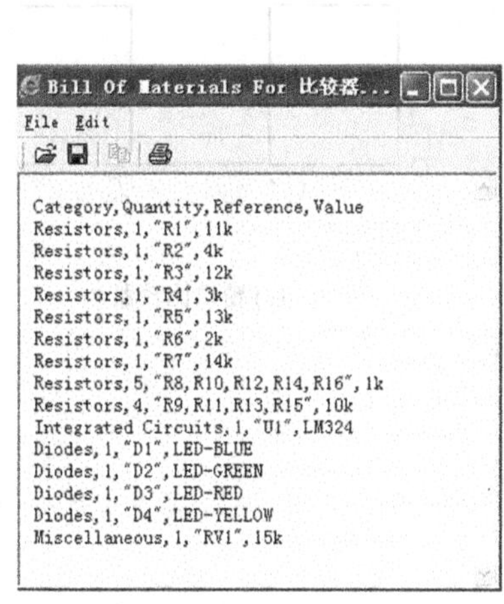

图 6-11　ASCII Output 选项对应的输出报表

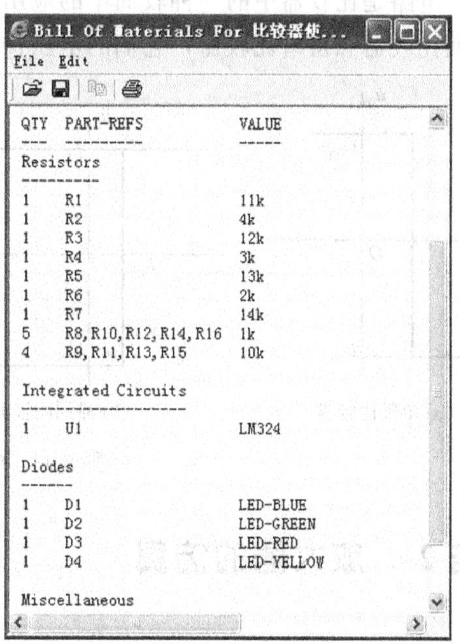

图 6-12　Compact CSV Output 选项对应的输出报表

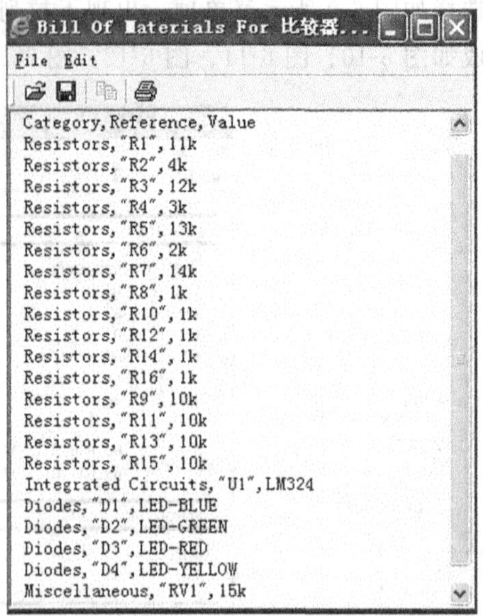

图 6-13 Full CSV Output 选项对应的输出报表

本电路是比较器中的一种较简单的应用电路，属于单限比较器。较为复杂的比较器还有滞回比较器和窗口比较器，它们的电压传输特性如图 6-14 所示。

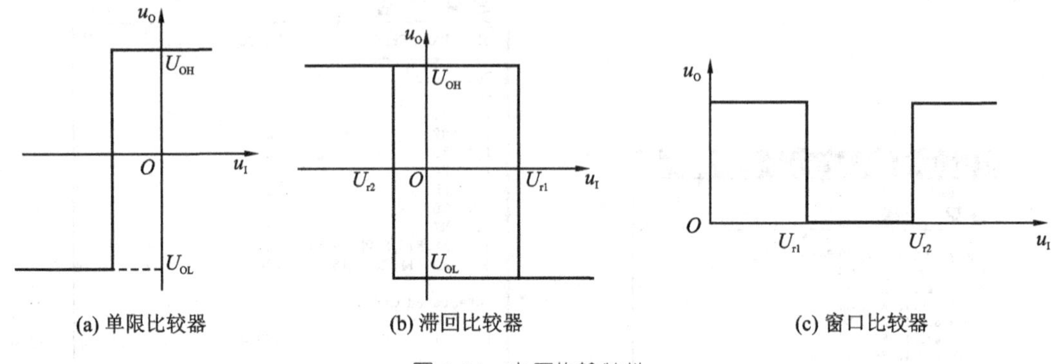

(a) 单限比较器　(b) 滞回比较器　(c) 窗口比较器

图 6-14 电压传输特性

任务 2 放大器的仿真

用图 6-15、图 6-16 中所示的芯片 UA741 设计交流放大电路。

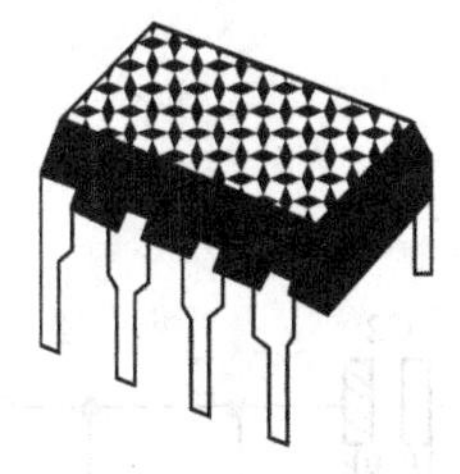
图 6-15　UA741 外形

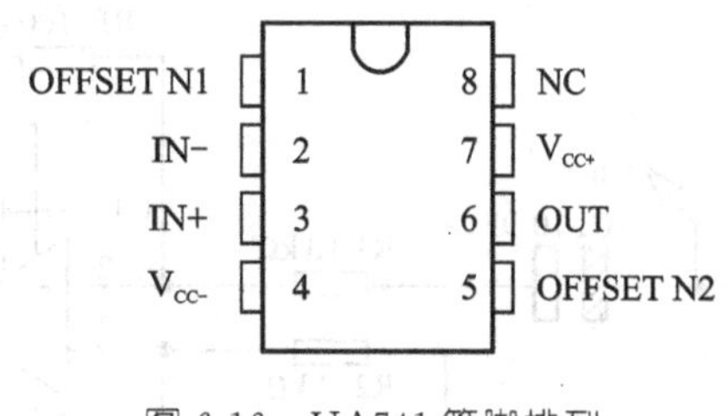

图 6-16　UA741 管脚排列

任务要求

（1）掌握双面印刷电路板的制作过程。

（2）运用 PROTEUS 软件设置自动布线的参数并完成自动布线。

技能训练

（1）在电脑上打开 PROTEUS 软件的 ISIS 程序，点击主工具栏的新建设计图标 ，新建一个文件。

（2）单击左侧工具箱中的图标 后，再单击 P 按钮，打开元件拾取对话框。按表 6-2 所示，采用直接查询法，把所有元件都拾取到编辑区的元件列表中。

表 6-2　有源振荡器的元件清单

元　件　名	含　　义	所　在　库	参　　数
UA741	单运放	OPAMP	—
MINELECT10U16V MINELECT10U16V	电解电容	CAPACITORS	10 μF，47 μF
RES	电阻	DEVICE	1 kΩ，3 kΩ，10 kΩ，100 kΩ

（3）把元件从对象选择器中放置到图形编辑区中。

（4）调整元件在图形编辑区中的位置，并修改元件参数，再将电路连接，如图 6-17 所示。

（5）选取虚拟仪器图标 ，获取示波器(oscilloscope)后放置到图形编辑区中，并与电路连线(A 通道接正弦波发生器的输出波形；B 通道接方波发生器的输入波形)，如图 6-17 所示。

（6）在输入、输出端分别放置命名为 vin、vout 的电压探针，选取图像模式图标 中的模拟信号，在图形编辑区单击左键拖出一个长方形的波形区域。

（7）在输入端加入正弦交流信号，信号源设置的界面如图 6-18 所示。

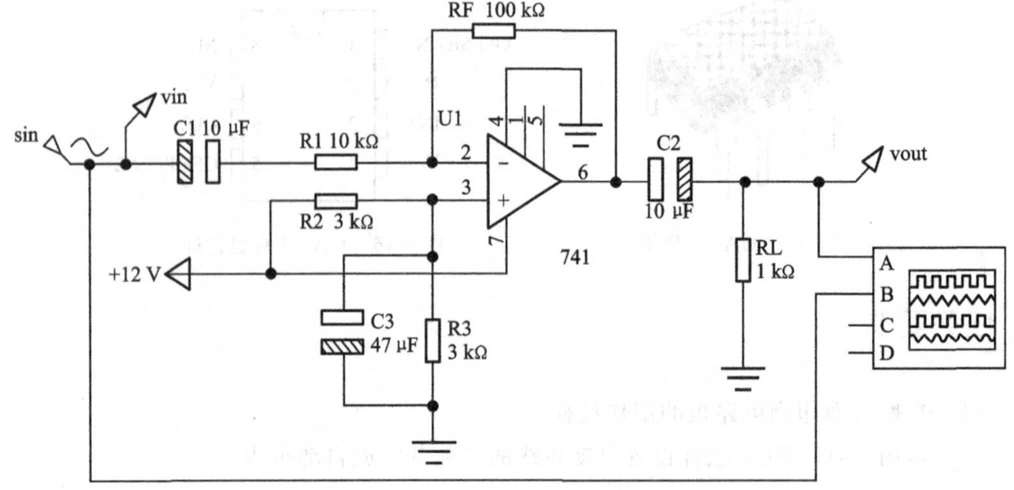

图 6-17　交流放大器电路

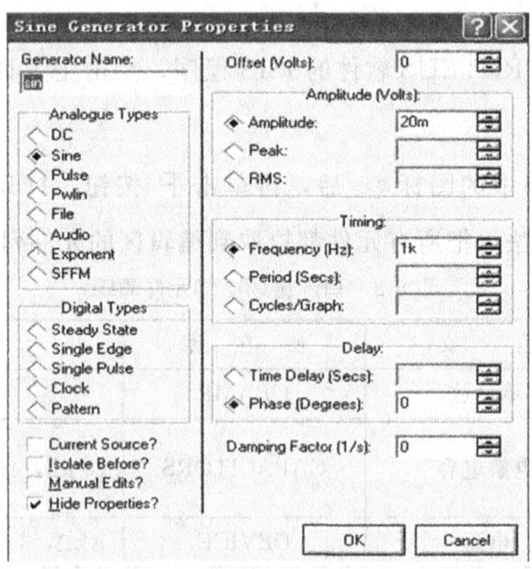

图 6-18　信号源设置

基本活动

（1）将图 6-17 所示电路连接完毕，点击▶按钮开始仿真，通过示波器观察输入、输出波形，波形如图 6-19 所示。

（2）用左键点击 vin、vout，并按住不放拖入 ANALOGUE ANALYSIS 图形框内，按空格键生成如图 6-20 所示的波形。

（3）选择“Tools”→“Netlist Complier”菜单项，生成网络表。

（4）选择“Tools”→“Electrical Rule Check”菜单项，进行电气规则的检查。

（5）选择“Tools”→“Bill of Materials”菜单项，生成元器件报表文件，检查报表

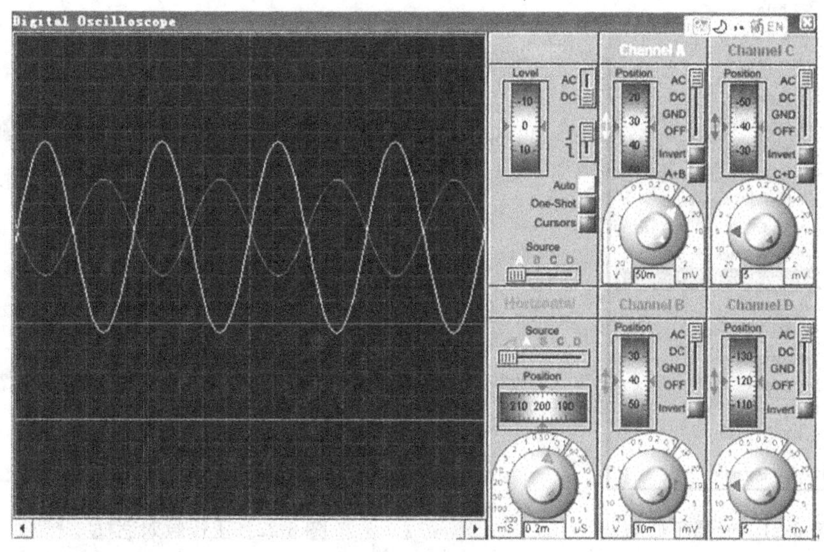

图 6-19 波形显示

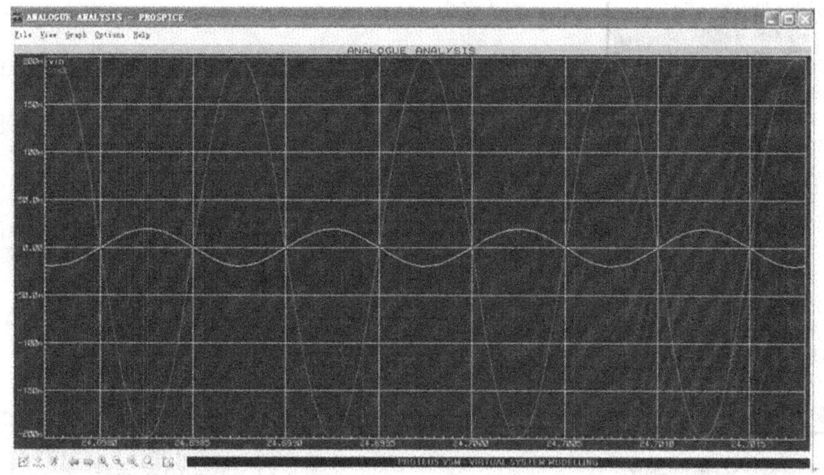

图 6-20 仿真显示

文件中元器件的封装。

(6) 在电脑上打开 PROTEUS 软件的 ARES 程序。

(7) 设置电路板的工作层。选择如图 6-21 所示设置工作层的菜单项，弹出如图 6-22 所示设置工作层的对话框，对话框显示了 14 个内部层(不包括顶层和底层)和 4 个机械层，制作双面板不需勾选任何内部层，机械层可以选一个，单击“OK”按钮确定，关闭对话框。

(8) 设置层的颜色。选择如图 6-23 所示菜单项，弹出如图 6-24 所示对话框，对话框显示了默认工作层的颜色，单击右边颜色块，可出现一个选择颜色的显示框，用于改选其他颜色。

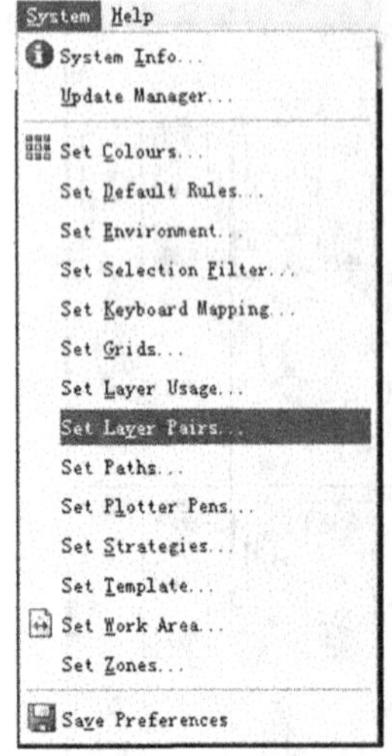

图 6-21　设置工作层

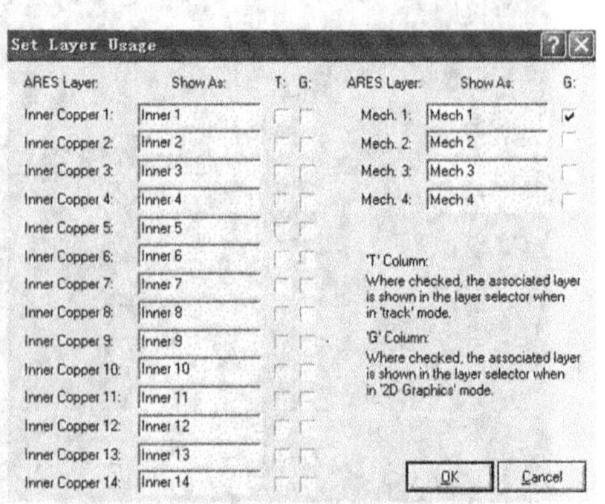

图 6-22　工作层对话框

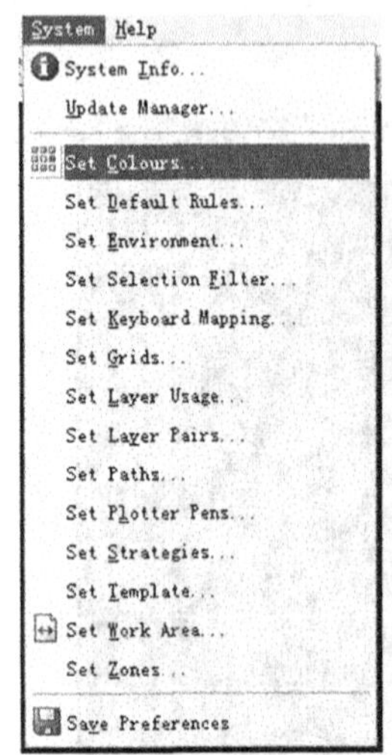

图 6-23　设置层颜色

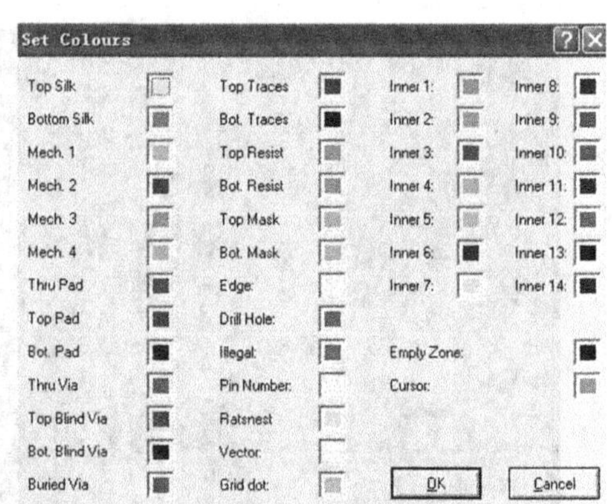

图 6-24　层颜色对话框

(9) 定义板层对。ARES 系统可以将两个板层定义为一对，以便利用快捷键进行切换。选择如图 6-25 所示菜单项，弹出如图 6-26 所示对话框，对于双面板，把 Top Copper 和 Bottom Copper 设定为成对工作层，可以用空格键进行相互切换，便于编辑。

(10) 定义板框的大小。在 ARES 系统左侧的工具箱中选择图标，从主窗口底部左下角下拉列表框中选择 Board Edge ，在适当的位置画一个矩形，如图 6-27 所示，作为板框，如果想改变板框的大小，需要再次选择图标。在板框的边框上右键单击，会出现控制点，拖动控制点即可以调整板框的大小了。

(11) 网络表的导入。选择如图 6-28 所示菜单项，出现如图 6-29 所示对话框，找到已生成的网络表文件(“*. TXT”文件或“*. SDF”文件)，就可以导入网络表，导入网络表后的 ARES 界面如图 6-30 所示。

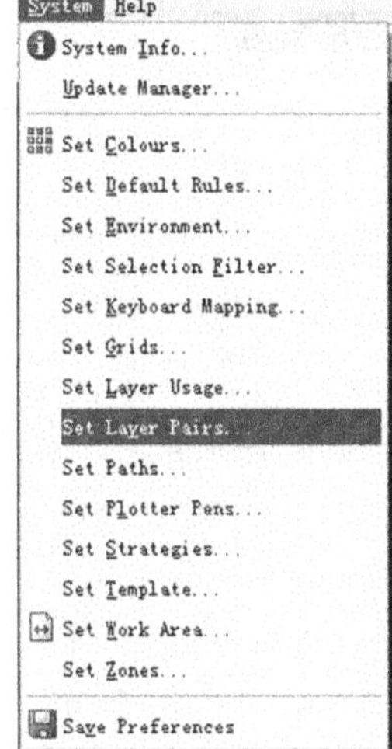

图 6-25　定义板层

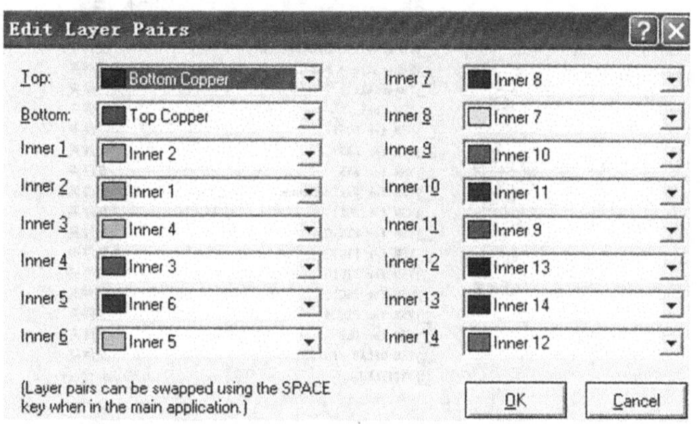

图 6-26　板层对话框

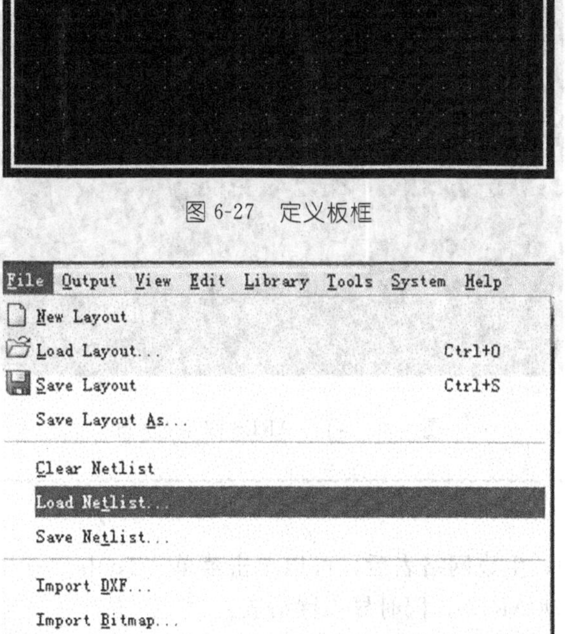

图 6-27　定义板框

图 6-28　导入网络表的菜单项

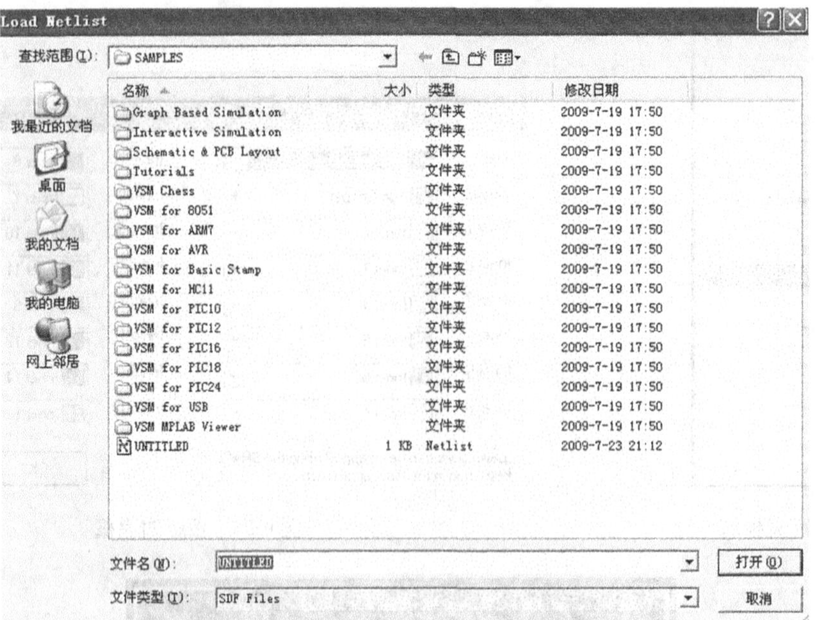

图 6-29 打开网络表的对话框

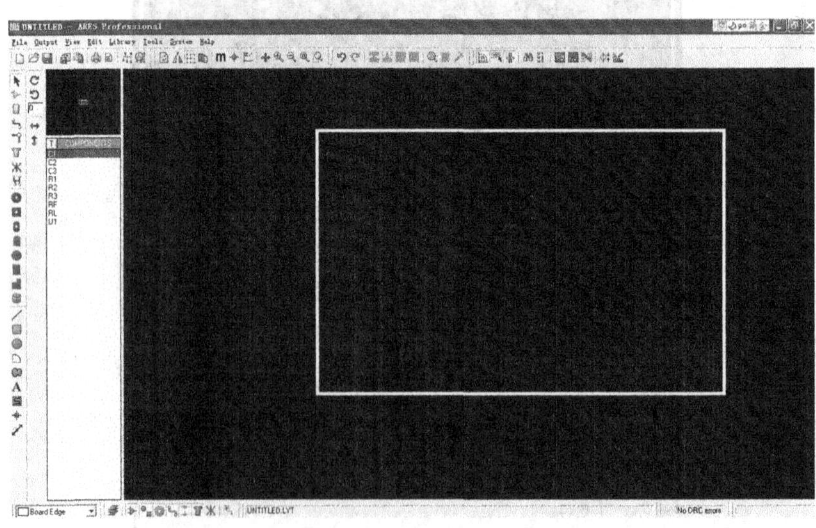

图 6-30 打开 ARES 软件的界面

【注意】

在 ISIS 系统中，生成网络表后，可以单击菜单“Tools”→“Netlist to ARES”，这样系统会自动启动 ARES，同时导入网络表。

（12）自动布局 单击工具按钮，或者选择“Tools”→“Auto Placer”，弹出如图 6-31 所示自动布局对话框。

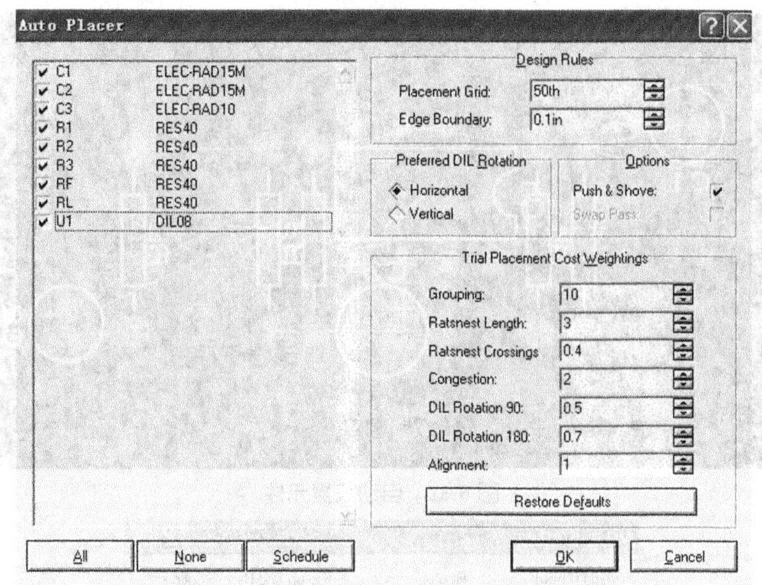

图 6-31　自动布局对话框

在如图 6-31 所示的对话框中，左侧列出了网络表中的所有元器件，勾选所有的元器件。右侧主要包括以下内容。

①Design Rules 设计规则：

Placement Grid 布局的格点；

Edge Boundary 元器件板框的距离。

②Preferred DIL Rotation 元器件的方向：

Horizontal 水平；

Vertical 垂直。

③Option 选项：

Push & Shove 推挤元器件；

Swap Parts 交换元器件。

④Trial Placement Cost Weightings 尝试摆放的权值：

Grouping 群组；

Ratsnest Length 飞线长度；

Ratsnest Crossing 飞线交叉；

Congestion 密集度；

DIL Rotation90 元器件旋转 90°；

DIL Rotation180 元器件旋转 180°；

Alignment 排列。

⑤Restore Defaults（恢复默认值）按钮。

单击“OK”按钮，元器件就会逐个摆放到板框中，如图 6-32 所示。

（13）自动布线　单击工具按钮，或者选择“Tools”→“Auto Router”，弹出如图 6-33 所示自动布线对话框。

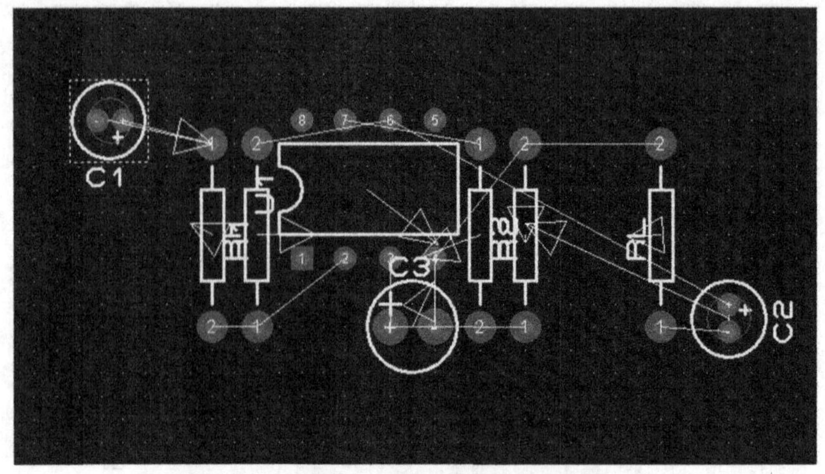

图 6-32　自动放置元件

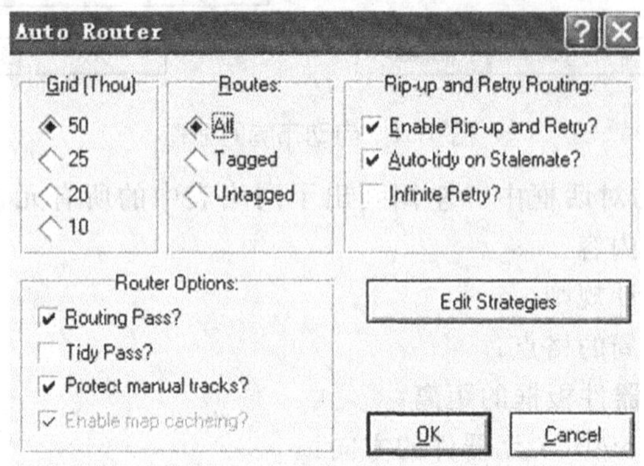

图 6-33　自动布线对话框

在图 6-33 所示的对话框中主要包含以下内容。

①Grid 栅格(含 50、25、20、10 共 4 类)。

②Routes 布线的对象：

All 全部自动布线；

Tagged 对已做标记部分进行自动布线；

Untagged 对没做标记部分进行自动布线。

③Router Options 布线器选项：

Routing Pass 要求布线通过；

Tidy Pass 整理线路；

Protect manual track 保持手工布线不变。

④Rip-up and Retry Rounting 撤销与重新布线：

Enable and Retry Rounting 允许与重新布线；

Auto-tidy on stalemate 遇到僵局自动布线；

Infinite Retry 无穷次重试。

⑤Edit Strategies 按钮。

单击“OK”按钮，关闭对话框，ARES 开始自动布线，其效果如图 6-34 所示。

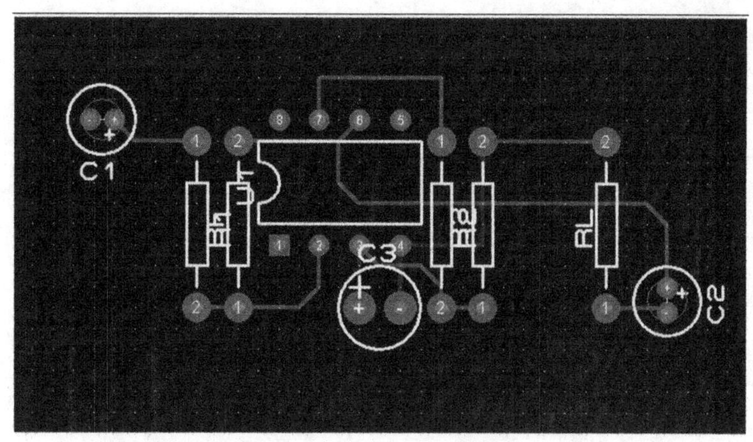

图 6-34 自动布线的效果

ARES 还具有整理线路的功能，设计者能通过一个整理过程来减少导线的长度及穿孔的数目，同时提高电路板的美感。具体操作是在 Auto Rounter 对话框中，勾选“Tidy Pass”选项，单击“OK”按钮，系统便自动进行整理。

知识链接

在 PCB 板设计中，布线是完成产品设计的重要步骤，前期的工作都是为布线而准备的。在整个 PCB 中，以布线的设计过程要求最高、技巧最细、工作量最大。PCB 布线层有单层、双层及多层。布线的方式也有两种：自动布线及交互式布线。在自动布线之前，可以用交互式布线方式预先对要求比较严格的线进行布线，输入端与输出端的边线应避免相邻平行，以免产生反射干扰，必要时应加地线隔离。两相邻层的布线要互相垂直，平行容易产生寄生耦合。

自动布线的布通率依赖于良好的布局，布线规则可以预先设定，包括走线的弯曲次数、导通孔的数目、步进的数目等。

项目小结

本项目是利用 555 芯片构成声光控制电路和定时器电路，通过仿真软件观察电路效果，掌握 PCB 制版技巧和虚拟仪器的使用。通过本项目的学习，学生应能熟练地掌握 PROTEUS 软件制版的整个流程和操作方法。

思考练习

用学习过的知识设计一个前置音频放大器，并用仿真仪器检验电路的各项技术指标，并用 ARES 软件完成 PCB 的布线任务。

项目小结

思考练习

项目七

NE555电路仿真

【项目描述】

本项目是利用NE555芯片构成声光控制电路和定时器电路，通过仿真软件观察电路效果,掌握制版技巧和虚拟仪器的使用。

【学习目标】

通过本项目的学习，学生应能熟练地掌握PROTEUS软件制版的整个流程和操作方法；通过对定时器电路的仿真，掌握计数器的使用。

【能力目标】

1.专业能力

掌握PROTEUS软件制版的操作方法和技巧。

2.方法能力

通过电路实例实现软件布线功能。

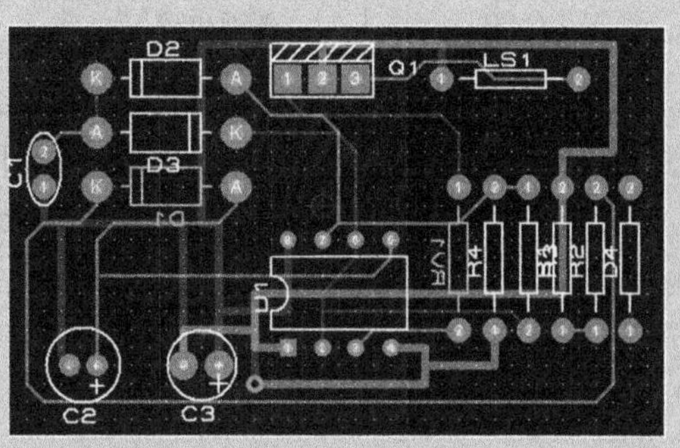

任务 1　声光控制电路的仿真

用图 7-1、图 7-2 中所示的芯片 NE555 设计电路。

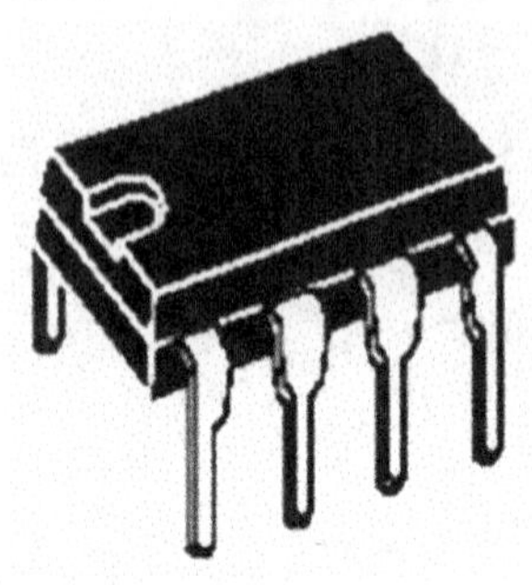

图 7-1　NE555 外形

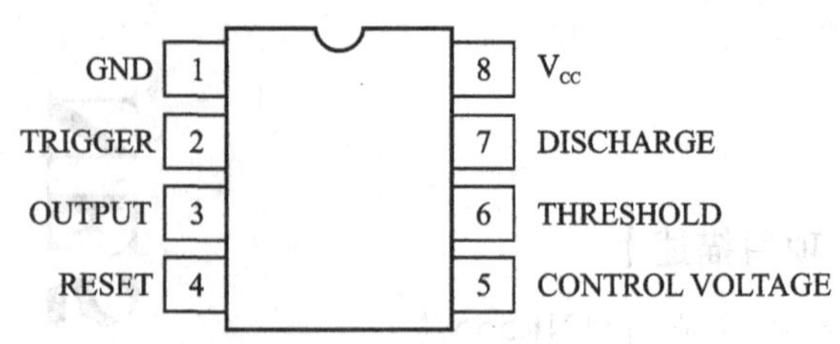

图 7-2　NE555 管脚

任务要求

（1）掌握用 NE555 集成块来构成声光控制电路。

（2）掌握 PROTEUS 软件自动布线及手动修整布线的技巧。

技能训练

（1）在电脑上打开 PROTEUS 软件的 ISIS 程序，点击主工具栏的新建设计图标，新建一个文件。

（2）单击左侧工具箱中的图标后，再单击 P 按钮，打开元件拾取对话框。按表 7-1所示，采用直接查询法，把所有元件都拾取到编辑区的元件列表中。

表 7-1　声光控制电路的元件清单

元 件 名	含　义	所 在 库	参　数
RES	电阻	DEVICE	240 Ω，6 kΩ，6.2 kΩ
NE555	比较器	ANALOG	—
POT-HG	滑动变阻器	ACTIVE	500 Ω
1N4007	二极管	DIODE	—
SPEAKER	喇叭	ACTIVE	—
LED RED	红色发光管	ACTIVE	—
CAP	普通电容	DEVICE	0.22 μF
GENELECT	极性电容	CAPACITORS	6.8 μF，100 μF

（3）把元件从对象选择器中放置到图形编辑区中。

（4）如图 7-3 所示，调整元件在图形编辑区中的位置，并修改元件参数，再将电路连接。

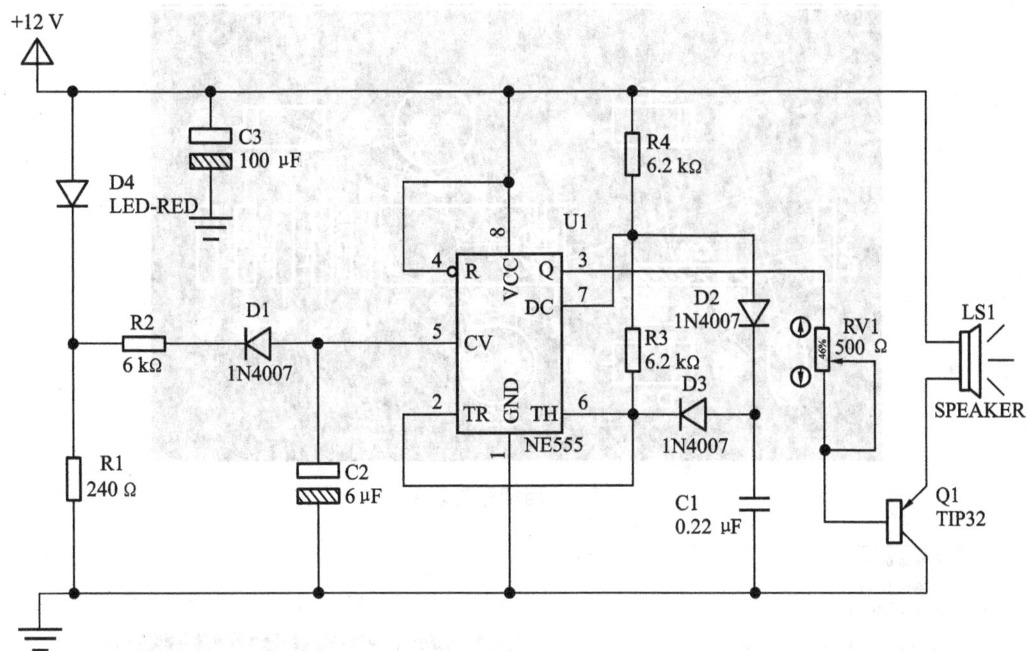

图 7-3　NE555 电路图

基本活动

（1）按要求将图 7-3 所示电路连接完毕，点击▶按钮开始仿真，点亮红色发光管，喇叭发出报警声。

（2）选择“Tools”→“Netlist Complier”菜单项，生成网络表。

（3）选择“Tools”→“Electrical Rule Check”菜单项，进行电气规则的检查。

（4）选择“Tools”→“Bill of Materials”菜单项，生成元器件报表文件，检查报表文件中元器件的封装。

（5）打开 PROTEUS 软件的 ARES 程序，设置电路板的工作层，去掉内部层，选择一个机械层。

（6）定义板框大小。在 ARES 系统左侧的工具箱中选择图标，从主窗口底部左下角下拉列表框中选择 Board Edge，在适当的位置画一个矩形。

（7）选择“File”→“Load Netlist”，导入网络表。

（8）选择“Tools”→“Auto Placer”，完成自动布局，如图 7-4 所示。

（9）手工布局。选中元件放置到合适的位置。对需要旋转的元件，将光标放在元件上，单击右键，出现的快捷菜单如图 7-5 所示，选择相应的旋转方式进行旋转，或者用“+”、“-”等快捷方式进行旋转。另外可以选中 3D Visualization 选项，观察元件的三维效果，如图 7-6 所示。

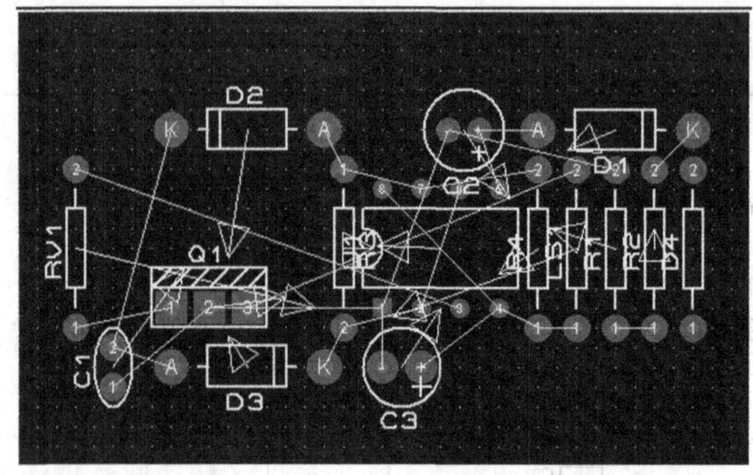

图 7-4　自动布局效果

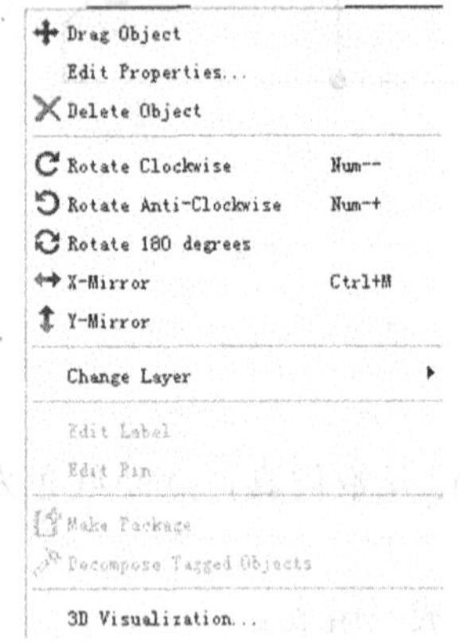

图 7-5　快捷菜单

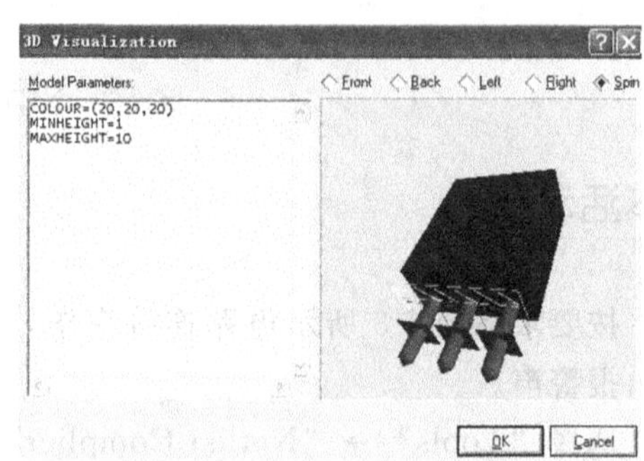

图 7-6　TIP32 元件的封装

【注意】

①手工布局时，功率管一般放在板框的一侧，放置元件的顺序一般是先集成块后分立元件。

②选中元件的“Lock Position”选项时，为其锁定了位置。

③通过 工具按钮，可对已选中的元件进行复制、移动、旋转和删除。

(10) 手工布局的最后效果如图 7-7 所示。

(11) 布线规则的设置。一般来说，设计者会对电路板的布线提出特定的要求，此时就需要按这些要求来设置布线规则，然后依据规则进行自动布线。具体操作是：选择如图 7-8所示布线规则设置菜单项，弹出如图 7-9 所示布线规则设置对话框。主要包括如下内容。

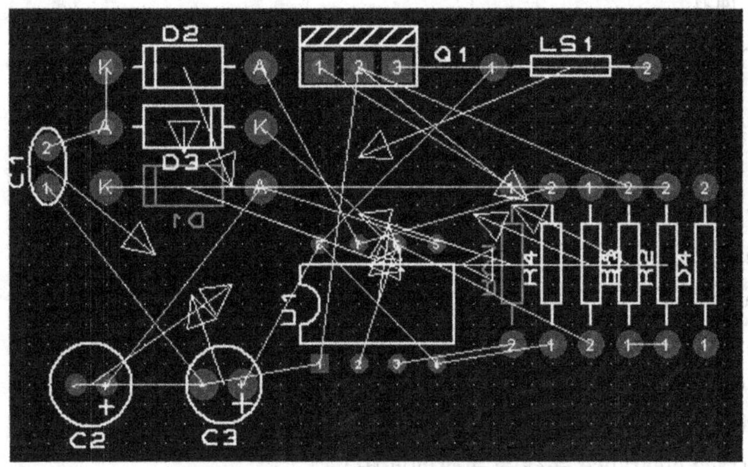

图 7-7　手工布局的最后结果

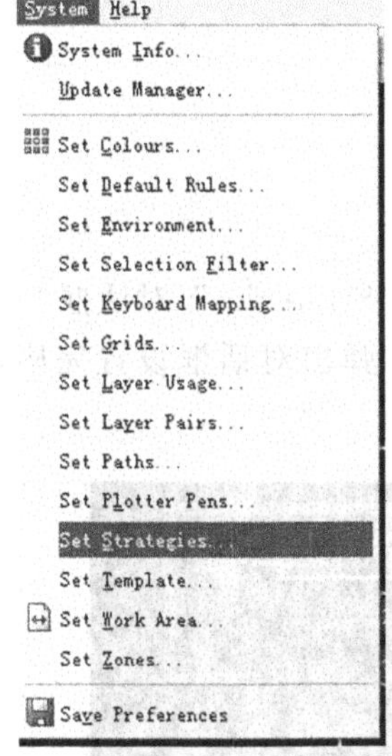

图 7-8　布线规则设置命令

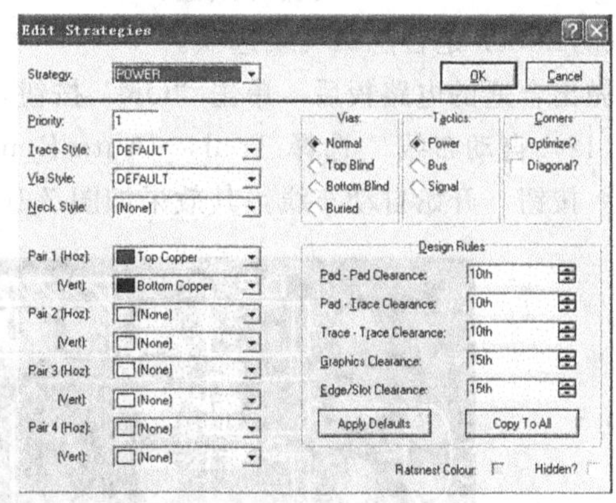

图 7-9　布线规则设置对话框

①Strategy 策略，可以选择 POWER 层、SIGNAL 层或 BUS。

②Priority 优先级，选"1"。

③Trace style 导线类型，选缺省值。

④Via style 过孔类型，选缺省值。

⑤Neck style 颈型导线的类型，选 None。

⑥Pair1(hoz)层对 1 的水平线，选 Top Copper；(vert)层对 1 的垂直线，选 Bottom Copper。

⑦Vias 过孔：

Normal 一般过孔；

Top blind 顶层盲孔；

Bottom blind 底层盲孔；

Buried 埋孔。

⑧Tactics 策略：

Power 电源属性的层；

Bus 总线；

Signal 信号层。

⑨Corners 导线的拐角：

Optimize 最优化；

Diagonal 斜线。

⑩Design rules 设计规则：

Pad-pad clearance 焊盘与焊盘的间距；

Pad-trace clearance 焊盘与导线的间距；

Trace-trace clearance 导线与导线的间距；

Graphics clearance 图形间距；

Edge/slot clearance 板边沿/槽的间距；

Apply default 实用默认设置的按钮；

Copy to all 复制到所有层的按钮。

⑪Ratsnest colour 飞线的颜色。

⑫Hidden 是否隐藏飞线选项。

做出合适的电路板后，单击“OK”按钮，关闭“Edit Strategies”对话框。

(12) 自动布线　选择 Tools→Auto Router 菜单项，弹出对话框设置完毕后，单击“OK”按钮，开始自动布线，其效果如图 7-10 所示。

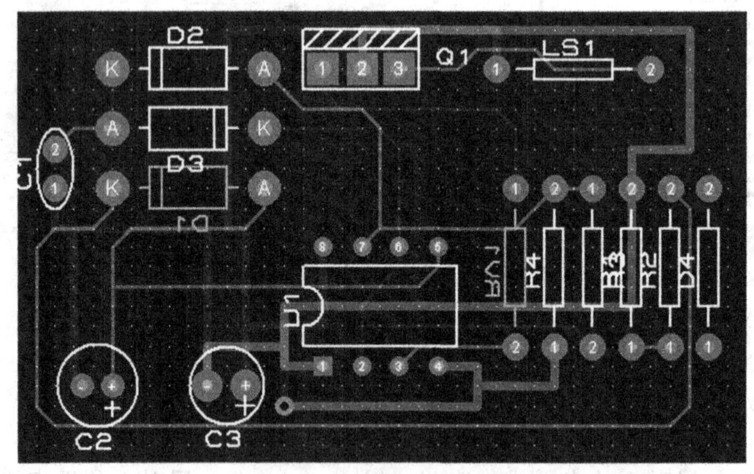

图 7-10　自动布线效果

(13) 手工布线调整　在 ARES 系统窗口左侧工具栏中单击 按钮，在列表框中选择合适的导线类型，再从主窗口底部左下角下拉列表框中选择编辑层，然后单击一个焊盘，作为布线的起点，沿着飞线的提示开始布线，到达目标引脚后左键单击完成布线。需要删除导线时，在 ARES 系统窗口左侧工具栏中单击 按钮，然后选中需删除的导线，按“delete”键删除。

在调整过程中，可以单击布好的线，以高亮显示，右键单击出现如图 7-11 所示的手工布线快捷菜单后进行修改；将光标放在过孔上，右键单击，在弹出的快捷菜单中选择“Edit Via Properties”，即可打开过孔的属性对话框，如图 7-12 所示，具体包括过孔的起始层和结束层，过孔类型，过孔的网络等内容，根据需要进行调整。

图 7-11　手工布线快捷菜单

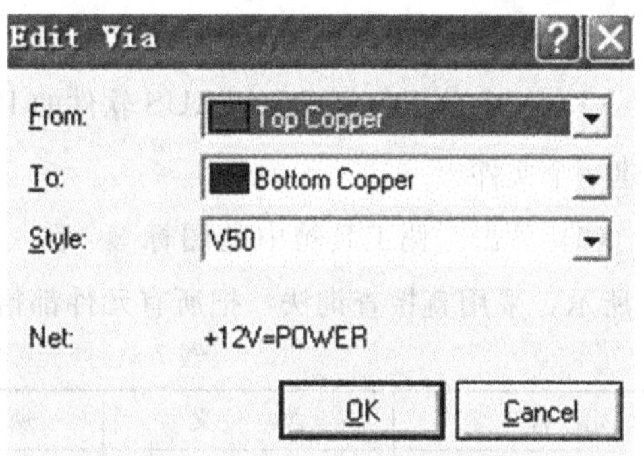

图 7-12　调整过孔属性对话框

在手工布线时，ARES 将自动检测用户布置的每一条导线，一旦违反设计规则，将发出警告。具体操作方法是：选择“Tools”→“Connectivity Checker”菜单项，系统进行断线检测(CRC)，同时也进行设计规则检查(DRC)。

知识链接

系统提供的封装库包含较丰富的内容，有通用的 IC、三极管、二极管等大量的穿孔元件封装库，有连接器类型封装库，还有包含所有分立元件和集成电路的 SMT 类型封装库。但对于系统元件库中没有的封装，就需要自行创建新的元件封装。

元件封装的步骤如下。

(1) 放置焊盘　在 ARES 窗口左侧的工具箱中选择“Square Through-hole Pad”图标进行方形焊盘的放置，或者选择“Round Through-hole Pad”进行方形焊盘的放置。

(2) 分配引脚编号　右键单击焊盘，在弹出的属性框中修改焊盘类型、热风焊盘尺寸、网络标号和引脚号。

(3) 添加元件边框　在丝印层放置矩形方框。

(4) 元件封装保存　选择"Library"→"Makepackage"菜单项，进行相应设置并保存。

任务 2　计时器的仿真

任务要求

(1) 利用 NE555 芯片构成单稳触发器和多谐振荡器。

(2) 利用计时器记录定时时间。

技能训练

(1) 在电脑上打开 PROTEUS 软件的 ISIS 程序，点击主工具栏的新建设计图标，新建一个文件。

(2) 单击左侧工具箱中的图标后，再单击 P 按钮，打开元件拾取对话框。按表 7-2所示，采用直接查询法，把所有元件都拾取到编辑区的元件列表中。

表 7-2　声光控制电路的元件清单

元件名	含义	所在库	参数
RES	电阻	DEVICE	10 kΩ，2 MΩ
NE555	比较器	ANALOG	—
POT-LIN	滑动变阻器	ACTIVE	500 kΩ，100 kΩ
BUTTON	按钮	DIODE	—
SPEAKER	喇叭	ACTIVE	—
CAP	普通电容	DEVICE	0.01 μF
GENELECT	极性电容	CAPACITORS	10 μF，100 μF

(3) 把元件从对象选择器中放置到图形编辑区中。

(4) 如图 7-13 所示，调整元件在图形编辑区中的位置，并修改元件参数，再将电路连接。

(5) 单击左侧工具栏中的电压探针图标，并与 U1 的第 6 脚相连，观测电容上充电电压的变化，如图 7-13 所示。

(6) 单击左侧工具栏中的虚拟仪器图标，选择计时器(COUNTER TIMER 菜单选项底色加深)，如图 7-14 所示。在窗口空白处单击，出现计时器图标，移动到合适位置后再单击放置，并按图 7-13 所示，把计时器的 RST 和 U1 的第 2 脚相连，CE 和 U1 的第 3 脚相连。

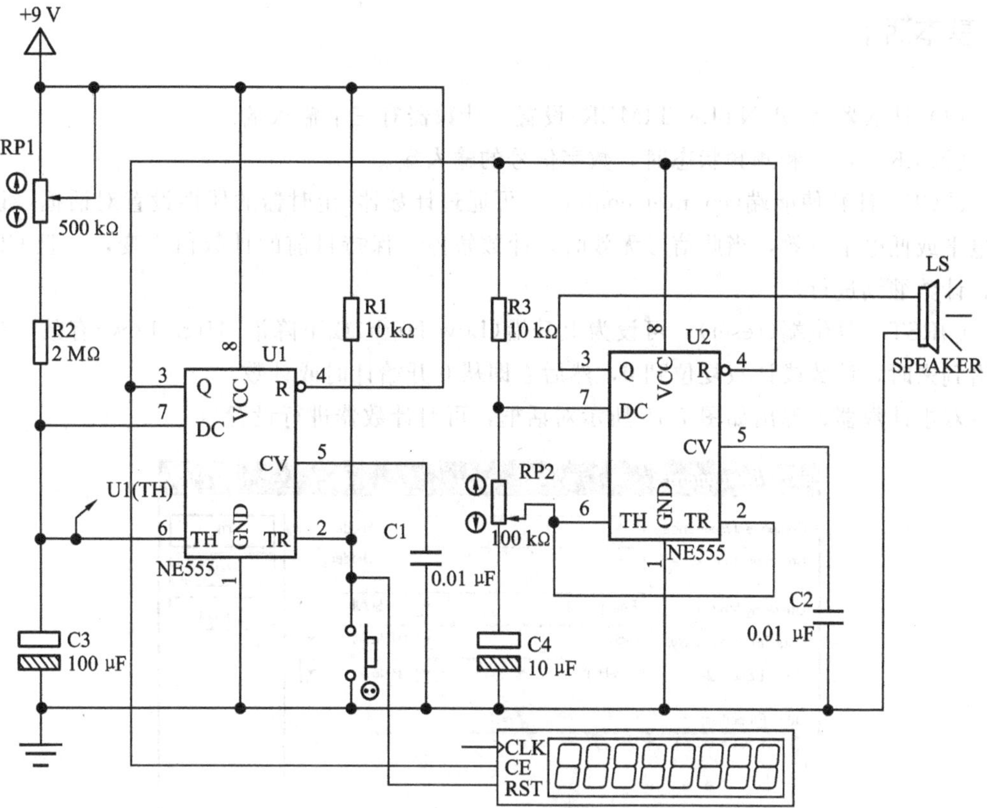

图 7-13　计时器测量图

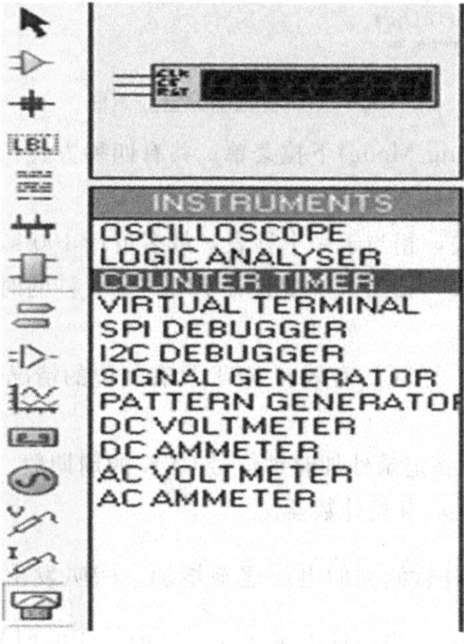

图 7-14　选择计时器

基本活动

(1) 计数器(COUNTER TIMER)设置　计数器有三个输入端。

①CLK　计数和测频状态时，数字信号的输入端。

②CE　计数使能端(counter enable)，可通过计数器/定时器的属性设置对话框，设为高电平或低电平有效，当此信号无效时，计数暂停，保持目前的计数值不变，一旦 CE 有效，计数继续进行。

③RST　复位端(reset)，可设为上升沿(Low-High)或下降沿(High-Low)有效。当有效沿到来时，计数或计数复位到 0，然后立即从 0 开始计时或计数。

双击计数器，弹出如图 7-15 所示对话框，可对计数器进行设置。

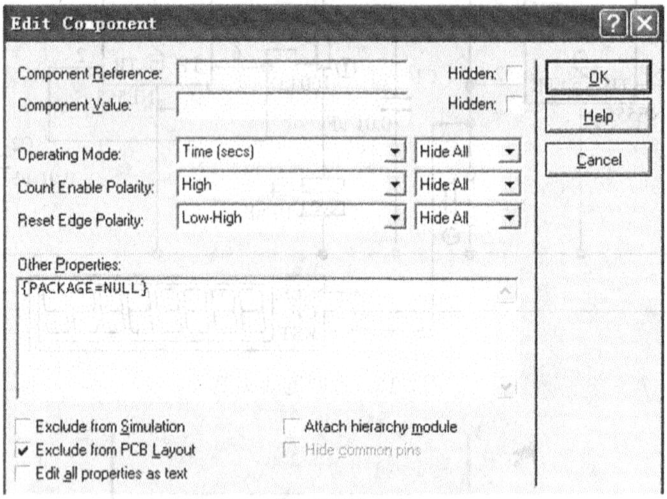

图 7-15　计数器设置对话框

选择操作模式(Operating Mode)下拉菜单，共有四种方式。

Default：缺省方式，系统设置为计数方式。

Time(secs)：定时方式，相当于一个秒表，最多可计 100 s，精确到 1 μs。

Time(hms)：定时方式，相当于一个具有小时、分、秒的时钟，最多可计 10 h，精确到 1 ms。

Frequency：测频方式，在 CE 有效和 RST 没有复位的情况下，能稳定显示 CLK 端外加的数字信号的频率。

Count：计数方式，能够记录外加时钟信号 CLK 的周期数。

(2) 点击仿真按钮，点亮计数器。

(3) 按下按钮，探针检测到的电压逐渐增加，喇叭发出类似于雨滴的声音，计时器开始计数，如图 7-16 所示。当探针电压达到 6 V 时，定时时间到，共计 412 s。

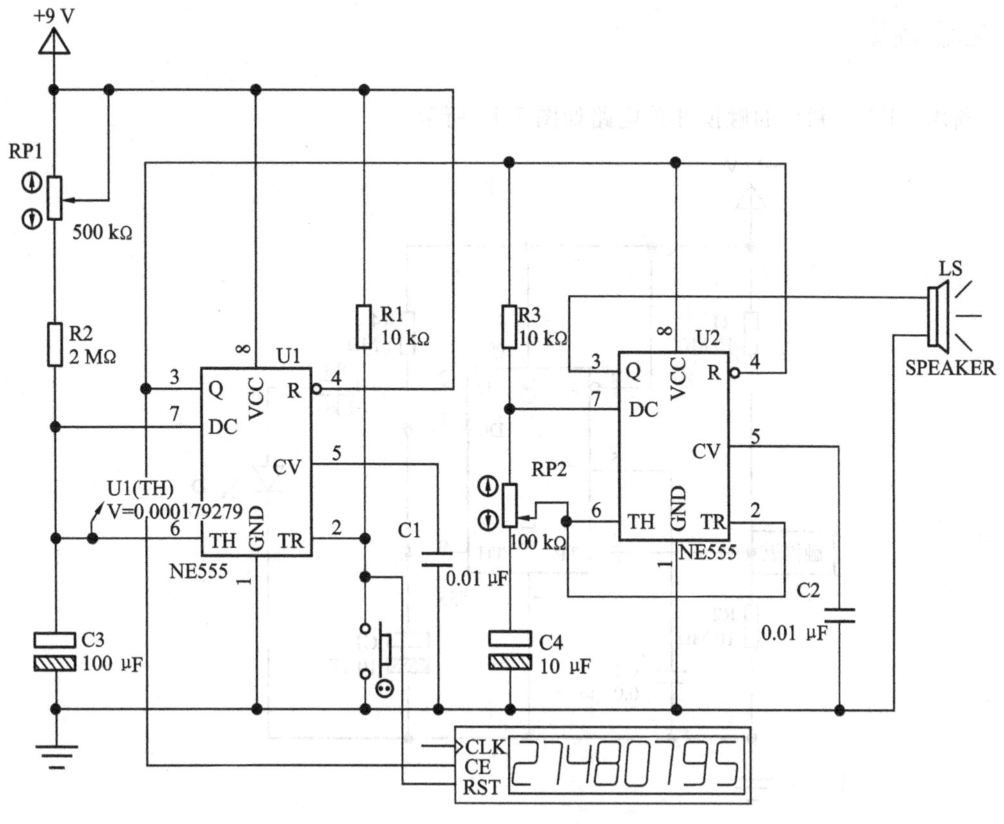

图 7-16　仿真结果

在电路仿真的过程中，可以改变 RP_1 电阻值或减少定时的时间，也可以改变 RP_2 电阻值或改变由 U_2 组成的多谐振荡器的频率。

拓展训练

利用计时器可测量外加数字信号的频率，接线方式如图 7-17 所示。

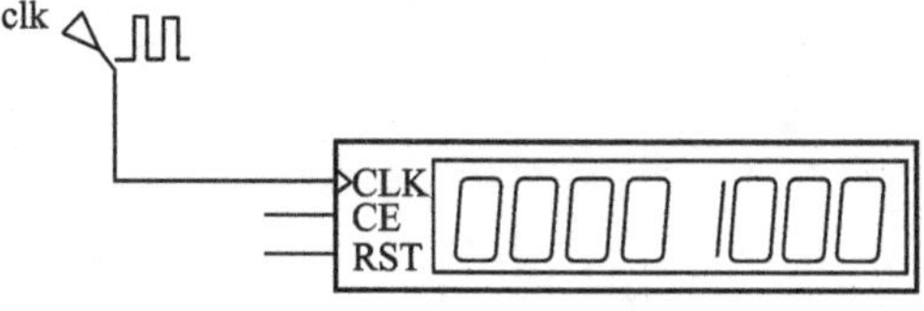

图 7-17　测量频率的方式

知识链接

利用 NE555 制作的触摸开关电路如图 7-18 所示。

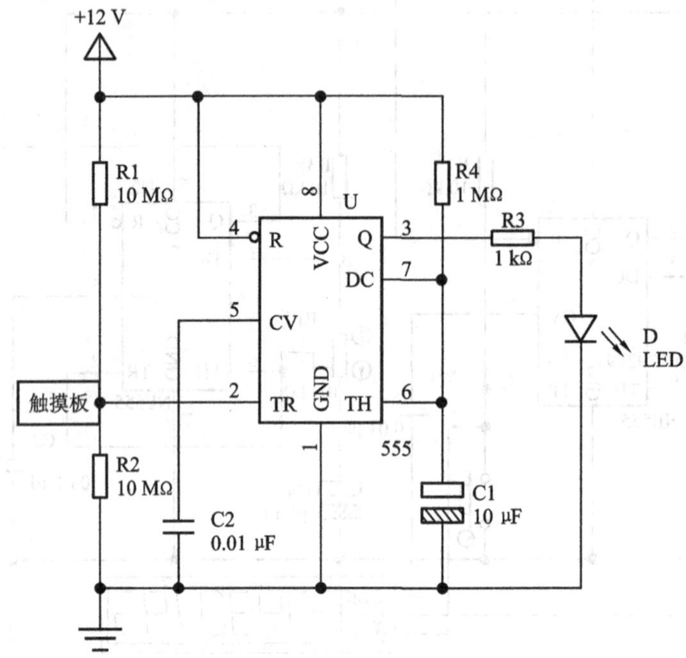

图 7-18　利用 NE555 制作的触摸开关电路

项目八 数码管驱动电路

【项目描述】

本项目是利用数字电路来驱动七段数码管，通过仿真软件观察电路效果，掌握制版技巧和虚拟仪器的使用。

【学习目标】

通过本项目的学习，学生应能熟练的掌握PROTEUS软件制版的整个流程和操作方法，掌握自动和手动相结合布线的技巧。

【能力目标】

1.专业能力

掌握PROTEUS软件制版的操作方法和技巧。

2.方法能力

通过电路实例实现软件布线功能。

任务 1　七段数码管的驱动

活动情景

用图 8-2 中所示的数码管设计时间显示电路。数码管的外形及其管脚排列分别如图 8-1、图 8-2 所示。

图 8-1　数码管外形

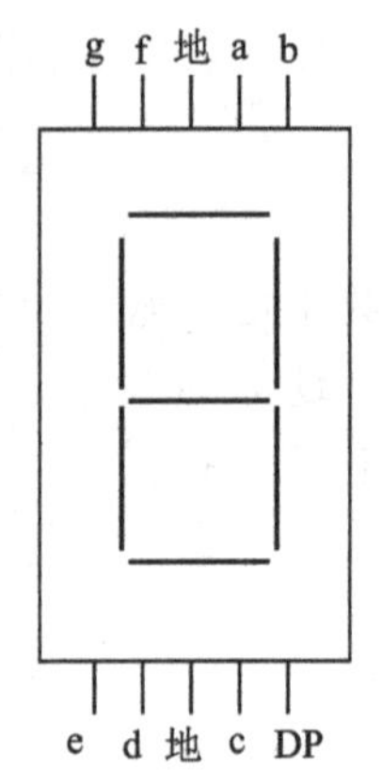

图 8-2　数码管管脚排列

任务要求

（1）掌握用 7448 芯片驱动七段数码管方法。

（2）掌握运用 PROTEUS 软件自动和手动布线方法。

技能训练

（1）在电脑上打开 PROTEUS 软件的 ISIS 程序，点击主工具栏的新建设计图标，新建一个文件。

（2）单击左侧工具箱中的图标后，再单击 P 按钮，打开元件拾取对话框。按表 8-1所示，采用直接查询法，把所有元件都拾取到编辑区的元件列表中。

表 8-1　数码管驱动电路元件清单

元件名	含义	所在库	参数
RES	电阻	DEVICE	1 kΩ
CAP	电容	DEVICE	1 000 pF
4511	驱动芯片	CMOS	—
7SEG-DIGITAL	数码管	DISPLAY	七段共阴数码管
4518	译码器	CMOS	—

（3）把元件从对象选择器放置到图形编辑区中。

（4）调整元件在图形编辑区中的位置，并修改元件参数，再将电路连接，如图 8-3 所示。

（5）单击左侧工具箱中的电源和接地图标 后，连接＋5 V 电源和接地。

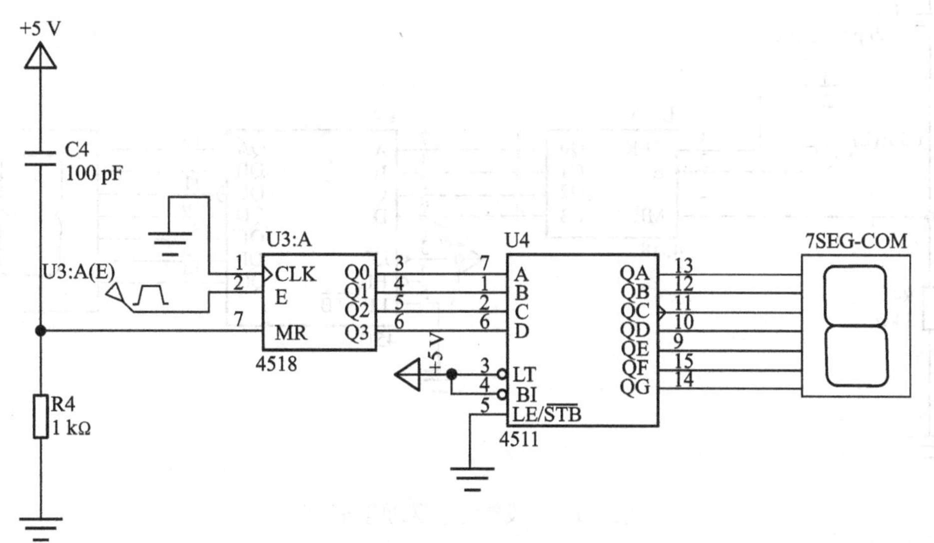

图 8-3　七段数码管驱动电路图

基本活动

（1）设置输入信号源 U3A(E)的参数为 0～5 V、1 Hz，占空比为 50%。

（2）按要求将图 8-3 所示连接完毕，点击 按钮开始仿真。

（3）可以看到数码管从 0～9 之间循环闪亮，1 s 变化一次，如图 8-4 所示。

（4）为了可以看清楚集成电路 4518 输入信号 E 与输出信号 Q0、Q1、Q2、Q3 之间的相互关系，可以利用 PROTEUS 软件提供的逻辑分析仪来进行仿真。单击左侧工具栏的图标 ，选中 LOGIC ANALYSER(逻辑分析仪)，将其拖入绘图区。

（5）给集成电路 4518 的 3、4、5、6 脚分别添加接线端子，并分别命名为 Q0、Q1、Q2、Q3，在逻辑分析上按图 8-5 所示逻辑分析仪的连接电路进行添加接线端子。

（6）为了快速的采样信号，将信号源的频率改为 100 Hz、0～5 V，占空比仍为 50%。

（7）打开仿真开关，进入仿真状态。

（8）双击绘图区中逻辑分析仪的图标，出现逻辑分析仪的显示界面，可以对逻辑分析仪进行各种操作。如图 8-6 所示。

（9）用鼠标点击记录开始(Capture)按键，指示灯转变为红色，当采样结束后，指示灯自动变为绿色，逻辑分析仪在屏幕上显示出相应的信号波形。

（10）用鼠标调整缩放比例，可以将信号波形显示在合适范围内。集成电路 4518 的输入、输出信号的关系如图 8-7 所示。

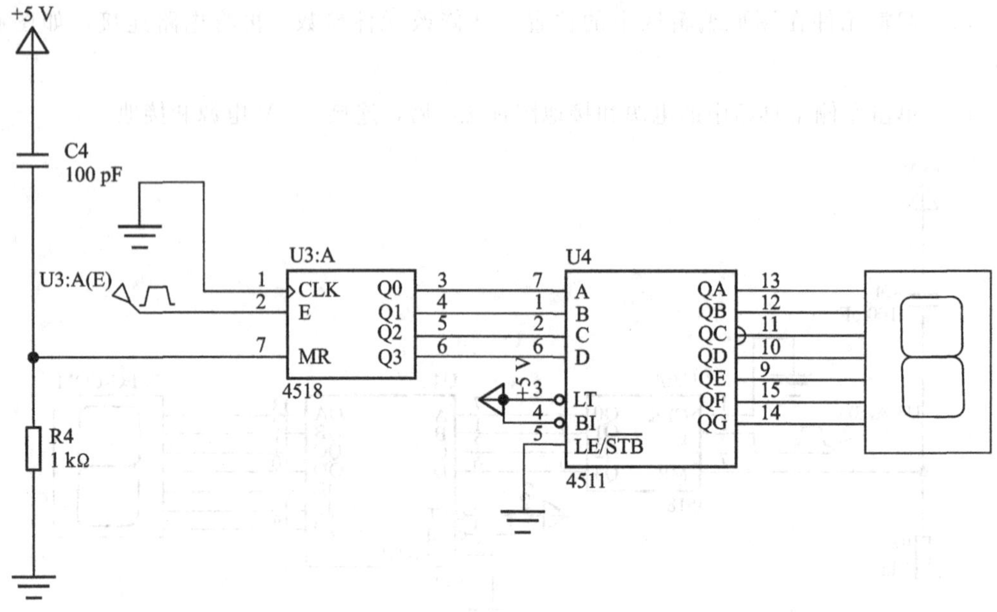

图 8-4　七段数码管驱动电路仿真

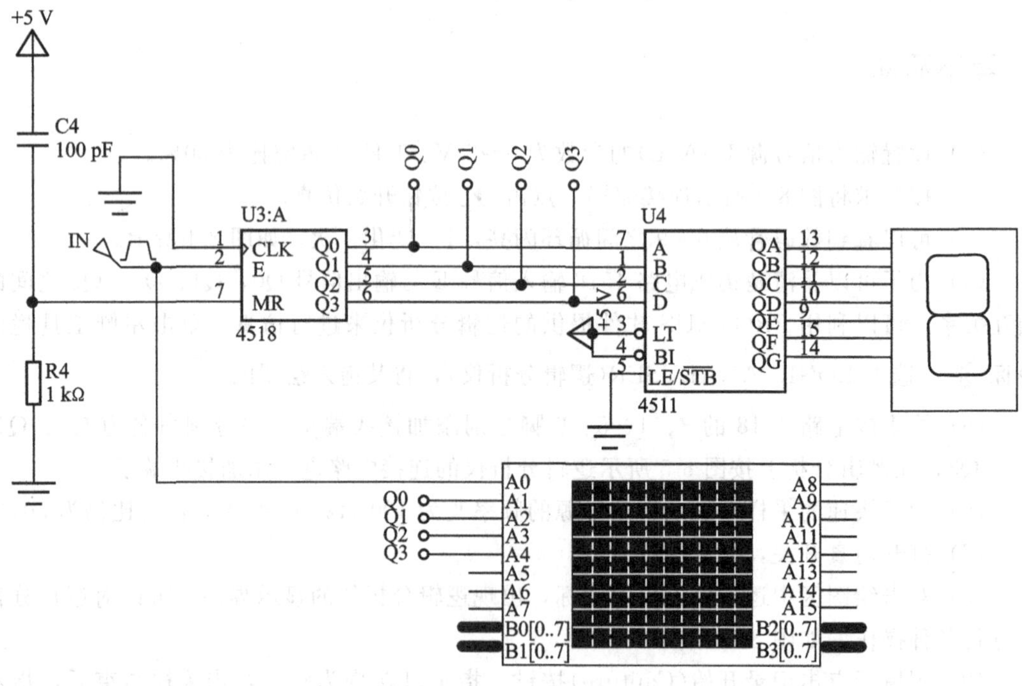

图 8-5　逻辑分析仪的连接电路

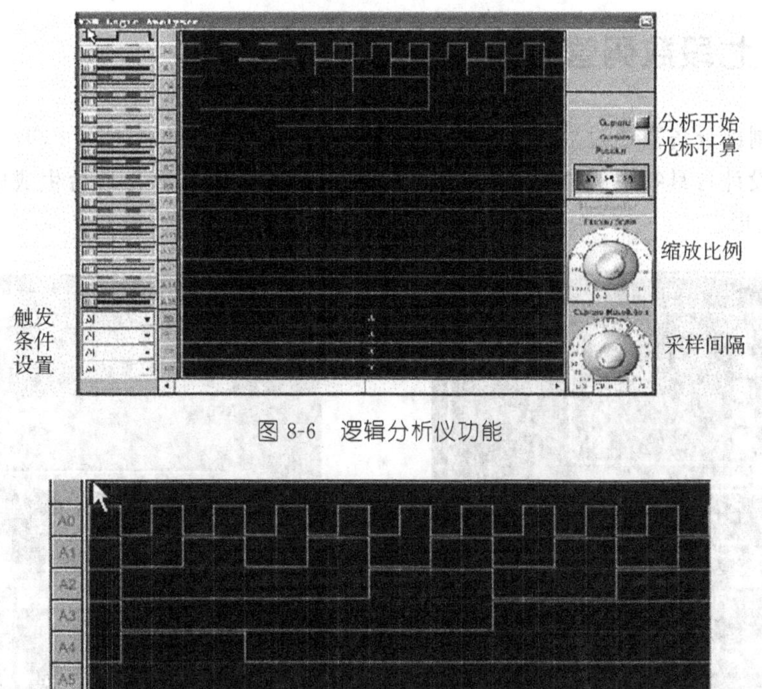

图 8-6　逻辑分析仪功能

图 8-7　4518 输入、输出信号的关系

若在绘图区中双击逻辑分析仪的图标，分析仪的面板显示不出来，可以将仿真停止，单击菜单栏的调试 \ 重置弹出窗口命令(见图 8-8)，在弹出的窗口(见图 8-9)中选择“Yes”。就可以解决逻辑分析仪无法调用的问题。

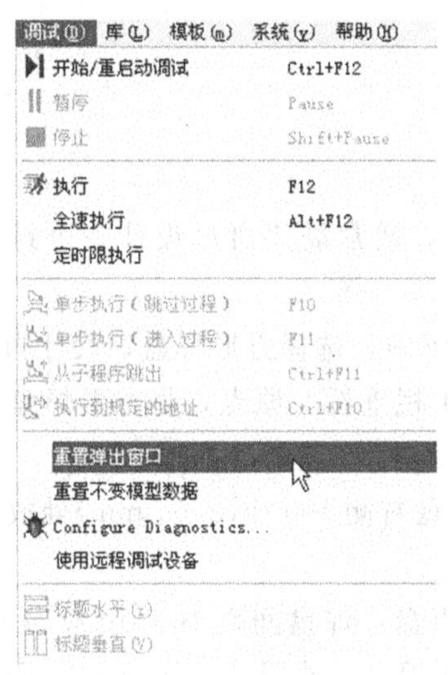

图 8-8　重置窗口

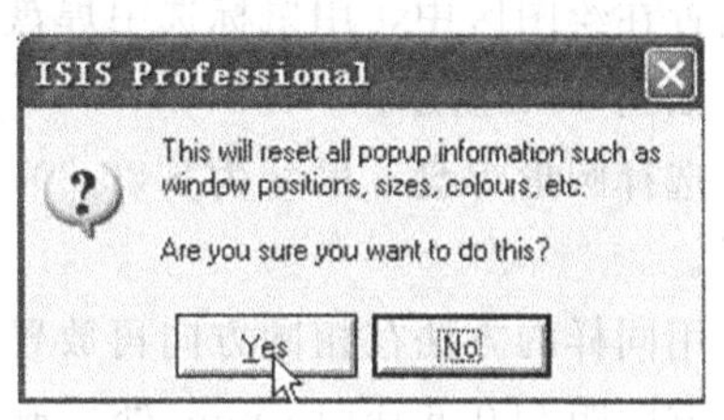

图 8-9　重置窗口对话框

任务 2　七段数码管驱动电路的 PCB 布线

电路控制部分仿真通过之后，通过 PROTEUS 软件提供的强大的 PCB 布线工具，可以很方便地设计各具特色的印刷电路板，图 8-10 和图 8-11 所示为最后生成的印刷电路板和 3D 仿真图形。

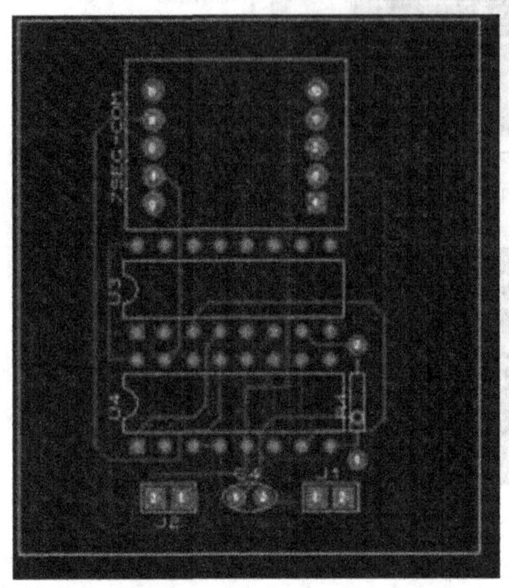

图 8-10　电路 PCB 板

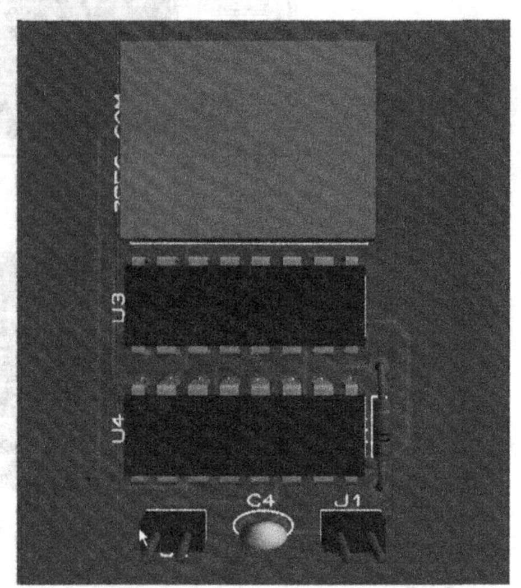

图 8-11　电路 PCB 3D 仿真

任务要求

（1）掌握印刷双面电路板的制作过程。

（2）运用 PROTEUS 软件自己设计元件的封装。

技能训练

由于 PROTEUS 软件中没有七段数码管的封装，通常需要自己设计一个封装，这样才能完成 PCB 的设计，具体步骤如下。

（1）打开 PROTEUS 软件的 PCB 制板程序(ARES)，选择方形焊盘，尺寸为 S-70-30，将焊盘放置在绘图区中，用鼠标选中焊盘，选择菜单栏查看 \ 原点，将方形焊盘设为元件的原点，如图 8-12 所示。

（2）选择圆形焊盘，尺寸为 S-80-30，在方形焊盘右侧 100 th(2. 54 mm)处放置，如图 8-13 所示。

（3）用同样的方法在相同方向再放置 3 个圆形焊盘，焊盘间距 100 th(2. 54 mm)；再焊盘的上方间距 590. 6 th(15 mm)处再放置 5 个圆形焊盘，放置结果如图 8-14 所示。

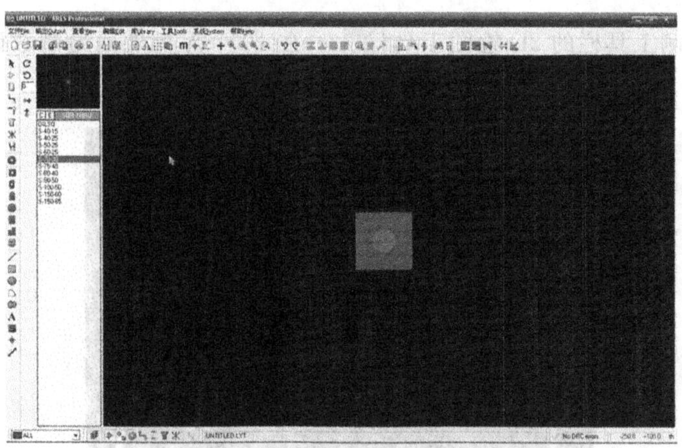

图 8-12　设置方形焊盘

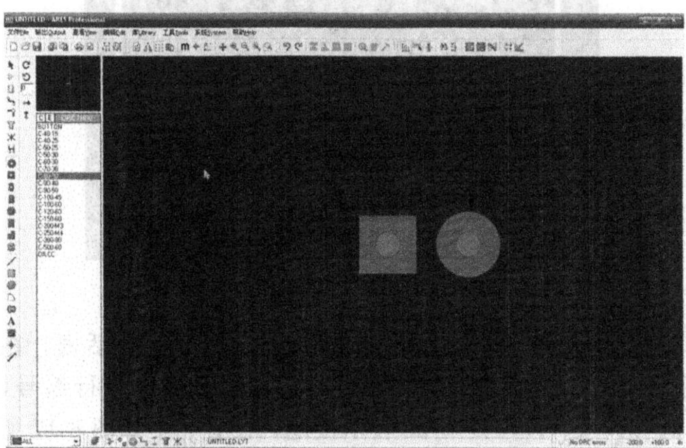

图 8-13　放置圆形焊盘

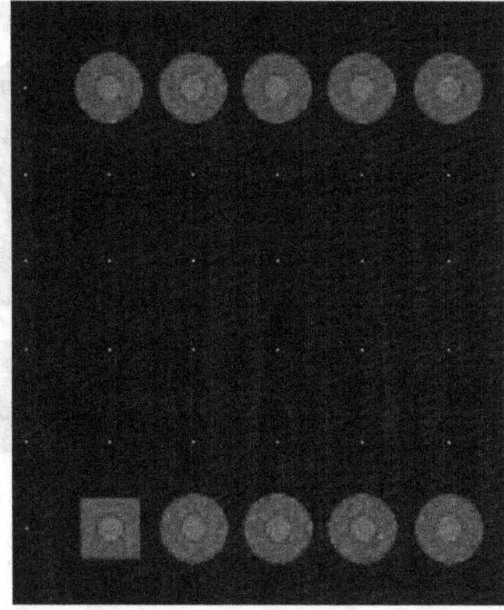

图 8-14　焊盘放置结果

(4) 选中左侧工具栏的 2D 绘图工具，在 10 个焊盘外面绘制数码管的外形边界，如图 8-15 所示。

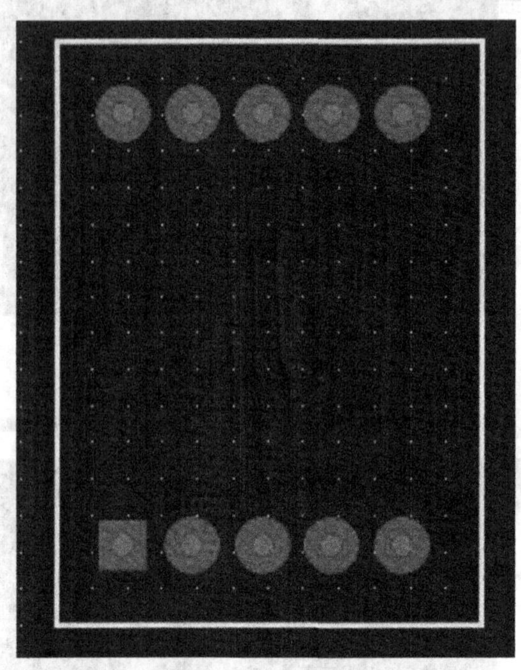

图 8-15 绘制数码管边界

(5) 在左下角的方形焊盘上双击，如图 8-16 所示的设置对话框，在管脚号码(Number)处填入 e，同样的方法以逆时针的方向把剩余的 9 个管脚进行编号，编号顺序为(d、NC、c、dp、b、a、nc、g、f)，其中 nc 表示接地，设置完毕如图 8-17 所示。

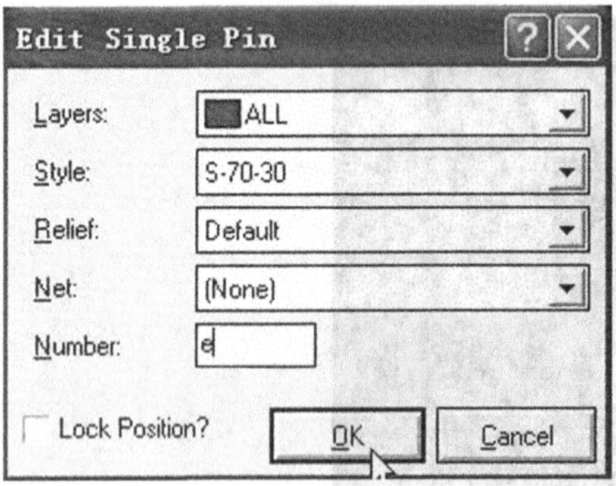

Edit Single Pin
Layers: ALL
Style: S-70-30
Relief: Default
Net: (None)
Number: e
Lock Position?
OK
Cancel

图 8-16 管脚编号设置

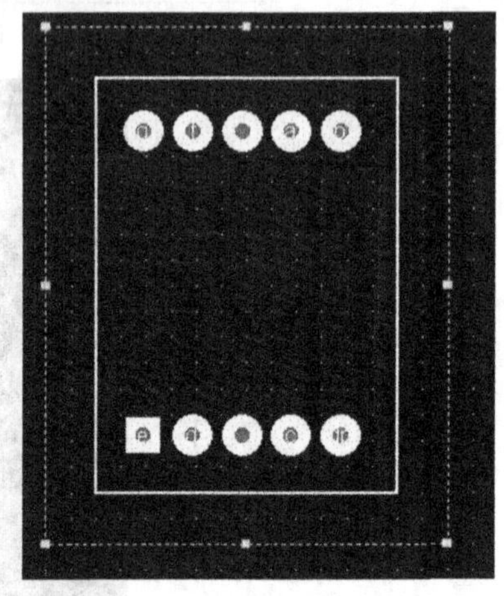

图 8-17 管脚编号

(6) 选择工具栏上的箭头图标，选中封装元件外轮廓，选择菜单栏→库→添加元件到库命令，如图 8-18 所示。

(7) 系统出现封装设置对话框，按要求设置封装名称及封装类型，具体设置如图 8-19

图 8-18　添加元件到库

所示。这样就完成了元件封装的制作，其他元件封装制作与此类似。

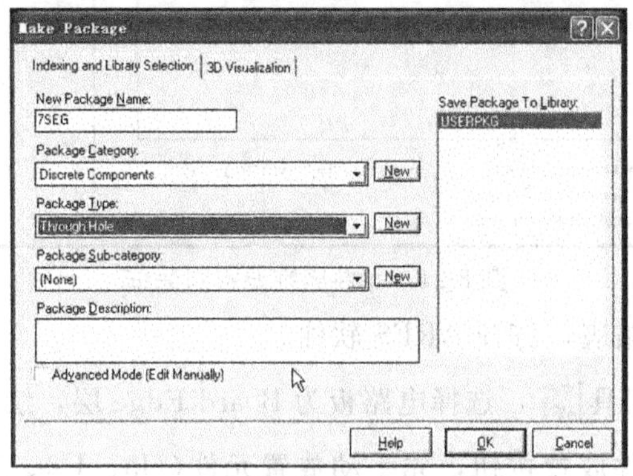

图 8-19　元件封装设置对话框

基本活动

（1）对图 8-4 所示电路进行整理，去掉各种仿真仪器，加上各种接线端子，整理后如图 8-20 所示。

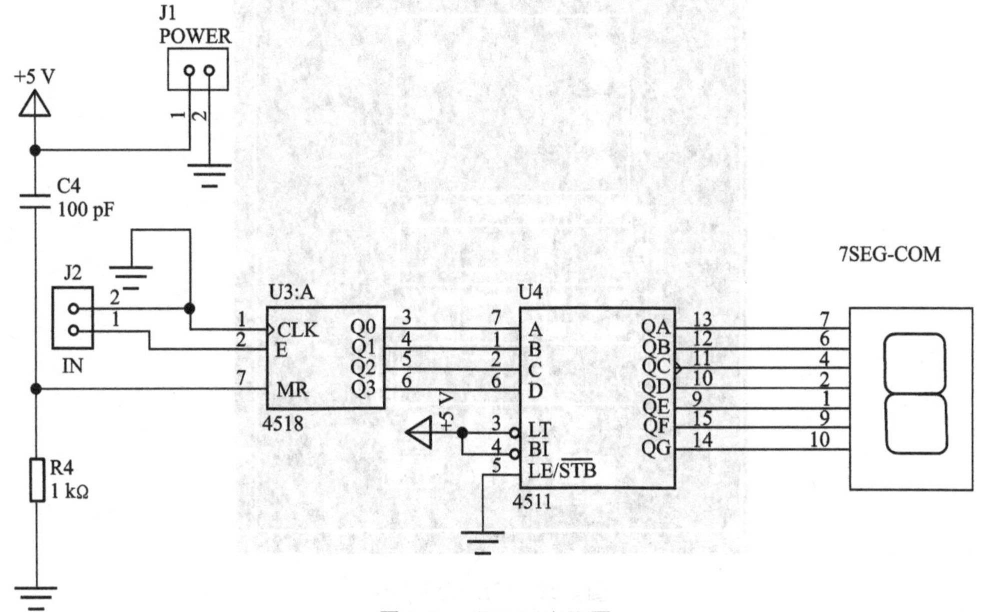

图 8-20　整理后电路图

(2) 在数码管 7SEG-COM 上点击右键，选择“Edit properties”设置元器件属性(见图 8-21)，选中“Edit properties as text”，在编辑框中输入{PACKAGE=7SEG}，单击“OK”按钮确认。

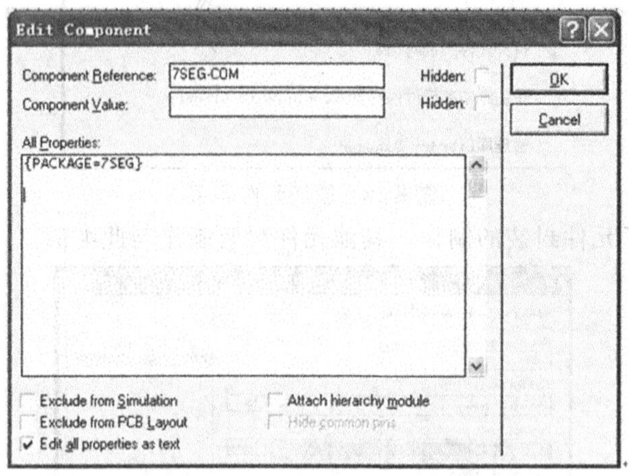

图 8-21　元件属性设置对话框

(3) 生成并载入网络表，打开 ARES 软件。

(4) 选中 2D 绘图工具，选择电路板为 Board Edge 层，绘制电路板边框。

(5) 选中工具栏元件放置按钮，先手动放置元件(U3、U4、J1、J2)，再根据需要调整元件在电路板中的位置，各接插件尽量放置在电路板外侧，便于接线。然后利用 ARES 软件的自动放置元件功能，由系统自动放置元件，最后可以根据自己的需要，对元件进行手动调整。

(6) 利用自动布线功能，由软件自动布线，其结果如图 8-22 所示。

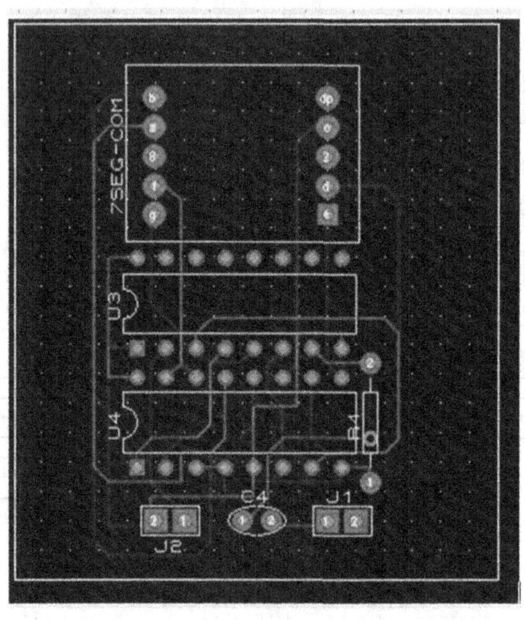

图 8-22　自动布线结果

ARES 还具有整理线路的功能，设计者能通过运行一个整理过程来减少导线的长度及穿孔的数目，同时提高电路板的美感。具体操作是在“Auto Rounter”对话框中，勾选“Tidy Pass”，单击“OK”按钮，系统将自动进行整理。

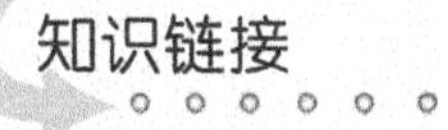

LED 显示技术的优势

LED 屏早在 20 世纪 60 年代就已出现，但直到 20 世纪 90 年代中期，才出现了全彩屏，LED 屏的价格近年来已有了很大的降幅，分辨率也有了很大的改善。LED 屏主要用于较多观众观看的场所，能提供几乎任何尺寸的无缝屏，从 1 m^2 到你能想象得到的更大尺寸。

超高分辨率 3 mm 像素点阵产品的最小的 LED 屏价格仍然十分昂贵，所以 6 mm 点阵像素是通常被广泛采用的最高分辨率产品。

等离子的像素点阵可以小于 0.5 mm，所以 LED 屏在分辨率上不能与等离子和 LCD 显示屏相比，但它们不会用在同一种方式中应用，例如，不会用来显示详细的文字信息。

对于视频来说，LED 屏的低分辨率表现性能良好。事实上，人们通常看到 LED 屏的分辨率与电脑显示器的分辨率是差不多的。

但 LED 显示确实有一个出色的性能，即亮度。LED 屏的亮度一般是其他显示器件的 10 倍，正因为如此，它们可以安装在其他屏所不能安装的任何地方，包括明亮的室内环境，当然也包括室外。其特点是：

(1) 大屏幕显示——从 1～500 m^2 都可有效地控制；

(2) 高亮度——可直接在阳光下观看，是唯一以合理的价格达到理想画面的显示技术；

(3) 模块化设计——易于维护；

(4) 所有显示技术中使用寿命最长——5 年内性能不会有大的改变。

项目小结

本项目是一个综合的应用电路，介绍了七段数码管的驱动技术及 PCB 布线方面的相关知识。通过本项目的操作，同学们应该对 PROTEUS 软件在数字电路中的仿真使用有较为全面的了解，应掌握 PCB 布线的流程及设计元器件封装的操作技能。

在 PCB 布线时，要首先对原理图进行相关处理，去掉各种虚拟仪器，打开隐藏管脚，添加接线端子及封装等工作，为后期的 PCB 综合布线做好准备。

思考练习

用学习过的知识设计一个两位数码管的驱动电路，并用仿真仪器检验电路的正确性，再用 ARES 软件完成 PCB 的布线任务。

项目九 计数器仿真

【项目描述】

本项目是利用74160芯片构成计数器电路，通过仿真软件观察电路效果,掌握制版技巧和虚拟仪器的使用。

【学习目标】

通过本项目的学习，学生应能熟练地掌握PROTEUS软件制版的整个流程和操作方法，掌握软件中的各种仪器的使用方法。

【能力目标】

1.专业能力

掌握PROTEUS软件制版的操作方法和技巧。

2.方法能力

通过电路实例实现软件制版功能。

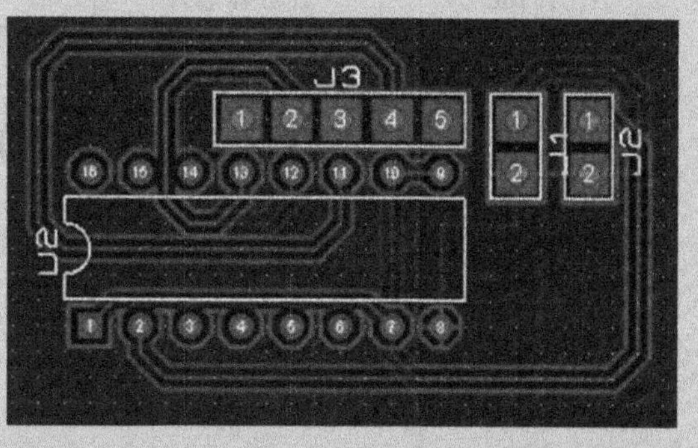

任务1　单级十进制计数器

活动情景

用图9-1中所示的计数器芯片设计计数电路(计数范围为0～9)，其管脚排列如图9-2所示。

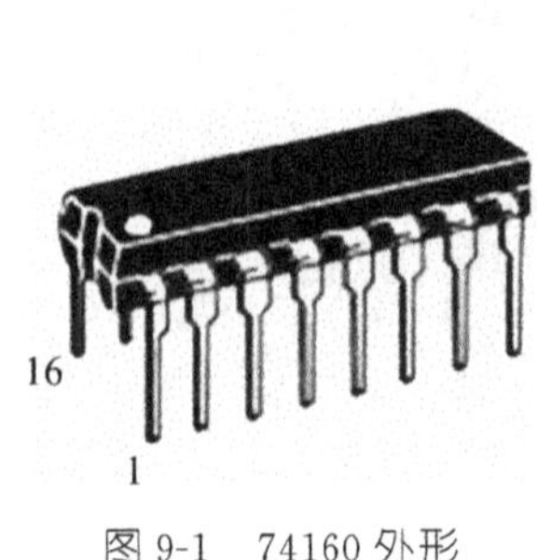

图9-1　74160外形

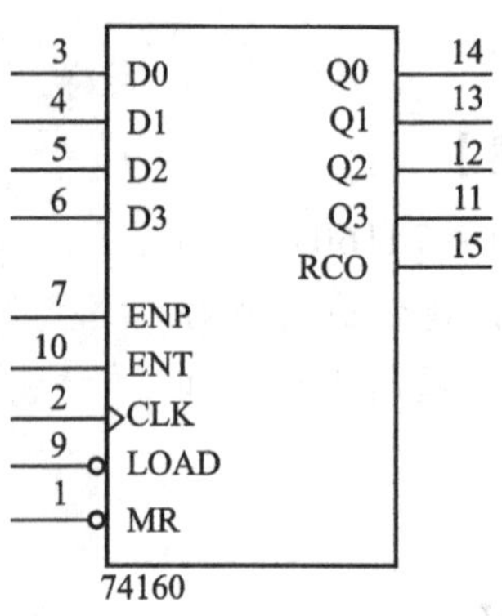

图9-2　74160管脚排列

任务要求

(1) 掌握用计数器芯片74160设计计数器原理图的方法。

(2) 掌握运用PROTEUS软件对原理图进行后期处理、生成网络表和元器件报表的方法。

技能训练

(1) 在电脑上打开PROTEUS软件的ISIS程序，点击主工具栏的新建设计图标，新建一个文件。

(2) 单击左侧工具箱中的图标后，再单击P按钮，打开元件拾取对话框。按表9-1所示，采用直接查询法，把所有元件都拾取到编辑区的元件列表中。

表9-1　计数器元件清单

元 件 名	含　义	所 在 库	参　数
74160	计数器芯片	74STD	—
7SEG-BCD	BCD码显示器	DISPLAY	BCD码七段显示器(红色)

(3) 把元件从对象选择器放置到图形编辑区中。

(4) 调整元件在图形编辑区中的位置，并修改元件参数，再完成电路连接，如图9-3所示。

(5) 单击左侧工具箱中的电源和接地图标 后，选择“POWER”，将箭头形状的标准数字直流电源出现在元件预览区，拖出后分别与 74160 的管脚 1、9、7、10 连接上，双击直流电源，参数修改为“+5 V”。接地由软件默认，可以不接。

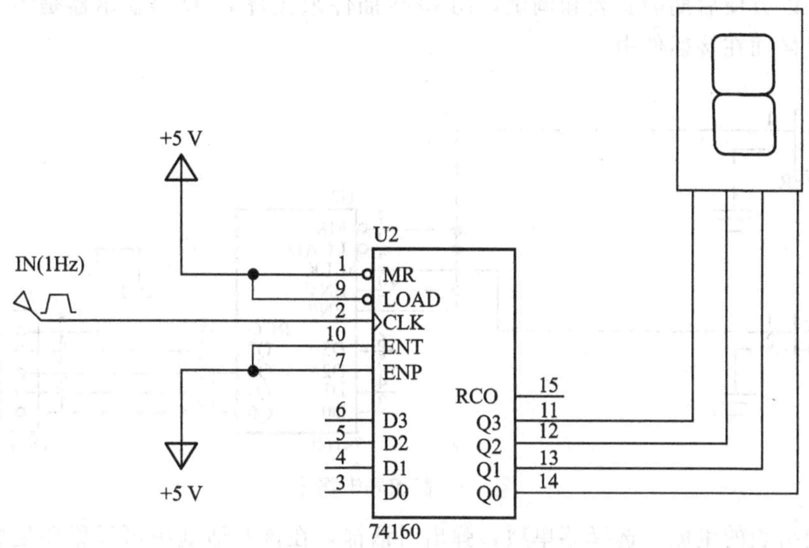

图 9-3 用 74160 组成的计数电路

基本活动

(1) 按要求将如图 9-3 所示连接完毕，设置信号源的输出为 5 V，频率为 1 Hz，占空比为 50%。

(2) 点击 按钮开始仿真。

(3) 可以看到数码在 0～9 之间闪亮，闪烁间隔为 1 s。如图 9-4 所示。

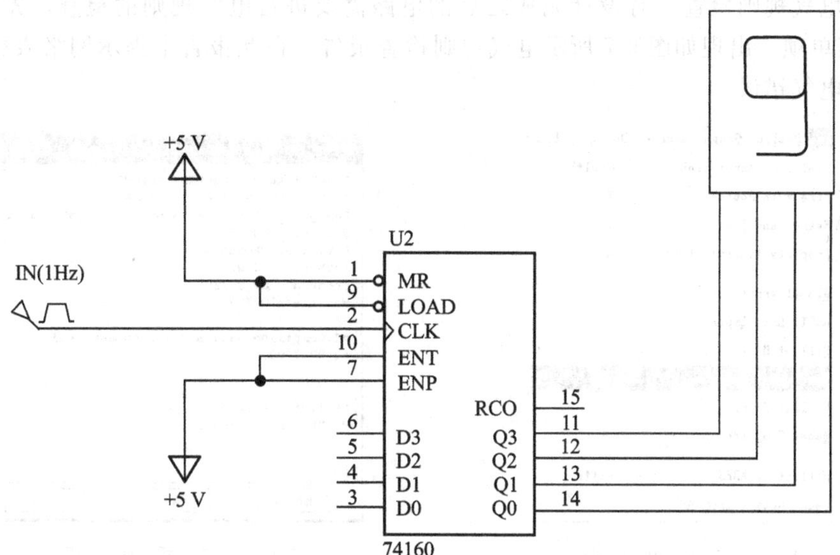

图 9-4 74160 计数电路仿真结果

(4) 仿真通过后，就要利用 PROTEUS 软件强大的布线功能来设计印刷电路板，通常需要对仿真的电路进行修改，加入一些元件，方便电路的安装和调试。具体如图 9-5 所示。在图中分别加入了 CONN-H2(POWER)、CONN-H2(IN)、CONN-H5(OUT-H5)三个接插件，以方便后期的安装和调试，用 J3 接插件来代替 BCD 码显示器是为了可以使显示器可以直接插在接插件中。

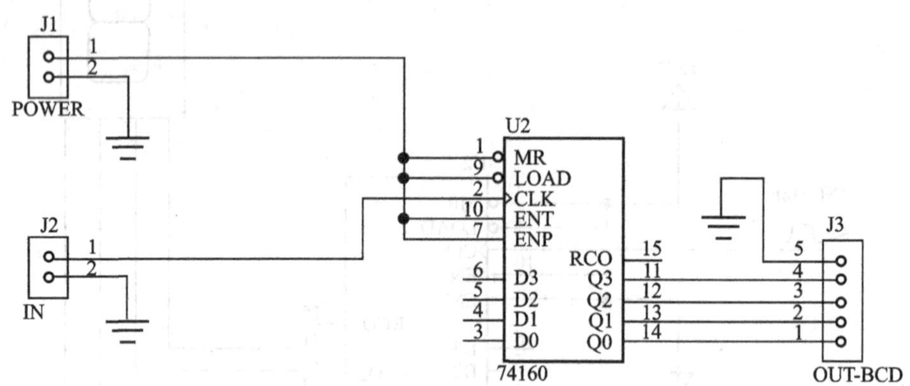

图 9-5　修改后电路图

(5) 网络表的生成　选择菜单项，弹出对话框，在该对话框中可设置要生成的网络表的输出形式、模式、范围、深度及格式。

大多数情况下，缺省设置就可以了。单击“OK”按钮，可生成一个平面的物理连接的网络表。

【注意】

元件库中的许多芯片都有隐藏的电源引脚。网络表编译器遇到这种情况将创建一个新的网络，并把隐藏引脚的名字分配给它。

(6) 电气规则检查　对设计完成之后的电路需要进行电气规则的检查，先选择如图 9-6所示菜单项，出现如图 9-7 所示电气规则检查报告。在此报告中提示网络表已经生成，没有发现电气错误。

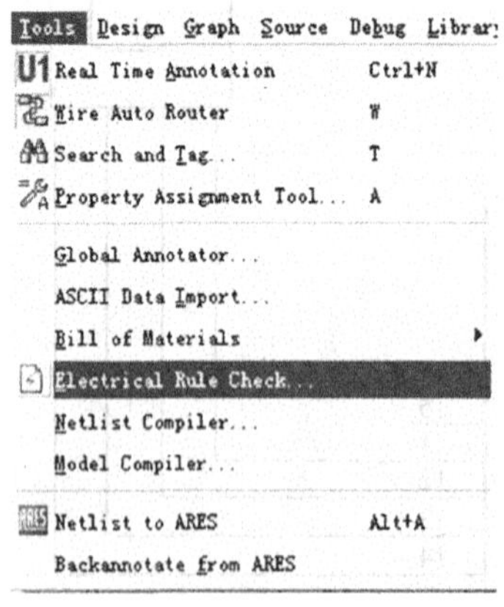

图 9-6　电气规则检查

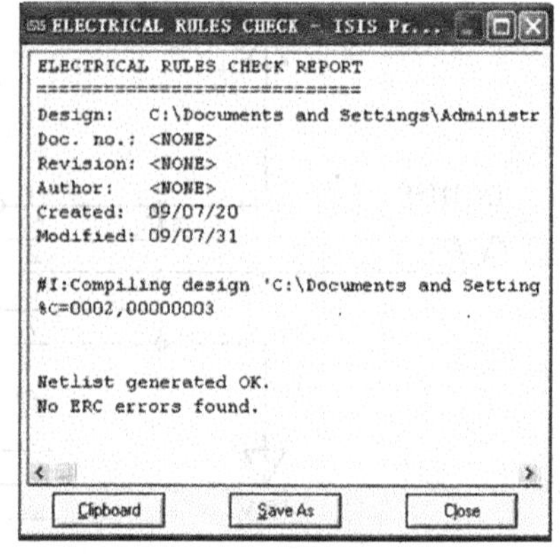

图 9-7　电气规则检查报告

(7) 生成元件报表　选择菜单栏工具→材料清单，出现下拉列表，有四种形式的报表文件可供选择，可根据需要生成各种报表文件。

(8) 启动印刷电路板布线工具　选择菜单栏工具→网表到 ARES，程序会自动打开 ARES 布线软件，并载入网络表，如图 9-8 所示。

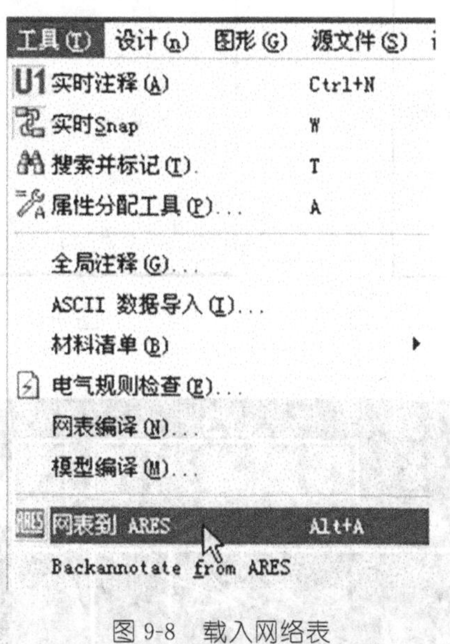

图 9-8　载入网络表

(9) 设定布线范围　点击左侧工具栏中的 2D 工具图标，选择左下角的板层(见图 9-9)为禁止布线层，然后在绘图器画出合适的布线区域(见图 9-10)。

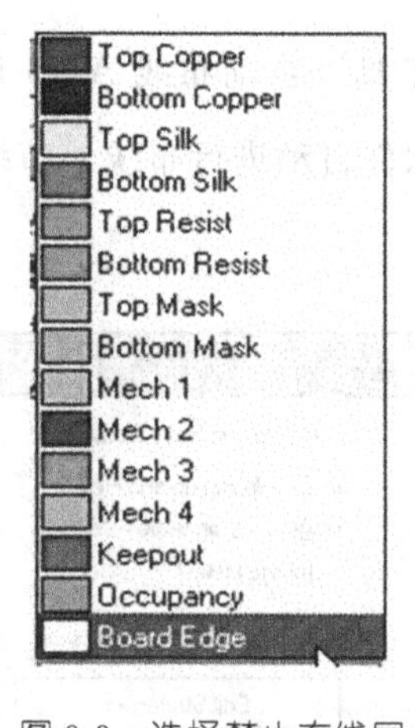

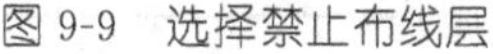
图 9-9　选择禁止布线层

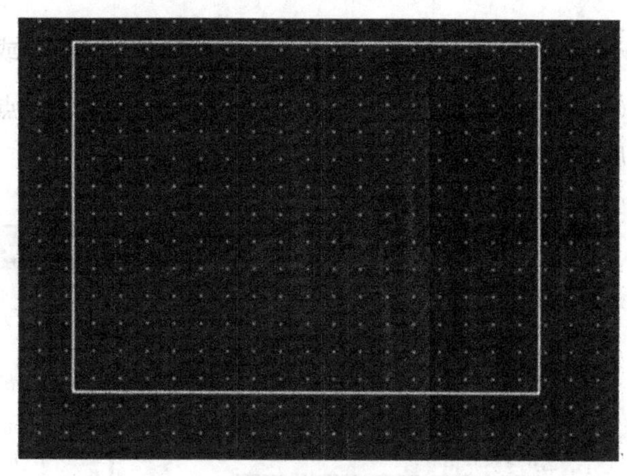

图 9-10　绘制布线区域

(10) 自动布局　点击快捷键，或者由菜单栏→工具→自动布局 Auto Placer(见图 9-11)，出现自动布局对话框(见图 9-12)，点击“OK”按钮就可以由软件自动放置各种元件，自动布局结果如图 9-13 所示。

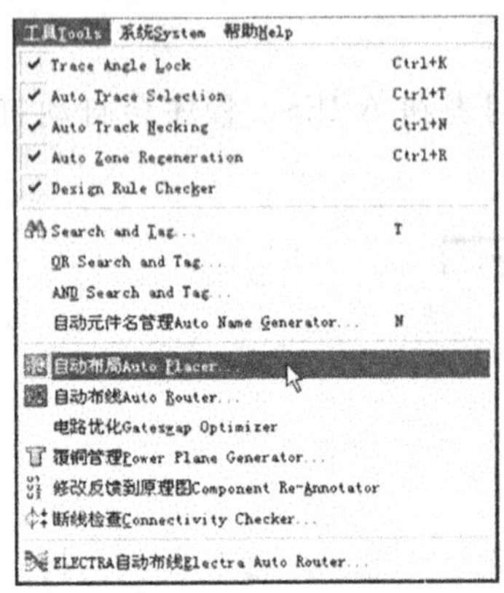

图 9-11　自动布局菜单

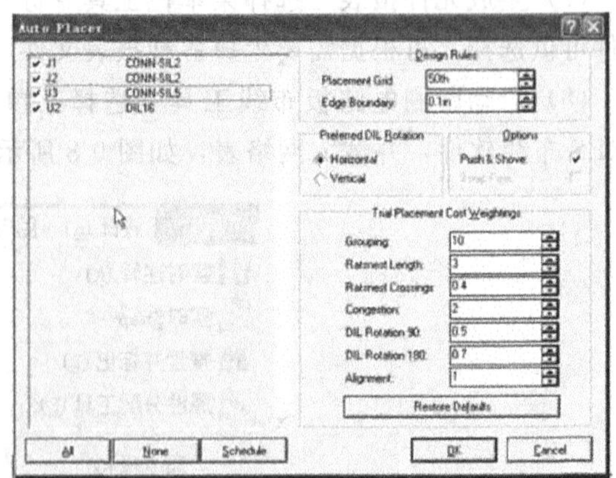

图 9-12　自动布局对话框

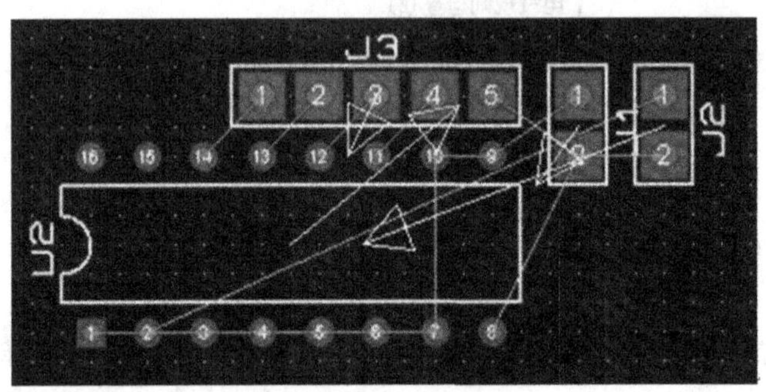

图 9-13　自动布局结果

(11) 自动布线　点击自动布线快捷键，或由菜单栏工具→自动布线 Auto Router (见图 9-14)，出现自动布线对话框(见图 9-15)，点击确定后软件自动进行布线，布线完成后其布线图如图 9-16 所示。

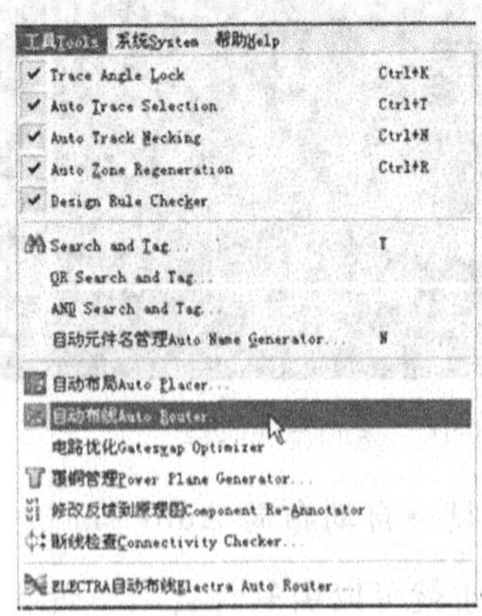

图 9-14　自动布线命令

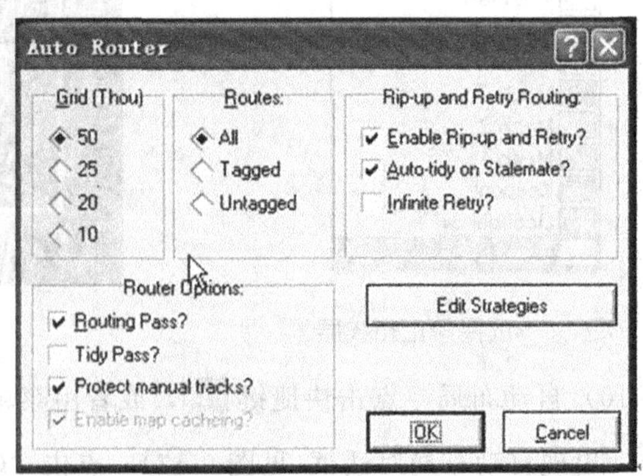

图 9-15　自动布线对话框

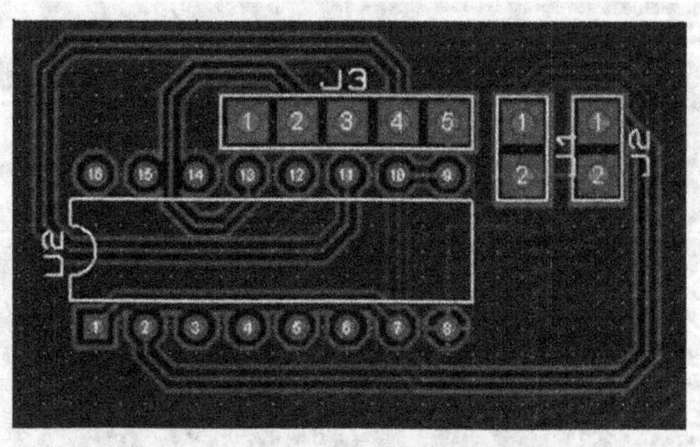

图 9-16　自动布线图

（12）铺铜处理　为了增强电路板抗干扰能力，可以在电路板顶层和底层进行铺铜处理。点击菜单栏→工具→铺铜管理 Power Plane Generator（见图 9-17），出现铺铜管理对话框（见图 9-18），按图设置，点击“OK”按钮，完成顶层铺铜管理。

（13）同样的方法对电路板底层进行铺铜处理，按图 9-19 所示的对话框进行参数设置，双面铺铜完成后的印刷电路板如图 9-20 所示。

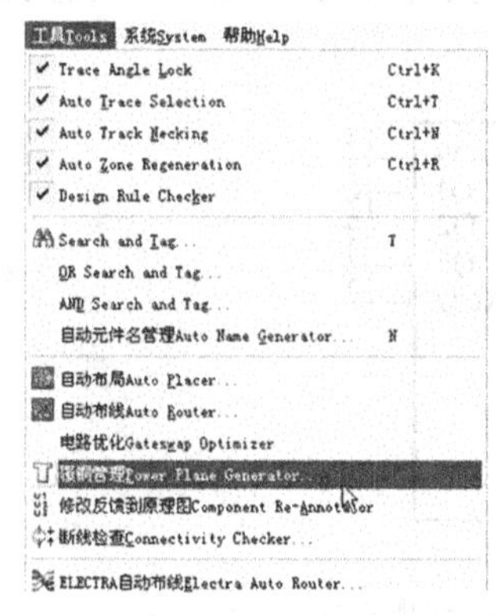

图 9-17　铺铜菜单

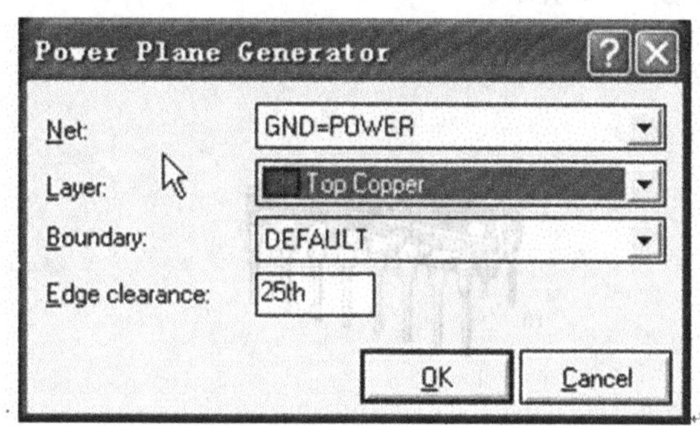

图 9-18　顶层铺铜对话框

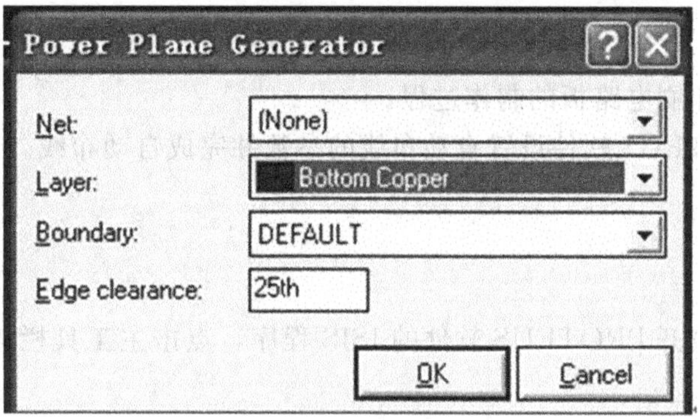

Power Plane Generator

Net: (None)

Layer: Bottom Copper

Boundary: DEFAULT

Edge clearance: 25th

OK　Cancel

图 9-19　底层铺铜对话框

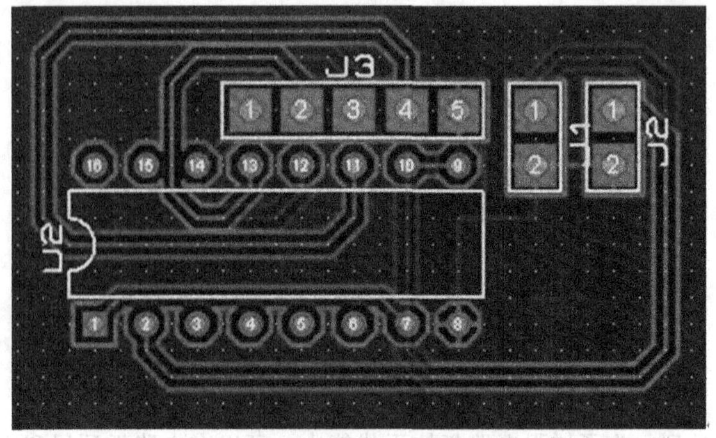

图 9-20　双面铺铜后的印刷电路板

任务 2　两级十进制计数器

用图 9-21 中所示的芯片 74160 设计两级十进制计数器(计数范围为 0～99)，其管脚排列如图 9-22 所示。

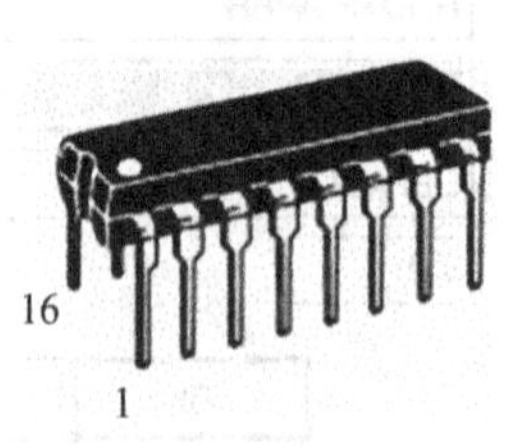

图 9-21　74160 外形

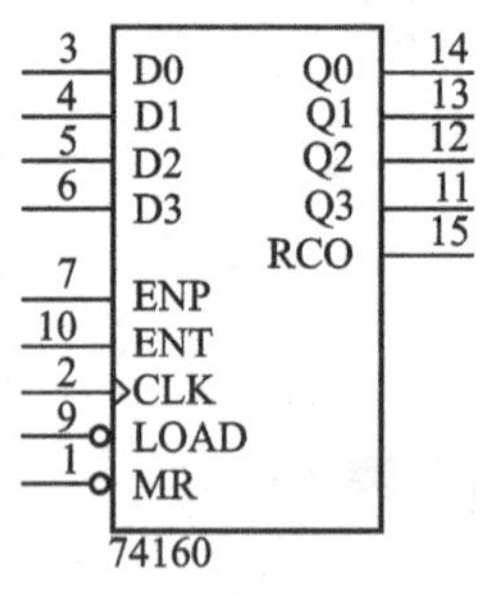

图 9-22　74160 管脚排列

任务要求

(1) 掌握双面印刷电路板的制作过程。

(2) 运用 PROTEUS 软件设置自动布线的参数并完成自动布线。

技能训练

(1) 在电脑上打开 PROTEUS 软件的 ISIS 程序，点击主工具栏的新建设计图标 ，新建一个文件。

(2) 单击左侧工具箱中的图标 后，再单击 P 按钮，打开元件拾取对话框。按表 9-2所示，采用直接查询法，把所有元件都拾取到编辑区的元件列表中。

表 9-2 两级十进制计数器元件清单

元件名	含义	所在库	参数
74160	计数器芯片	74STD	2 个
7SEG-BCD	BCD 码显示器	DISPLAY	BCD 码七段显示器（红色）2 个
7404	非门	7474STD	—
Button	轻触开关	ACTIVE	—

（3）把元件从对象选择器中放置到图形编辑区中。

（4）调整元件在图形编辑区中的位置，并修改元件参数，再完成电路连接，如图 9-23 所示。

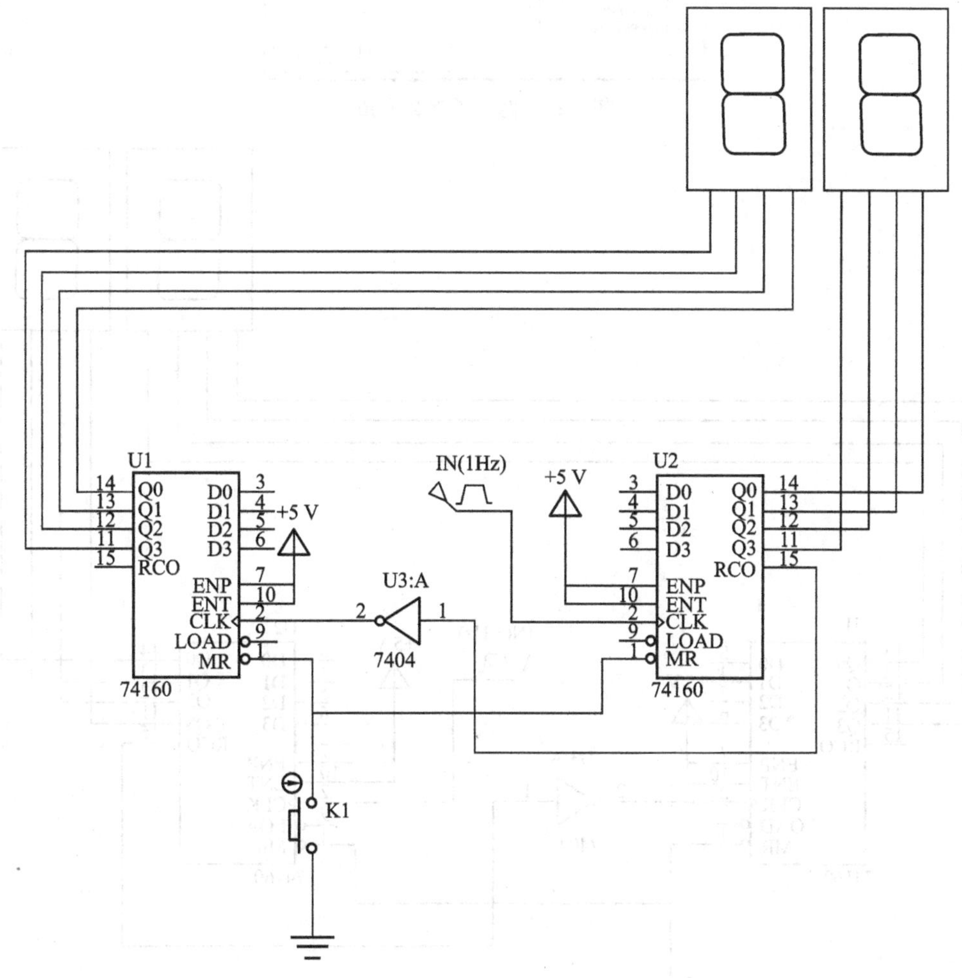

图 9-23 两级十进制计数器电路

（5）设置信号源(IN)输出参数，电压为 0～5 V，频率为 60 Hz，占空比为 50%，如图 9-24 所示。

（6）打开仿真开关，用鼠标点击复位开关 K1，可以看到数码管显示的数字从 0～99 以 1 Hz 的速度循环递增，如图 9-25 所示。

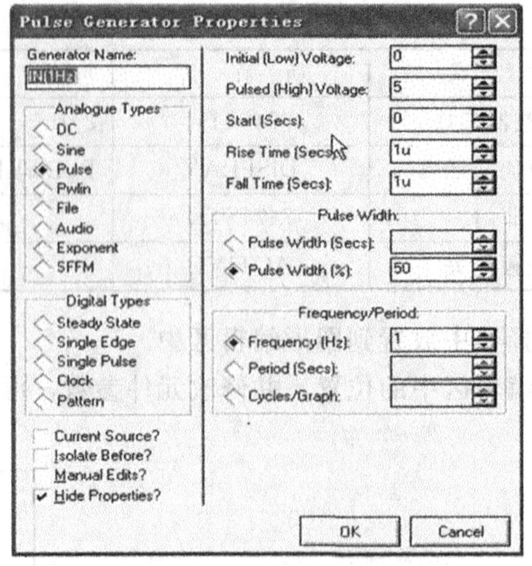

图 9-24　信号源参数设置

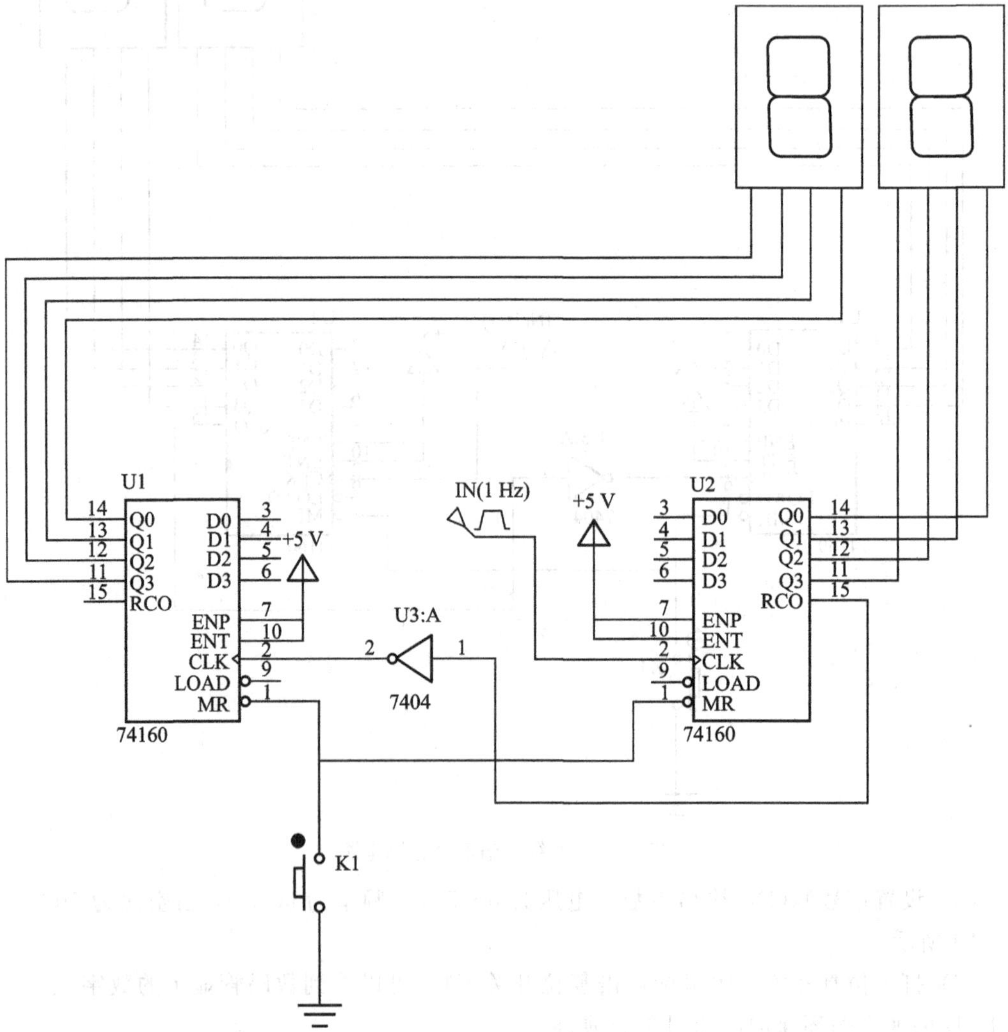

图 9-25　仿真显示

基本活动

(1) 对如图 9-23 所示的电路进行处理，添加接插件。BCD 数码管用 5 芯插座代替，电源和信号源用 2 芯插座代替，轻触开关的封装要自己建立，暂时先用 8 芯插座代替，处理后的电路如图 9-26 所示。

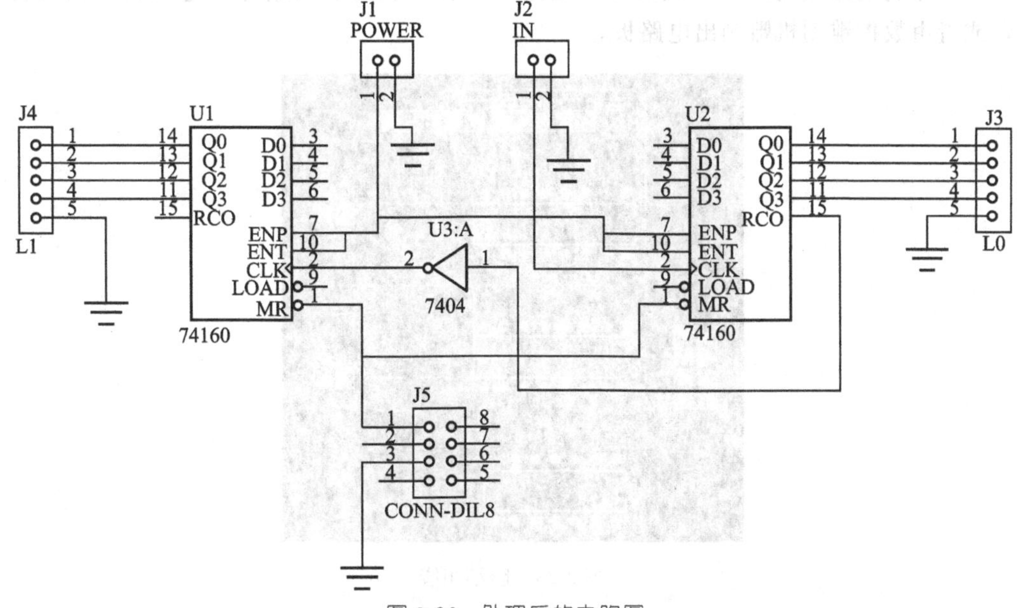

图 9-26　处理后的电路图

(2) 对如图 9-26 所示电路进行电气规则检查，没有问题就可以生成网络表。

(3) 打开 ARES 布线软件，设置布线区域。

(4) 手动放置元件，这样可以更符合设计的要求，点击左边工具栏的元件图标，把右边预览框的元件逐个往绘图区里拖动，一般接插件放在电路板的边缘，便于插拔，手动布局的电路板如图 9-27 所示。

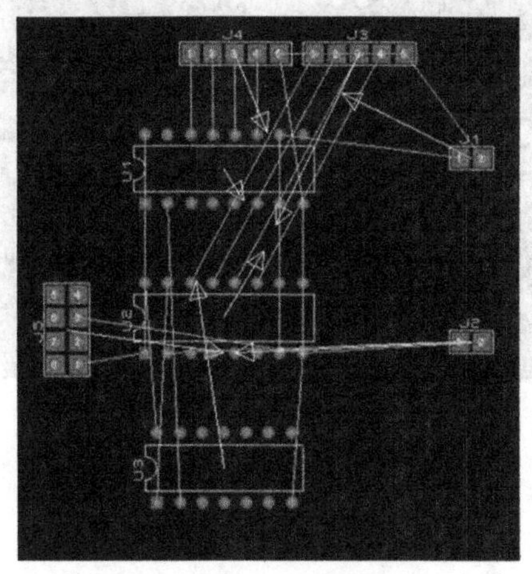

图 9-27　手动布局

（5）自动布线　点击自动按钮或菜单，系统执行自动布线功能，布线结果如图 9-28 所示。

（6）铺铜处理　在电路板顶层和底层进行铺铜，其效果如图 9-29 所示。

（7）3D 仿真显示　点击菜单栏→输出→3D Visualization（见图 9-30），就可以看到电路板的模拟图形，模拟图形可以随意翻转，如图 9-31 所示。

（8）印刷电路板输出　生成的印刷电路板保存后就可以交给印刷电路板厂商进行加工，或者由数控雕刻机雕刻出电路板。

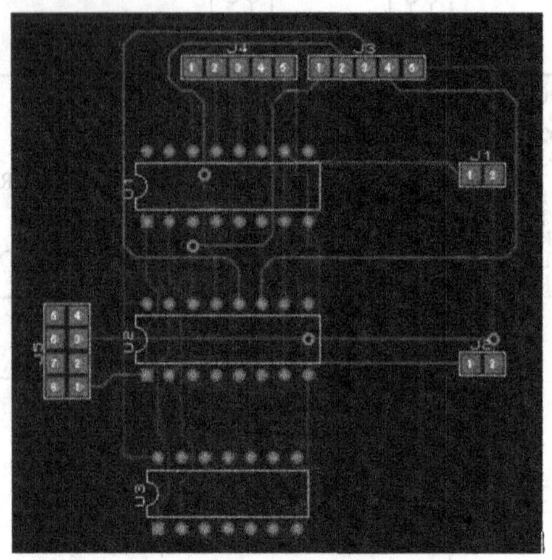

图 9-28　自动布线

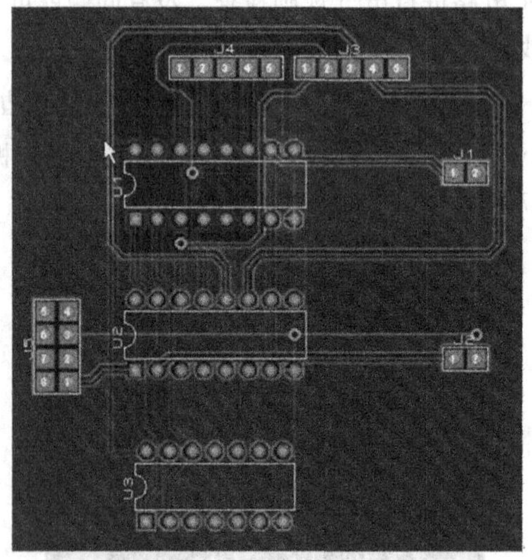

图 9-29　铺铜处理

图 9-30　3D 仿真显示菜单

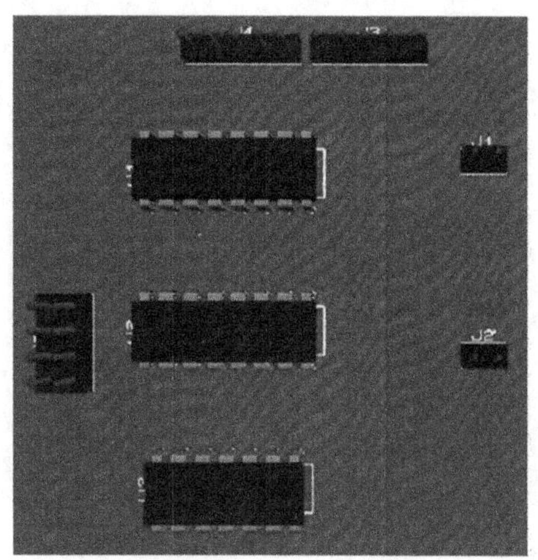

图 9-31　3D 仿真显示

ARES 还具有整理线路的功能，设计者能通过运行一个整理过程来减少导线的长度及穿孔的数目，同时提高电路板的美感。具体操作是在“Auto Rounter”对话框中，勾选“Tidy Pass”，单击“OK”按钮，系统将自动进行整理。

知识链接

在 PCB 板设计中，布线是完成产品设计的重要步骤，前期的准备工作都是为布线而做，在整个 PCB 中，以布线的设计过程要求最高，技巧最细、工作量最大。PCB 布线层有单层、双层及多层。布线的方式也有两种：自动布线及交互式布线，在自动布线之前，可以用交互式预先对要求比较严格的线进行布线，输入端与输出端的边线应避免相邻平行，以免产生反射干扰。必要时应加地线隔离，两相邻层的布线要互相垂直，平行容易产生寄生耦合。

自动布线的布通率，依赖于良好的布局，布线规则可以预先设定，包括走线的弯曲次数、导通孔的数目、步进的数目等。

项目小结

本项目是 74160 数字芯片在技术器中的应用，按照循序渐进的原则，先测试单级十进制计数器，再测试两级十进制计数器。在练习过程中要熟练掌握 PCB 布线的流程及相应的操作方法。

项目十

电子秒表

【项目描述】

该项目是时钟发生器、计数器、译码显示、单稳态触发器、基本RS触发器等单元电路的综合应用。

【学习目标】

通过学习，使学生认识PROTEUS软件在数字电路分析和设计中强有力的辅助作用。学生能独力完成常见的数字单元电路设计，学习图表仿真与交互式仿真的使用，并懂得使用各种虚拟仿真工具。

【能力目标】

1.专业能力

掌握PROTEUS软件的连接、调试方法。

2.方法能力

掌握单元电路的连接、调试、仿真方法。

任务1　时钟发生器电路设计

活动情景

用图10-1中所示的NE555集成定时器构成多谐振荡器，产生50 Hz频率的时钟信号。

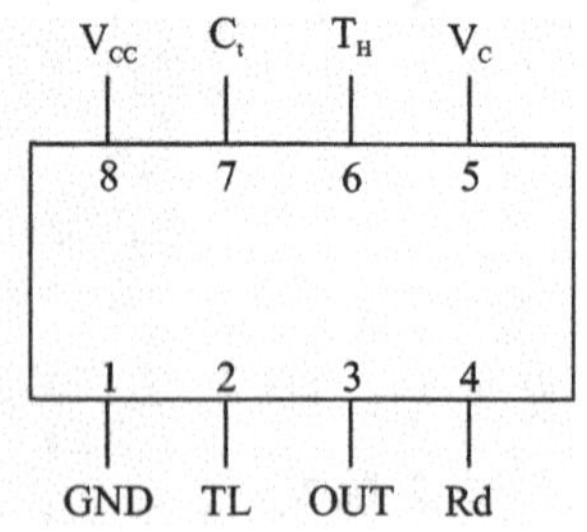

图10-1　NE555集成定时器及其引脚示意图

任务要求

（1）掌握用NE555集成定时器构成多谐振荡器的方法。

（2）掌握虚拟仪器调试电路及仿真的方法。

技能训练

（1）打开PROTEUS软件的ISIS程序，点击主工具栏的新建设计图标，新建一个文件。

（2）用鼠标选择模型工具栏中选择元件图标，然后单击元件列表上的“P”按钮 P L DEVICES

（3）将NE555、RES(电阻)、CAP(电容)、POT-HG(可调电阻)、放置到绘图区，然后用导线将各元件连接，并给电路加工作电源(+5 V、GND)，多谐振荡器电路如图10-2所示。

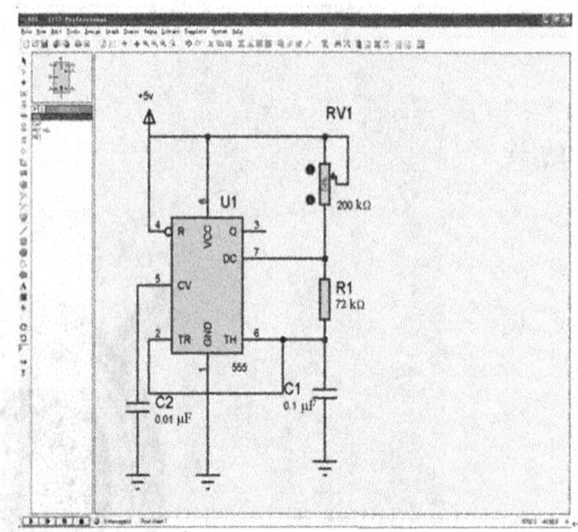

图10-2　多谐振荡器电路

基本活动

（1）按要求将如图 10-2 所示的电路连接完毕，按如图 10-3 所示的界面调出示波器(oscilloscope)，将 NE555 定时器的 3 脚与示波器的 A 通道相连。

（2）打开 ISIS 的仿真运行开关，点击“运行”按钮，在示波器中观察输出波形。

（3）调节 RV_1，使输出波形为 50 Hz，如图 10-4 所示。

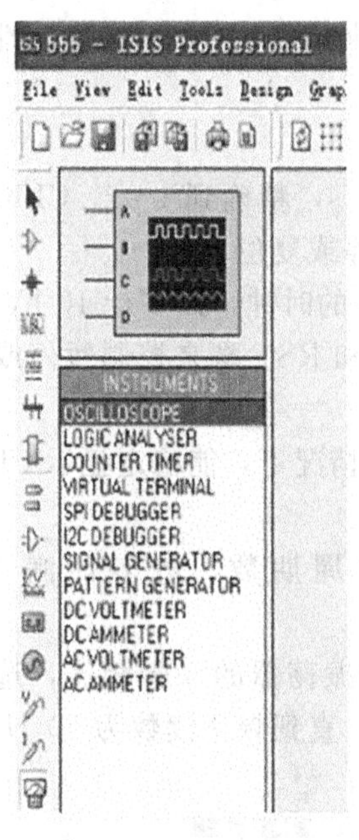

图 10-3　虚拟仪器

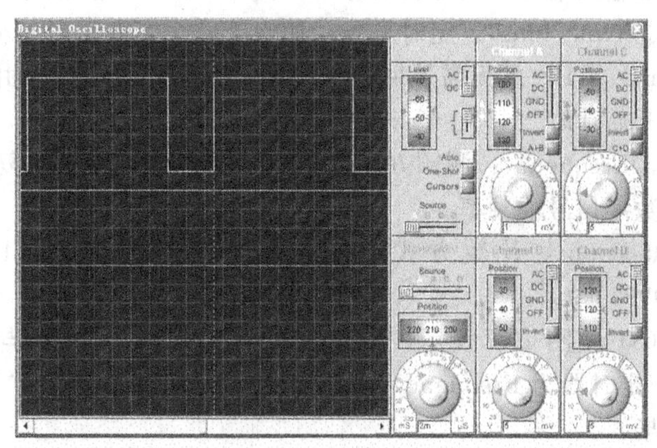

图 10-4　输出波形

> **【注意】**
>
> 在运行过程中，最好不要在示波器界面上关闭示波器；否则，下次运行仿真时示波器不会再出现，需要从主菜单的“Debug”→“Digital Oscilloscope”中调出。

拓展训练

在电路仿真过程中，也可以选择另外一种虚拟仪器：计数器/定时器(COUNTER/TIMER)。用它来测量振荡器的输出。其操作界面如图 10-5 所示。

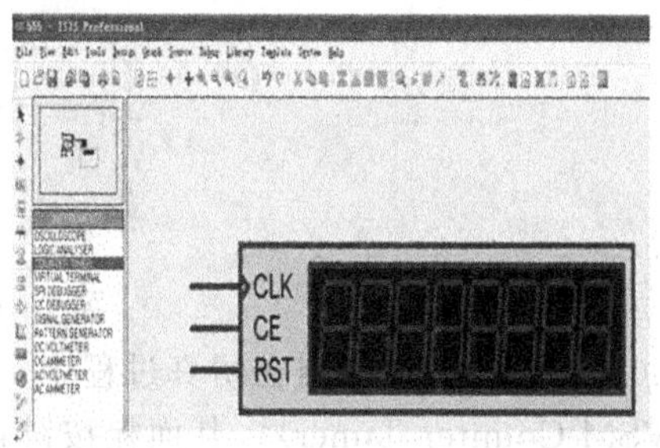

图 10-5　计时器图

（1）该仪器有如下三个输入端。

①CLK：计数和测频状态时，作为数字信号的输入端。

②CE：计数使能端(counter enable)，可通

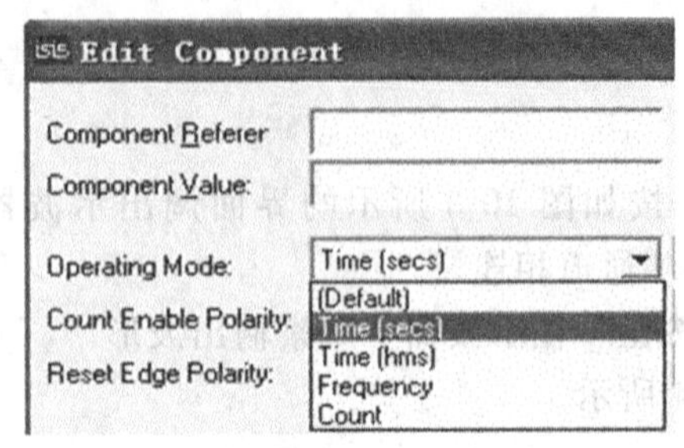

图 10-6　计时器设置

过计数器/定时器的属性设置对话框设为高电平或低电平有效，当此信号无效时，计数暂停，保持目前的计数值不变，一旦 CE 有效，计数继续进行。

③RST：复位端(reset)，可设为上升沿(Low-High)或下降沿(High-Low)有效。当有效沿到来时，计时或计数复位到 0，然后立即从 0 开始计时或计数。

(2) 该仪器有四种工作方式，可通过属性设置对话框中的“Operating Mode”来选择，如图 10-6 所示。

①Default：缺省方式，系统设置为计数方式。

②Time(secs)：定时方式，相当于一个秒表，最多计 100 s，精确到 1 μs。CLK 端无需外加输入信号，内部自动计时。由 CE 和 RST 端来控制暂停或复位。

③Time(hms)：定时方式，相当于一个具有小时、分、秒的时钟，最多计 10 h，精确到 1 ms。CLK 端无需外加输入信号，内部自动计时。由 CE 和 RST 端来控制暂停或重新从零开始计时。

④Frequency：测频方式，在 CE 有效和 RST 没有复位的情况下，能稳定显示 CLK 端外加数字信号的频率。

⑤Count：计数方式，能够计外加时钟信号 CLK 的周期数，最多计满 8 位，即 99999999。

(3) 按图 10-7 所示，将计数器/定时器的 CLK 端与多谐振荡器的 3 脚相连，选中计数器/定时器为 Frequency(测频方式)，运行仿真，调节 RV_1，直到频率读数为 50 Hz，调试完毕。

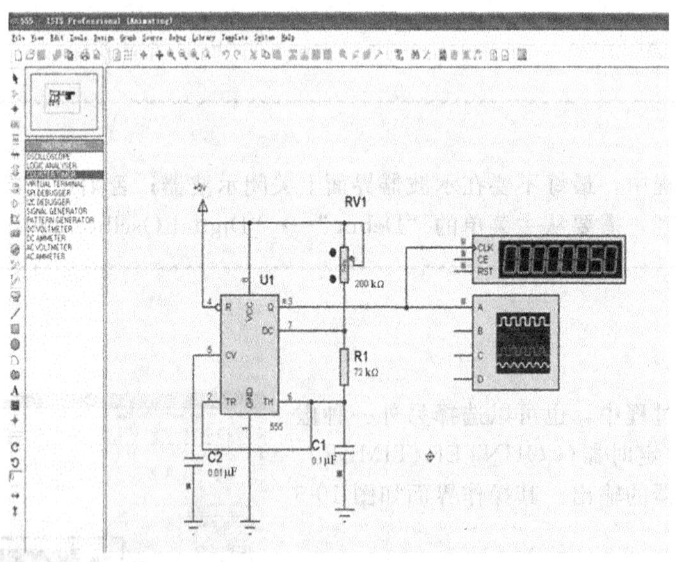

图 10-7　虚拟仪器的连接

(4) 计数器/定时器在仿真过程中，若单击其图标，可出现如图 10-8 所示虚拟仿真界面(VSM Counter Timer)。其面板按键包括有以下四种。

①RESET POLARITY：复位选择，即上升沿或下降沿复位。可点击按键进行选择，

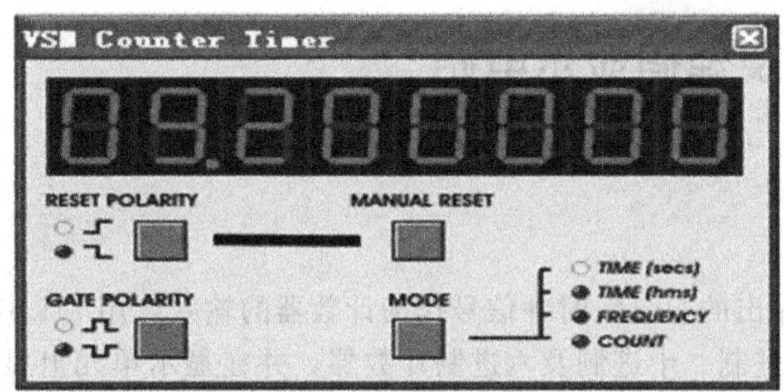

图 10-8　计时器面板

绿灯亮表示选中。

②MANUAL RESET：手工复位。

③GATE POLARITY：门控极性，即正极性有效还是负极性有效。

④MODE：工作方式。和前面介绍四种工作方式一样，可点击按键进行选择。

采用该种方法可以避免选择另外一种工作方式时需关闭仿真，再进行选择。通常可以在面板上直接选择。当不需要该界面时可点击面板上的图标☒来关闭。

知识链接

用 NE555 定时器构成的多谐振荡器是一种性能较好的时钟源。信号周期的公式为

$$T=0.7(\mathrm{RV}_1+2R_1)C_1$$

如图 10-7 所示电路中，若调节 RV_1 为 148 kΩ 左右，其输出频率约为 50 Hz。多谐振荡器的形式有很多，图 10-9 所示为集成运算放大器构成的多谐振荡器，试分析其工作原理，并用示波器观察其输出波形。

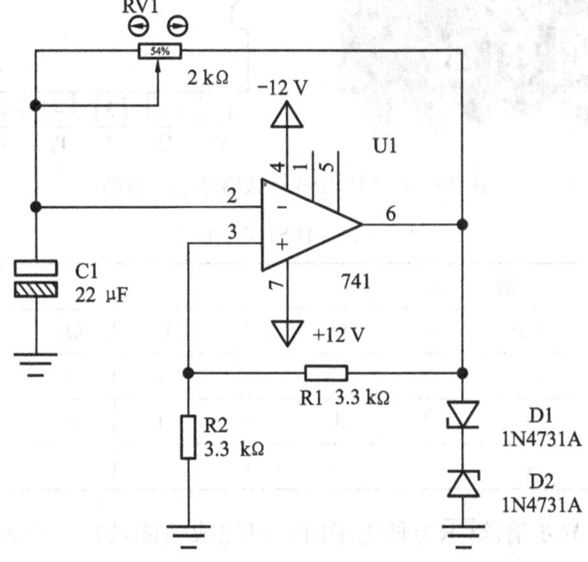

图 10-9　运放构成多谐振荡器

任务 2　计数及译码显示电路

活动情景

以多谐振荡器输出的 50 Hz 时钟信号作为计数器的输入，用 74LS196 十进制可预置计数器/锁存器构成五进制、十进制及六进制计数器，并在显示单元上显示出 0.1 s～59.9 s 计时。

任务要求

（1）掌握用 74LS196 分频（计数）的方法。

（2）掌握数码显示调试及仿真方法。

技能训练

1. 核心器件 74LS196 介绍

（1）74LS196 的组成　74LS196 内部是由四个直接耦合主从触发器组成，通过内部互连组成一个 2 分频和 5 分频计数器。图 10-10 所示为 74LS196 内部电路图及引脚示意图。表 10-1 所示为功能表。

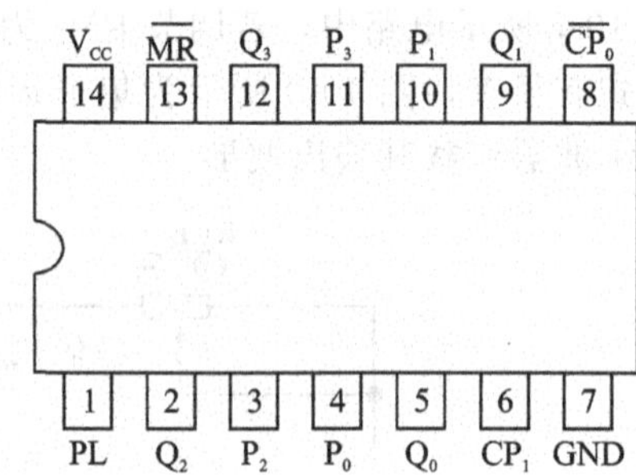

图 10-10　74LS196 计数器及引脚排列

表 10-1　74LS196 功能表

输入							输出			
$\overline{CR}$	$CT/\overline{LD}$	$\overline{CP}$	D_3	D_2	D_1	D_0	Q_3	Q_2	Q_1	Q_0
0	×	×	×	×	×	×	0	0	0	0
1	0	×	d_3	d_2	d_1	d_0	d_3	d_2	d_1	d_0
1	1	↓	×	×	×	×	加计数			

（2）清除功能　异步清除$\overline{CR}$为低电平时，可完成清除功能，与时钟脉冲$\overline{CP_0}$、$\overline{CP_1}$状态无关。清除功能完成后，应置高电平。

（3）计数/置数　控制端 $CT/\overline{LD}$为低电平时，输出端 Q_3～Q_0 可预置成与数据输入端

D_3～D_0 相一致状态，而与$\overline{CP_0}$、$\overline{CP_1}$状态无关。预置后置高电平。

2. 利用 74LS196 分频及计数

为了达到利用 74LS196 分频及计数的要求，需要用到四块 74LS196。第一块应对 50 Hz的矩形波进行 5 分频，得到 0.1 s 的脉冲；第二块和第三块构成十进制加法计数，可显示 0.1 s～9.9 s 计时；第四块构成六进制加法计数，可计时至 60 s。

1. 五分频电路

(1) 调出 74LS196 元件，并按图 10-11 所示的电路进行连接，即将 CLK1 与 Q_0 相连，计数脉冲从 CLK2 脚输入，在 Q_3 端要得到五分频输出。

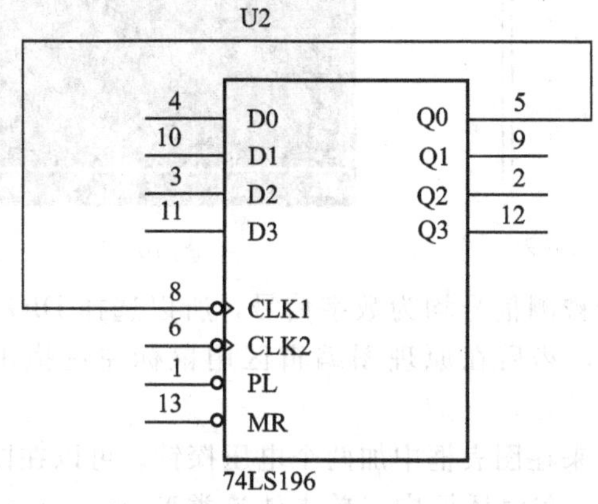

图 10-11　五分频电路

(2) 用图表仿真进行验证　点击图标 ，选用 DCLOCK 信号，并连接到 CLK2 端，可以看到自动会加载上 U2(CLK2)的名字。如图 10-12 所示，名字双击 DCLOCK 菜单选项，出现如图 10-13 所示对话框。将 Frequency(Hz)改成 50(输入信号的频率为 50 Hz)。点击“OK”按钮完成设置。

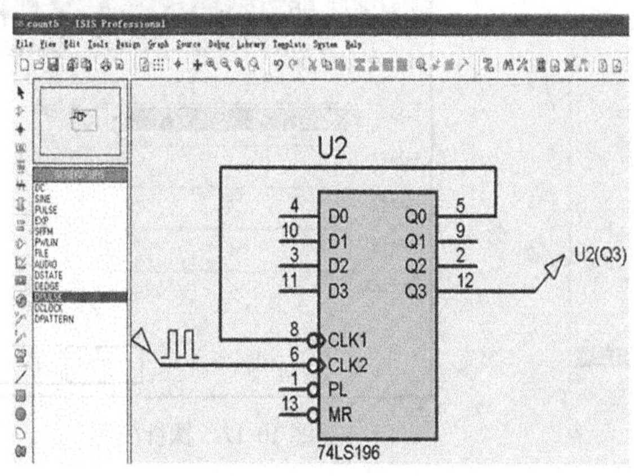

图 10-12　添加测量信号

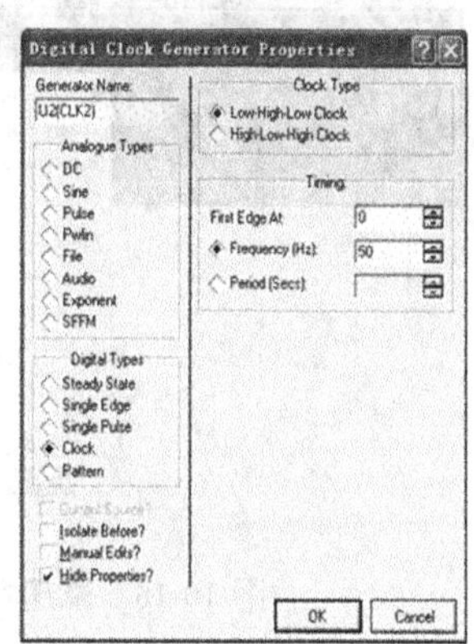

图 10-13　信号源设置

(3) 在 PROTEUS ISIS 的左侧工具箱中选择电压探针(voltage probe)的图标点击，在图中的相应位置电压探针；然后把电压探针与 74LS196 的 Q3 端(12 脚)连接一起，可以看到名字自动改为 U2(Q3)。

(4) 设置波形类别　在 PROTEUS ISIS 的左侧工具箱中选择图形模式(graph mode)的图标，在对象选择区列出了所有的波形类别，如图 10-14 所示。

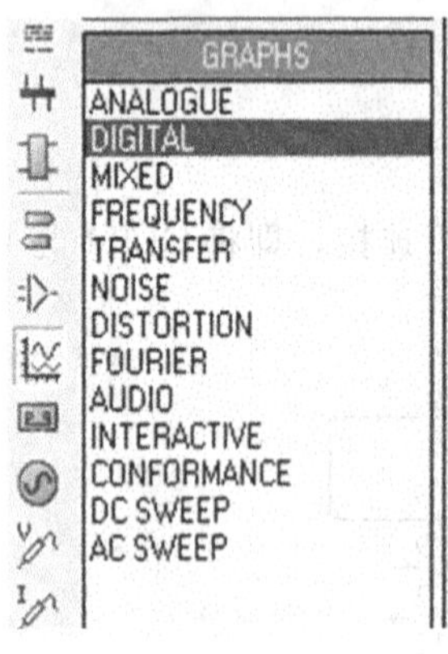

图 10-14　设置波形类别

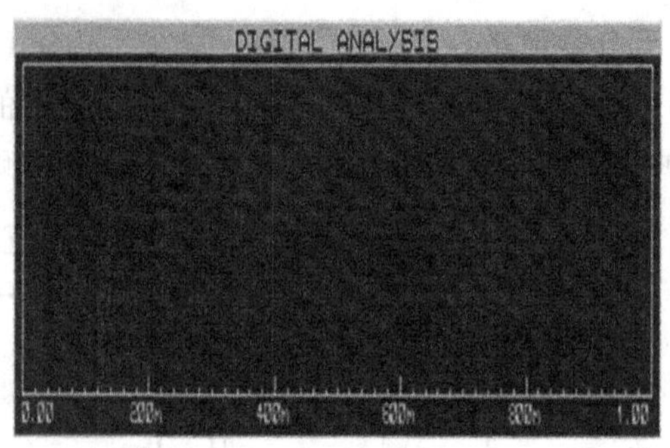

图 10-15　拖出图表区

在本例中，由于两个被测信号均为数字信号，所以选择 DIGITAL。用鼠标单击图中的菜单选项“DIGITAL”，然后在原理图编辑区用鼠标左键拖出一个方框，如图 10-15 所示。

(5) 添加探针　接下来在图表框中加两个电压探针。可以在图表框内右击选择“Add Trace”。如图 10-16 所示，在对话框中，单击轨迹类型(trace type)下面的“Digital”，选择数字信号，单击“Probe P1”的下拉箭头，出现如图 10-17 所示的所有探针名称。选中“U2(CLK2)”，则该探针自动添加到“Name”栏中了。用同样的方法，将 U2(Q3)也添加到图表中去。完成后，出现如图所示的图表框，可以看到如图 10-18 所示中多出了刚添加的两个探针的名称。

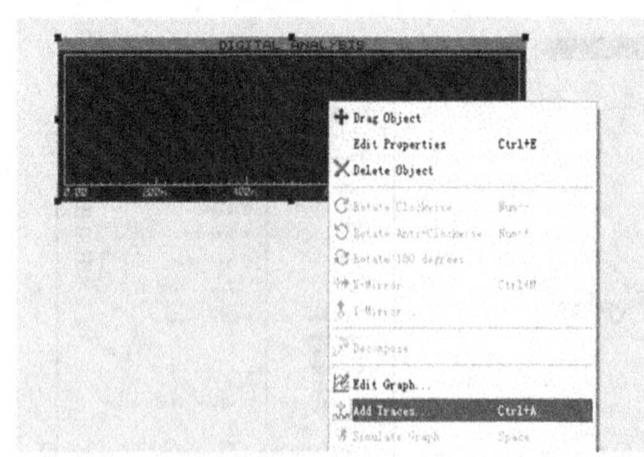

图 10-16　添加探针

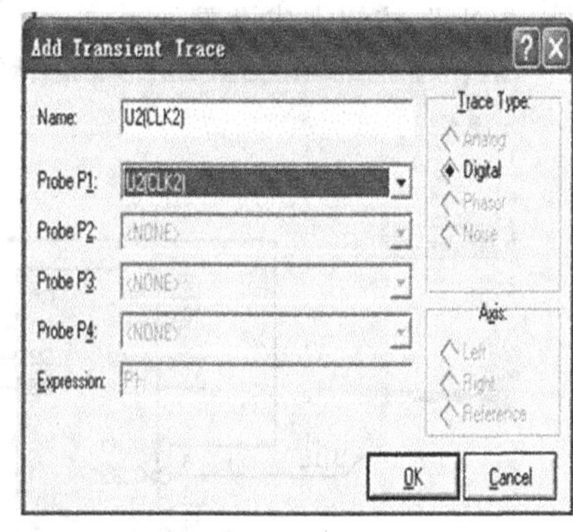

图 10-17　探针命名

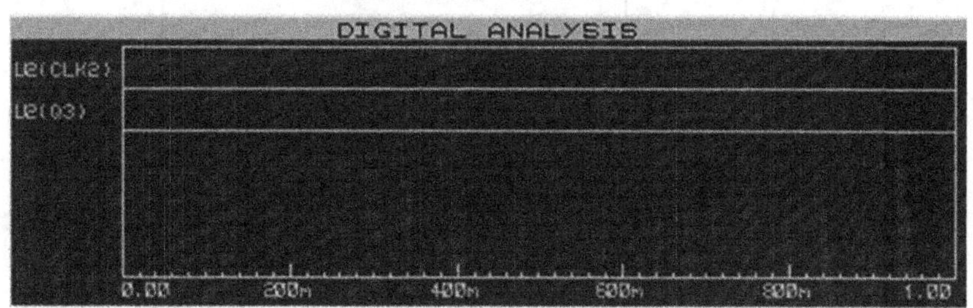

图 10-18　测量图表

（6）图表属性设置　按空格键或选择“Graph”→“Simulate Graph”命令，则生成信号波形，如图 10-19 所示。可以看到，信号波形过于密集，这是因为图表框的时间轴太长导致的，缺省设置为 1 s。接下来修改信号波形的时间轴。

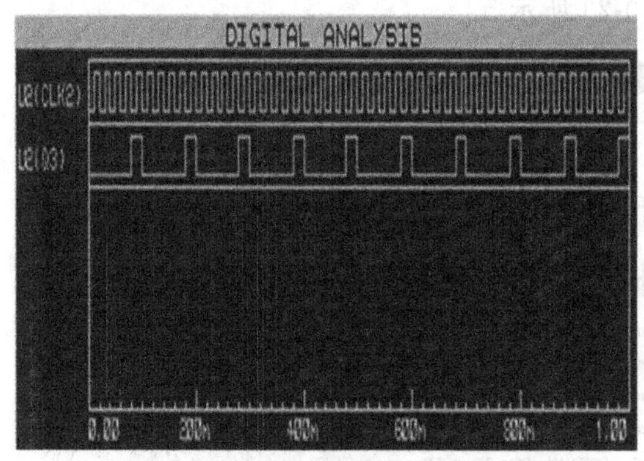

图 10-19　波形显示

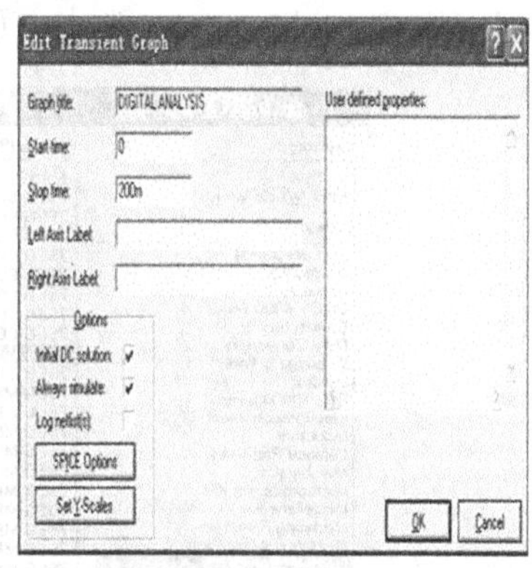

图 10-20　图表属性设置

双击图表框，打开如图 10-20 所示的对话框，把“Stop time”改为 200 ms(毫秒)，点击“OK”按钮，按空格键或选择“Graph”→“Simulate Graph”命令重新生成信号波形，如图 10-21 所示。

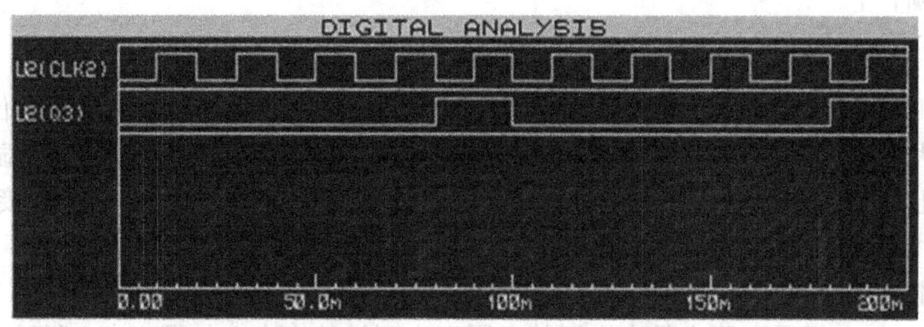

图 10-21　信号波形显示

从图 10-21 中可知，Q3 输出对 50 Hz 信号进行了五分频。

2. 十进制、六进制计数器及译码显示电路

（1）74LS196 的 CLK2 与 Q0 连接，计数脉冲由 CLK1 输入，便可以构成十制数(8421 码)计数器，如图 10-22 所示。

参照以上介绍的方法，大家试用图表仿真，对如图 10-22 所示的十进制计数器进行验证。

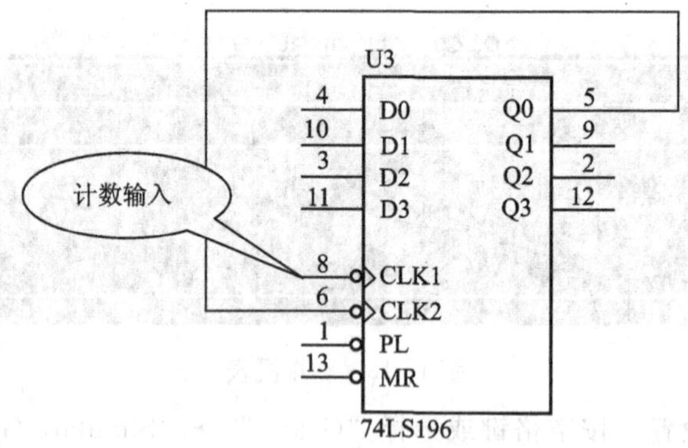

图 10-22　十制数计数器

（2）译码及显示电路　数字电路分析与设计中常用的显示器在 PROTEUS 元件拾取对话框中的 Optoelectronics 类中，如图 10-23 所示。

Pick Devices

Keywords:

Match Whole Words?

Category:

(All Categories)
Analog ICs
Capacitors
CMOS 4000 series
Connectors
Data Converters
Debugging Tools
Diodes
ECL 10000 Series
Electromechanical
Inductors
Laplace Primitives
Memory ICs
Microprocessor ICs
Miscellaneous
Modelling Primitives
Operational Amplifiers
Optoelectronics
PLDs & FPGAs
Resistors
Simulator Primitives
Speakers & Sounders
Switches & Relays
Switching Devices

Results (99):

Device	Library	Description
7SEG-BCD	DISPLAY	7-Segment Binary Coded Decimal (BCD) Display
7SEG-BCD-BLUE	DISPLAY	Blue, 7-Segment Binary Coded Decimal (BCD) Display
7SEG-BCD-GRN	DISPLAY	Green, 7-Segment Binary Coded Decimal (BCD) Display
7SEG-COM-AN-BLUE	DISPLAY	Blue, 7-Segment Common Anode
7SEG-COM-AN-GRN	DISPLAY	Green, 7-Segment Common Anode
7SEG-COM-ANODE	DISPLAY	Red, 7-Segment Common Anode
7SEG-COM-CAT-BLUE	DISPLAY	Blue, 7-Segment Common Cathode
7SEG-COM-CAT-GRN	DISPLAY	Green, 7-Segment common Cathode
7SEG-COM-CATHODE	DISPLAY	Red, 7-Segment common Cathode
7SEG-DIGITAL	DISPLAY	Digital, 7-Segment Display
7SEG-MPX2-CA	DISPLAY	Red, 2 Digit, Common Anode, 7-Segment Display
7SEG-MPX2-CA-BLUE	DISPLAY	Blue, 2 Digit, 7-Segment Anode Display
7SEG-MPX2-CC	DISPLAY	Red, 2 Digit, 7-Segment Cathode Display
7SEG-MPX2-CC-BLUE	DISPLAY	Blue, 2 Digit, 7-Segment Cathode Display
7SEG-MPX4-CA	DISPLAY	Red, 4 Digit, 7-Segment Anode Display
7SEG-MPX4-CA-BLUE	DISPLAY	Blue, 4 Digit, 7-Segment Anode Display
7SEG-MPX4-CC	DISPLAY	Red, 4 Digit, 7-Segment Cathode Display
7SEG-MPX4-CC-BLUE	DISPLAY	Blue, 4 Digit, 7-Segment Cathode Display
7SEG-MPX6-CA	DISPLAY	Red, 6 Digit, 7-Segment Anode Display
7SEG-MPX6-CA-BLUE	DISPLAY	Blue, 6 Digit, 7-Segment Anode Display
7SEG-MPX6-CC	DISPLAY	Red, 6 Digit, 7-Segment Cathode Display
7SEG-MPX6-CC-BLUE	DISPLAY	Blue, 6 Digit, 7-Segment Cathode Display
7SEG-MPX8-CA-BLUE	DISPLAY	Blue,8 Digit, 7-Segment Anode Display
7SEG-MPX8-CC-BLUE	DISPLAY	Blue, 8 Digit, 7-Segment Cathode Display
AGM1232G	DISPLAY	122x32 Graphical LCD with SED1520 controllers

图 10-23　译码器选择

如图 10-23 所示右面前三行列举的元件都是七段 BCD 数码显示，输入为四位 BCD 码，用时可省去显示译码器；第四、五、六行都是七段共阳极数码管，输入端应接显示译码器 7447；第七、八、九行三个数码管都是七段共阴极接法，使用时输入端应接显示译码器 7448。

（3）本题中选用 7SEG-COM-CATHODE，应接译码器 7448，电路如图 10-24 所示。

（4）1～10 s 显示电路也是十进制的，同理也可设计出来，如图 10-25 所示。

（5）第四块 74LS196 需构成六进制计数器，计时到 59 s。用 74LS196 与 7448 来组成电路。如图 10-26 所示。

（6）将四块 74LS196 连接起来，综合电路如图 10-27 所示。

（7）现在将任务 1 产生的 50 Hz 时钟信号从 U2 的 CLK2 端输入。如图 10-28 所示，将各级电路连接后，打开 ISIS 的仿真运行开关，点击“运行”按钮，可以看到，电路将会显示出计数的数值，如图 10-29 所示。

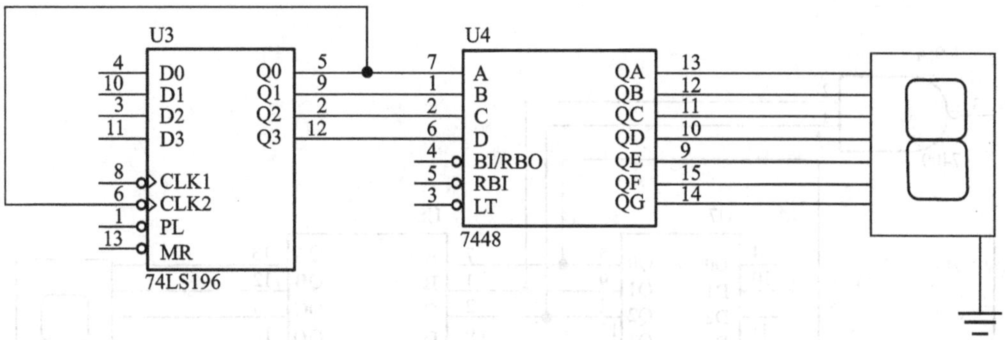

图 10-24　电路连接

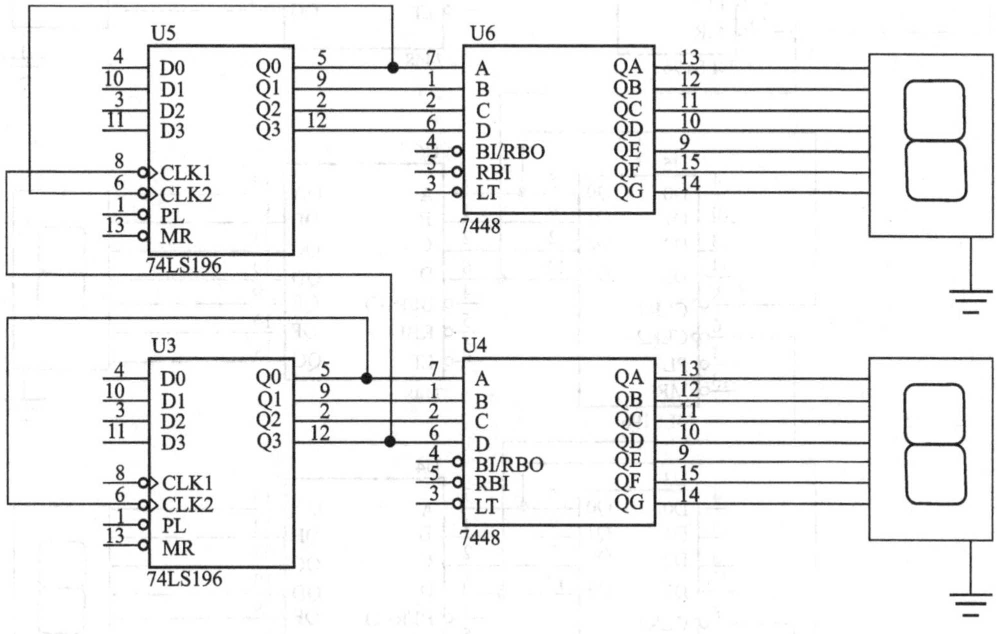

图 10-25　电路原理图

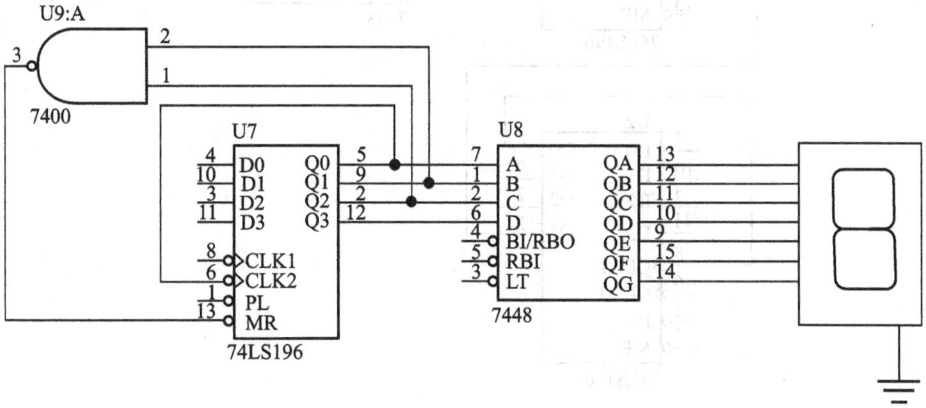

图 10-26　六进制计数器

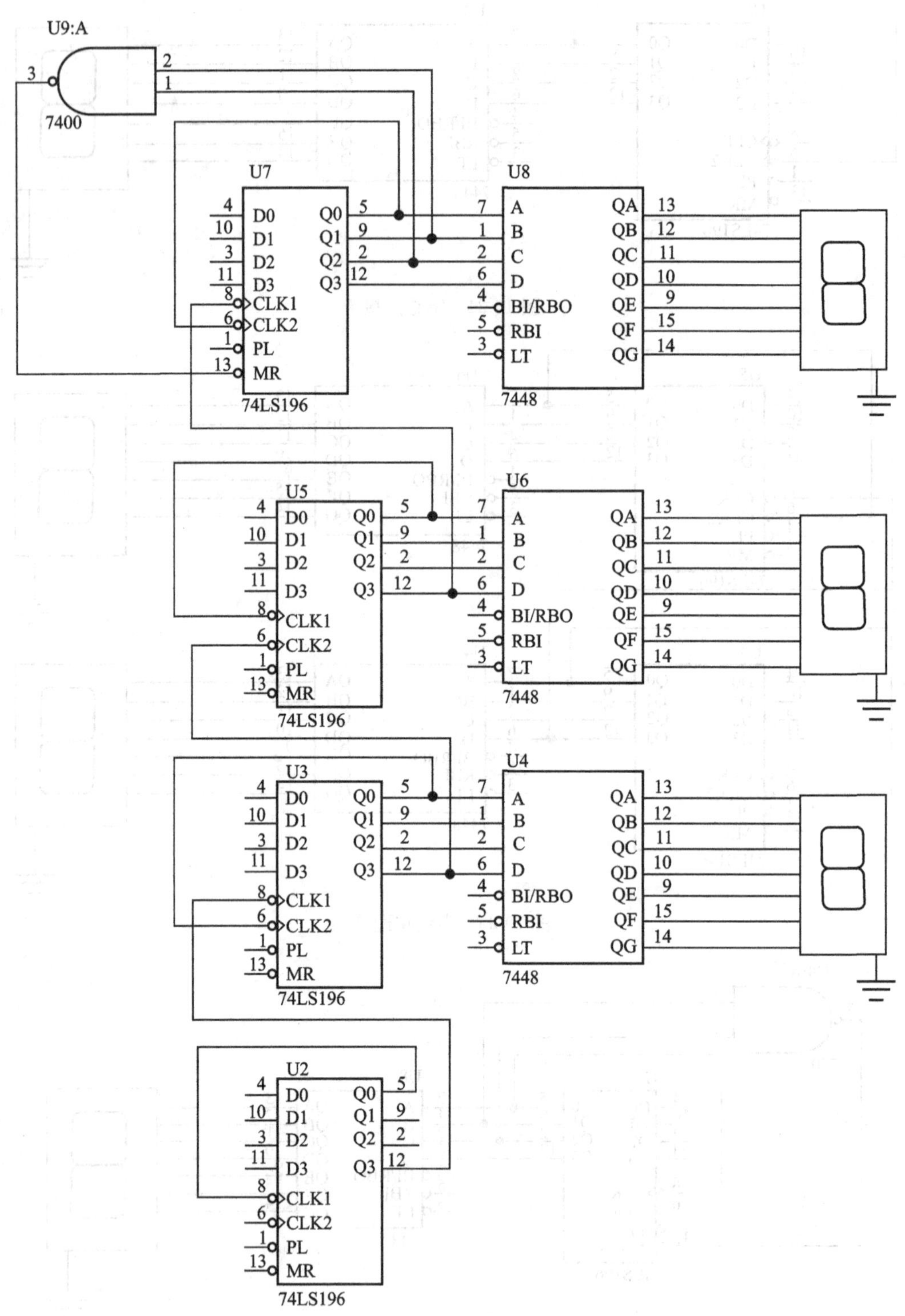
U9:A
7400
U7
D0
D1
D2
D3
CLK1
CLK2
PL
MR
Q0
Q1
Q2
Q3
74LS196
U8
A
B
C
D
BI/RBO
RBI
LT
QA
QB
QC
QD
QE
QF
QG
7448
U5
74LS196
U6
7448
U3
74LS196
U4
7448
U2
74LS196

图 10-27 综合电路

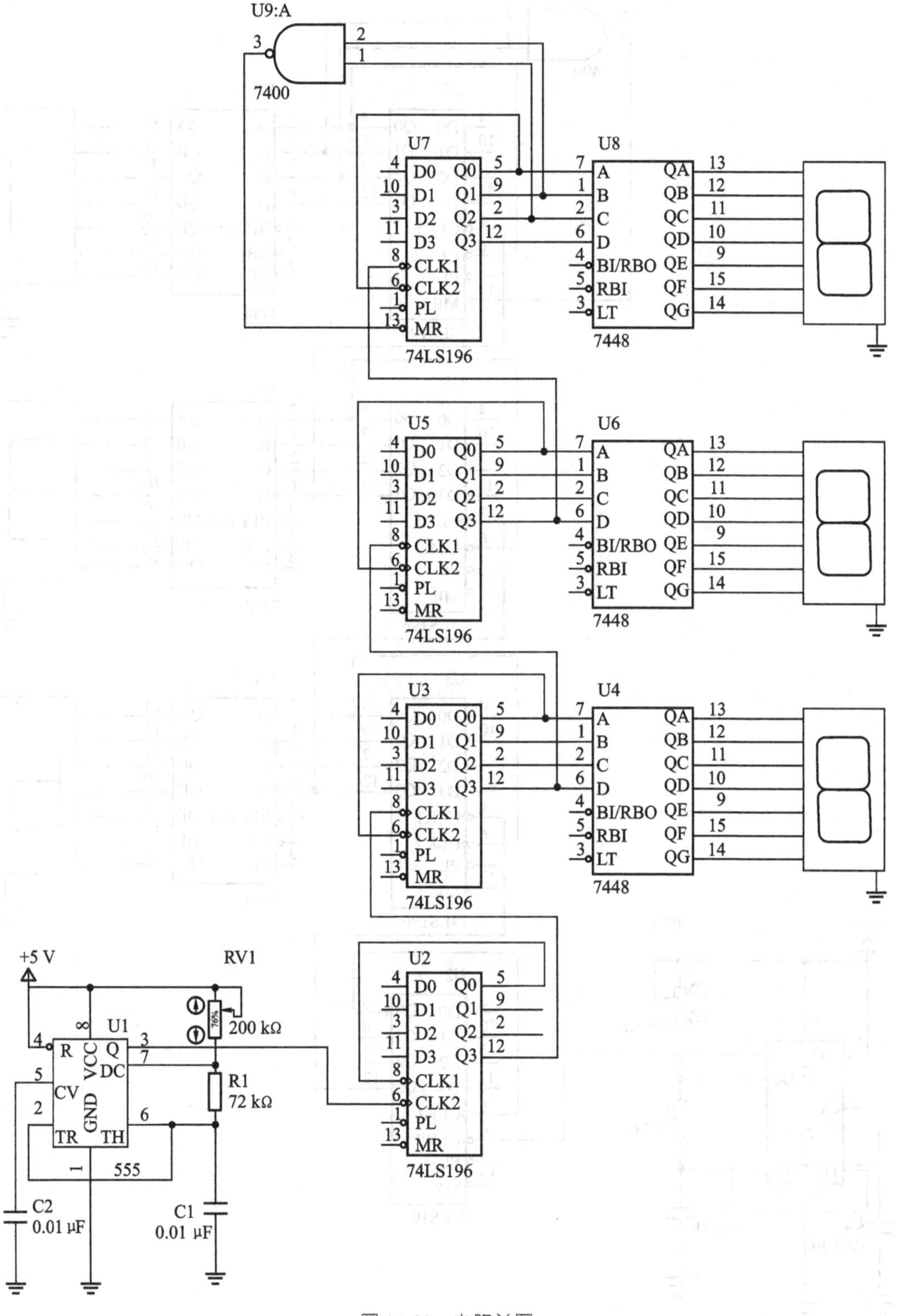
U9:A
3
2
1
7400
U7
D0
D1
D2
D3
CLK1
CLK2
PL
MR
Q0
Q1
Q2
Q3
74LS196
U8
A
B
C
D
BI/RBO
RBI
LT
QA
QB
QC
QD
QE
QF
QG
7448
U5
74LS196
U6
7448
U3
74LS196
U4
7448
U2
74LS196
+5 V
RV1
200 kΩ
U1
R
VCC
Q
DC
CV
GND
TR
TH
555
R1
72 kΩ
C2
0.01 μF
C1
0.01 μF

图 10-28 电路总图

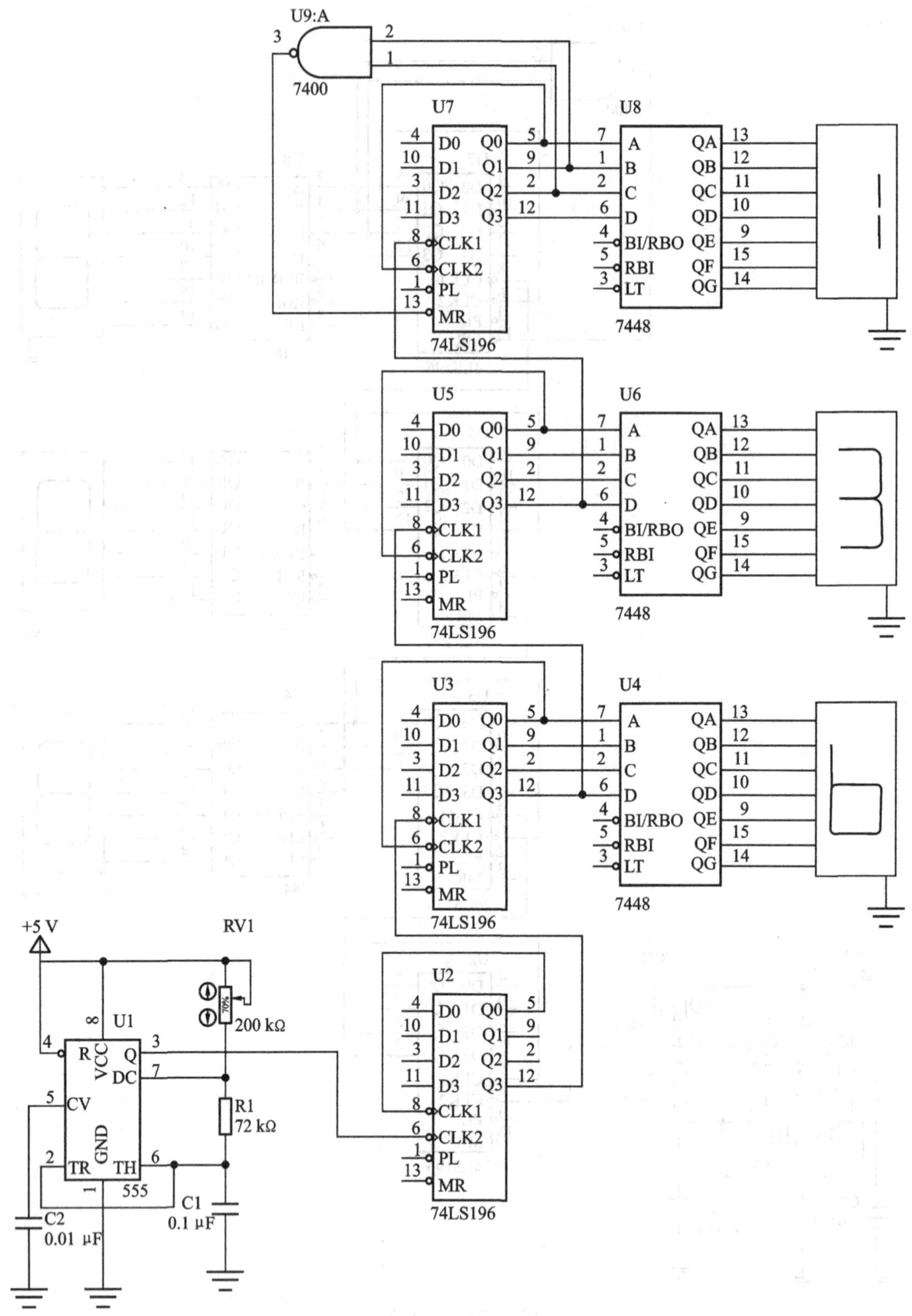
U9:A
7400
U7
U8
U5
U6
U3
U4
U2
74LS196
7448
D0
D1
D2
D3
CLK1
CLK2
PL
MR
Q0
Q1
Q2
Q3
A
B
C
D
BI/RBO
RBI
LT
QA
QB
QC
QD
QE
QF
QG
+5 V
RV1
200 kΩ
U1
R
VCC
Q
DC
CV
GND
TR
TH
555
R1
72 kΩ
C1
0.1 μF
C2
0.01 μF

图 10-29　仿真显示

拓展训练

数字电路中常用的显示器件：

前面我们已经会使用 Optoelectronics 元件类中七段数码管，现我们仔细看一下显示器件的子类划分，如图 10-30 所示，共分为 11 类。显示器种类如表 10-2 所示。

常见的显示器件如图 10-31 所示。

在选用各种元件时要注意：选用时要用 ACTIVE 库中的元件而不用 DEVICE 库中的元件。因为 ACTIVE库中的元件是能动画演示的，而 DEVICE 则不能。图 10-32 所示为各种常用的发光二极管 LEDS 子类中的元件，选用 DEVICE 中的 LED 是没有动画效果的。

Sub-category:

(All Sub-categories)
7-Segment Displays
Alphanumeric LCDs
Bargraph Displays
Dot Matrix Displays
Graphical LCDs
Lamps
LCD Controllers
LCD Panels Displays
LEDs
Optocouplers
Serial LCDs

图 10-30　显示器子类划分

表 10-2　显示器种类

名　称	含　义	名　称	含　义
7-Segment Displays	七段显示	LCD Controllers	液晶控制器
Alphanumeric LCDs	数码液晶显示	LCD panels Displays	液晶面板显示器
Bargraph Displays	条状显示(十位)	LEDs	发光二极管
Dot Matrix Displays	点阵显示	Optocouplers	光电耦合器
Graphical LCDs	图形液晶显示	Serial LCDs	串行液晶显示器
Lamps	灯泡	—	—

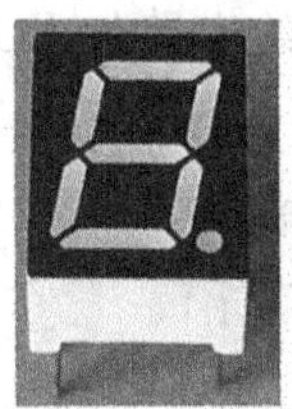
(a)七段显示器

(b)数码液晶显示

(c)点阵显示

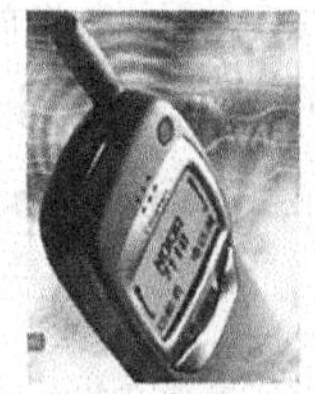
(d)NOKIA7110图形液晶显示

(e)灯泡

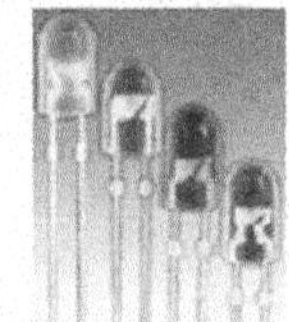
(f)发光二极管

(g)液晶面板显示器

(h)光电耦合器

图 10-31　各种显示器

Results (11):

Device	Library	Description
DIODE-LED	DEVICE	Generic light emitting diode (LED)
LED	DEVICE	Generic light emitting diode (LED)
LED-BIBY	ACTIVE	Animated BI-Colour LED model (Blue/Yellow) with Self-flashing
LED-BIGY	ACTIVE	Animated BI-Colour LED model (Green/Amber) with Self-flashing
LED-BIRG	ACTIVE	Animated BI-Colour LED model (Red/Green) with Self-flashing
LED-BIRY	ACTIVE	Animated BI-Colour LED model (Red/Yellow) with Self-flashing
LED-BLUE	ACTIVE	Animated LED model (Blue)
LED-GREEN	ACTIVE	Animated LED model (Green)
LED-RED	ACTIVE	Animated LED model (Red)
LED-YELLOW	ACTIVE	Animated LED model (Yellow)
LUMILED	DEVICE	Power LED generic model

图 10-32　各种常用的发光二极管

任务 3　控制电路及各电路连接

活动情景

电子秒表已经成功计时，但还缺少一个控制电路，即秒表的启动、停止及复位功能。可用基本 RS 触发器与单稳态触发器来实现。

任务要求

（1）掌握基本 RS 触发器与单稳态触发器的设计及调试方法。

（2）各单元电路的连接技巧。

技能训练

（1）用集成与非门 7400 来构成基本 RS 触发器　首先，调出 BUTTON(按钮)、RES(电阻)及 7400 等元件并放置到绘图区，然后用导线交各元件连接，并给电路加上工作电源(+5 V、GND)，电路如图 10-33 所示。

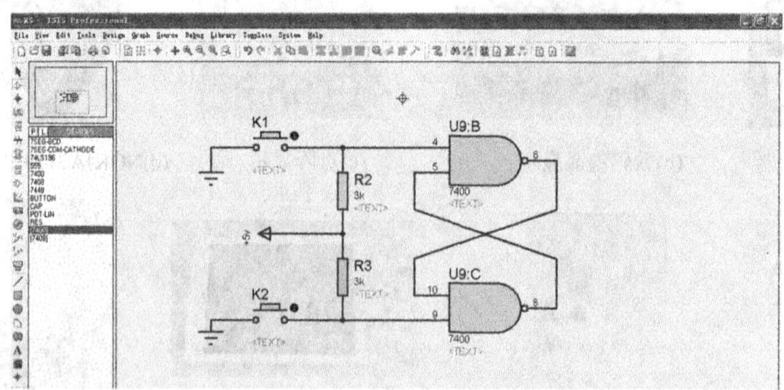

图 10-33　RS 触发器的电路

可以看出，该电路属于低电平触发器电路。

（2）单稳态触发器可用两个与非门组成　调出 RES(电阻)、CAP(电容)及 7400 等元件并放置到绘图区，用导线进行连接，如图 10-34 所示。其中 C3、R4 构成输入端微分电路，C4、R5 构成微分型定时电路。

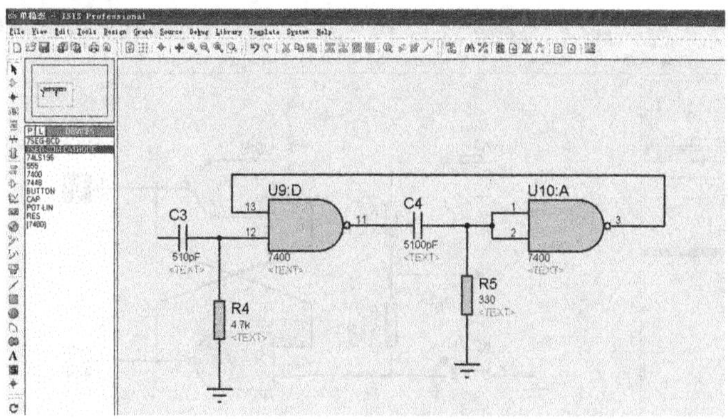

图 10-34　单稳态触发器电路

基本活动

(1) 控制电路设计好后，现验证其正确性，数字电路分析与设计中常用的调试工具在 PROTEUS 元件拾取对话框中的 “Debugging Tools” 类中，一共十九个，如图 10-35 所示。选中 LOGICPROBE(BIG)(用在电路的输出端)，并与触发器的 Q 与 $\overline{Q}$ 端相连，如图 10-36 所示。

Pick Devices

Keywords:

Match Whole Words?

Category:
(All Categories)
Analog ICs
Capacitors
CMOS 4000 series
Connectors
Data Converters
Debugging Tools
Diodes
ECL 10000 Series
Electromechanical
Inductors
Laplace Primitives
Memory ICs
Microprocessor ICs
Miscellaneous
Modelling Primitives
Operational Amplifiers
Optoelectronics

Results (19):

Device	Library	Description
LOGICPROBE	ACTIVE	Logic State Indicator
LOGICPROBE (BIG)	ACTIVE	Logic State Indicator - Large Version
LOGICSTATE	ACTIVE	Logic State Source (Latched Action)
LOGICTOGGLE	ACTIVE	Logic State Source (Momentary Action)
RTDBREAK	REALTIME	Real time digital breakpoint generator
RTDBREAK_1	REALTIME	Real time digital breakpoint generator (1 bit)
RTDBREAK_16	REALTIME	Real time digital breakpoint generator (16 bit)
RTDBREAK_2	REALTIME	Real time digital breakpoint generator (2 bit)
RTDBREAK_3	REALTIME	Real time digital breakpoint generator (3 bit)
RTDBREAK_4	REALTIME	Real time digital breakpoint generator (4 bit)
RTDBREAK_8	REALTIME	Real time digital breakpoint generator (8 bit)
RTIBREAK	REALTIME	Real time analog current breakpoint generator
RTIMON	REALTIME	Real time analog current monitor - verifies current is within specified range
RTVBREAK	REALTIME	Real time voltage breakpoint generator
RTVBREAK_1	REALTIME	Real time voltage breakpoint generator (single ended)
RTVBREAK_2	REALTIME	Real time voltage breakpoint generator (differential)
RTVMON	REALTIME	Real time voltage monitor - verifies that voltage is within specified range
RTVMON_1	REALTIME	Real time voltage monitor - verifies that voltage is within specified range
RTVMON_2	REALTIME	Real time voltage monitor (differential) - verifies that voltage is within specified range

图 10-35　验证电路

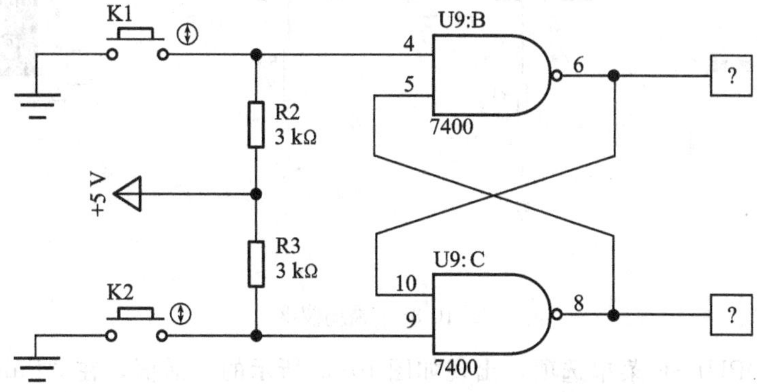

图 10-36　电路加测试端

(2) 打开 ISIS 的仿真运行开关，点击“运行”按钮，对基本 RS 触发器进行仿真，用鼠标点击开关 K1 及 K2，可以看到触发器的输出电平变化，如图 10-37 所示。

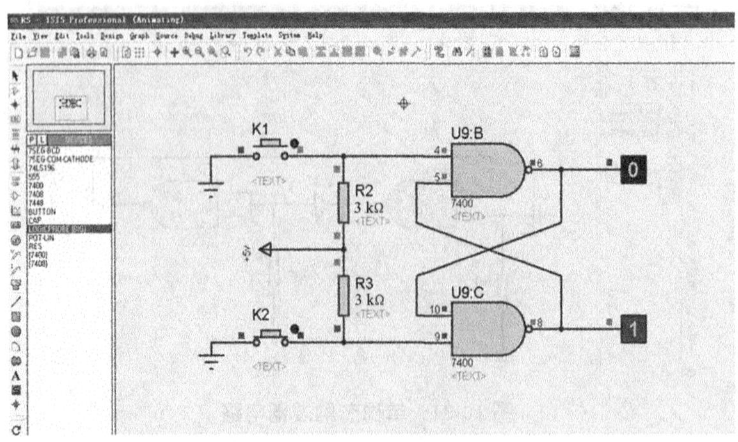

图 10-37　仿真结果

【注意】

基本 RS 触发器的输入端同时为 1 时，触发器处于保持状态。初始时，触发器的输出是不确定的，所以必须保证 K1 与 K2 其中有一个须接通(接地)；否则，仿真时会提示初始出错。

(3) 微分型单稳态触发器在电子秒表中的职能是产生一负脉冲，用其对计数器清零，为了看到其效果，需在输入端加 DPULSE(单周期数字脉冲)信号，并调出示波器观察。接线如图 10-38 所示。

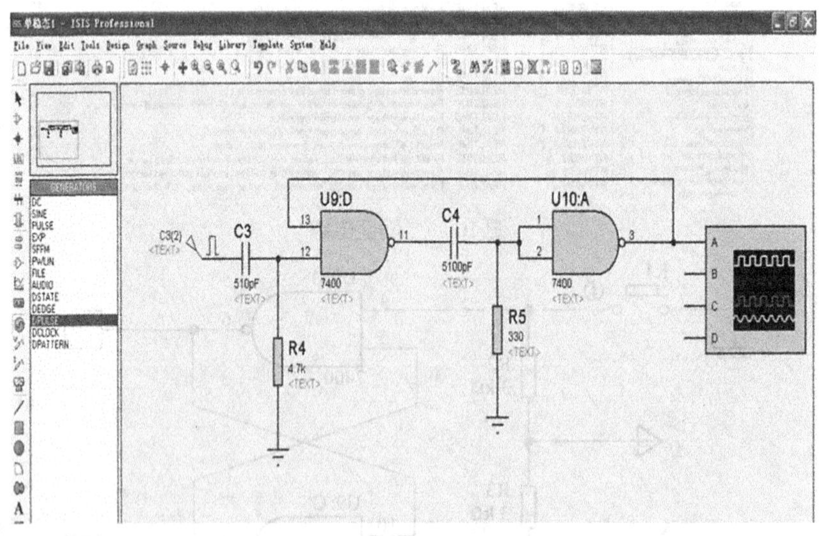

图 10-38　添加仪器

(4) 单击 DPULSE 菜单选项，出现如图 10-39 所示的对话框，在“Pulse Polarity”中选中“Negative (high-low-high) Pulse”，即负脉冲。点击“OK”按钮，设置完成。

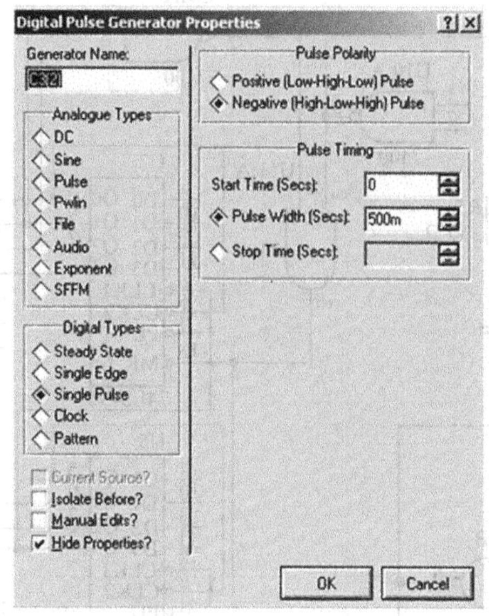

图 10-39　信号源设置

(5) 打开 ISIS 的仿真运行开关，点击“运行”按钮，观察示波器界面，该电路产生了负脉冲信号，如图 10-40 所示。

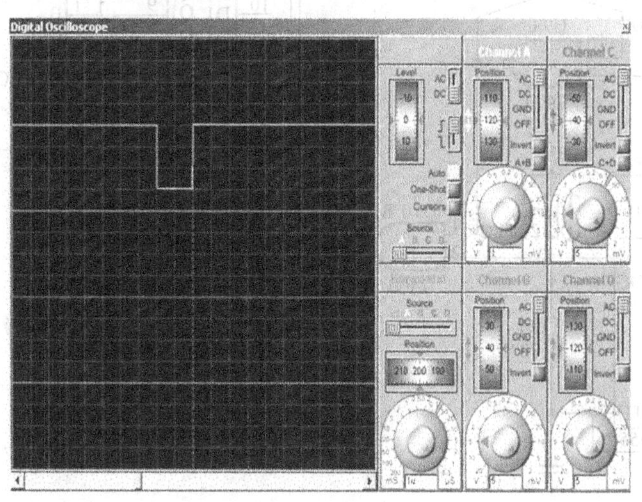

图 10-40　波形显示

(6) 秒表电路各单元电路连接　各单元电路测试正常后，按图 10-41 所示把几个单元电路连接起来，进行电子秒表的总体测试。

①基本 RS 触发器的一路输出 Q 作为与非门 U10：B 的输入控制信号(控制 NE555 时钟信号的通过与否)。

②基本 RS 触发器的另一路输出$\overline{Q}$作为单稳态触发器的输入，单稳态触发器的输出加至各计数器的 MR 端起到清零的作用。

③若按钮开关 K1 接地，则输出$\overline{Q}$=1；Q=0；K1 复位后 Q、$\overline{Q}$状态保持不变。若按钮开关 K2 接地，则 Q 由 0 变为 1，U10：B 开启，为计数器启动做好准备。$\overline{Q}$由 1 变 0，

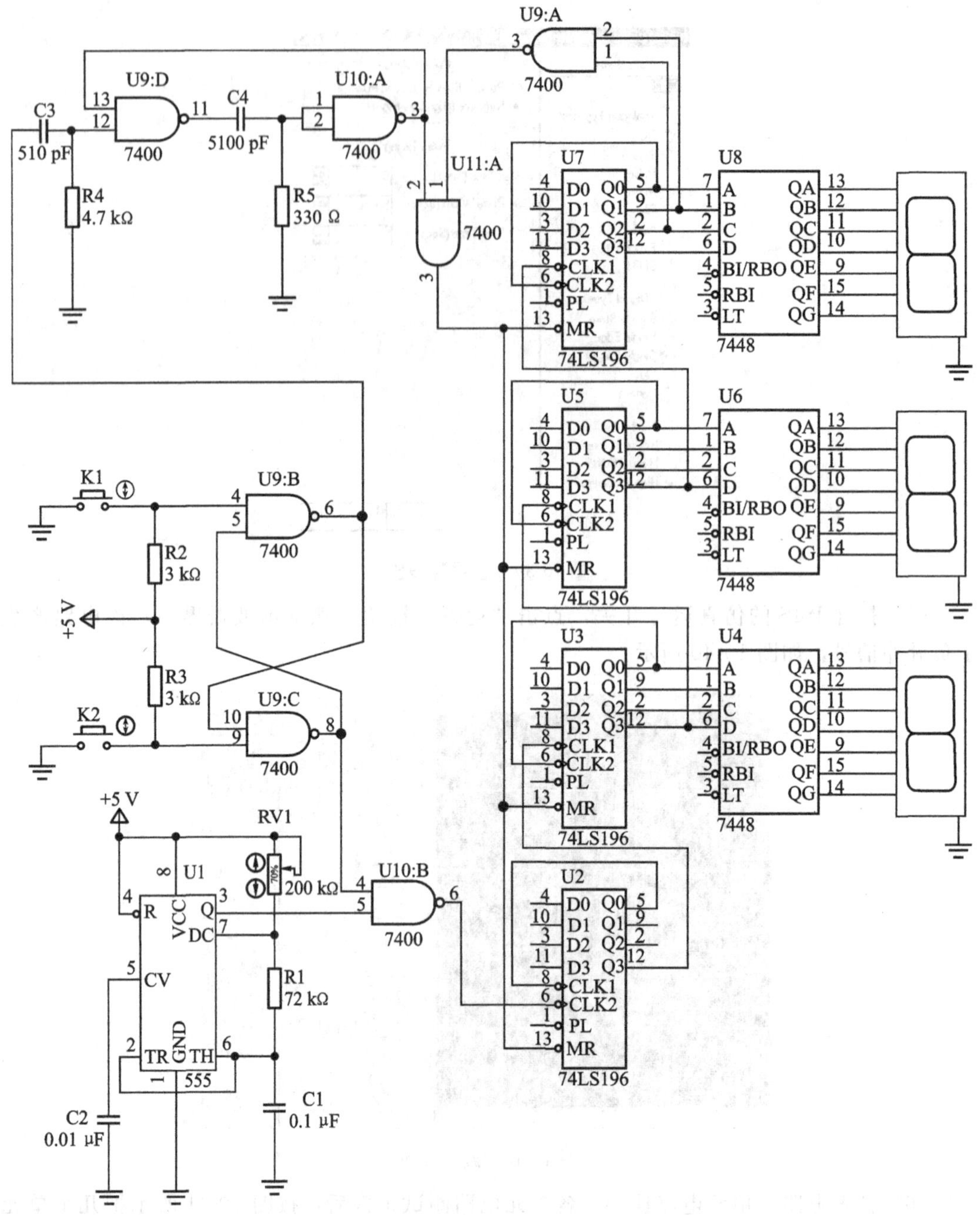

图 10-41　电路总图

送出负脉冲，启动单稳态触发器工作。

基本 RS 触发器电子秒表中的职能是启动和停止秒表的工作。

④打开 ISIS 的仿真运行开关，点击“运行”按钮，根据以上分析的情况，先按一下按钮开关 K1，此时电子秒表不工作；复位后，再按一下按钮开关 K2，则计数器清零后便开始计时，观察数码管显示计数情况。如不需要计时或暂停时，按一下开关 K1，计数立即停止，但数码管保留所计时之数。图 10-42 所示为完整的电子秒表电路图。

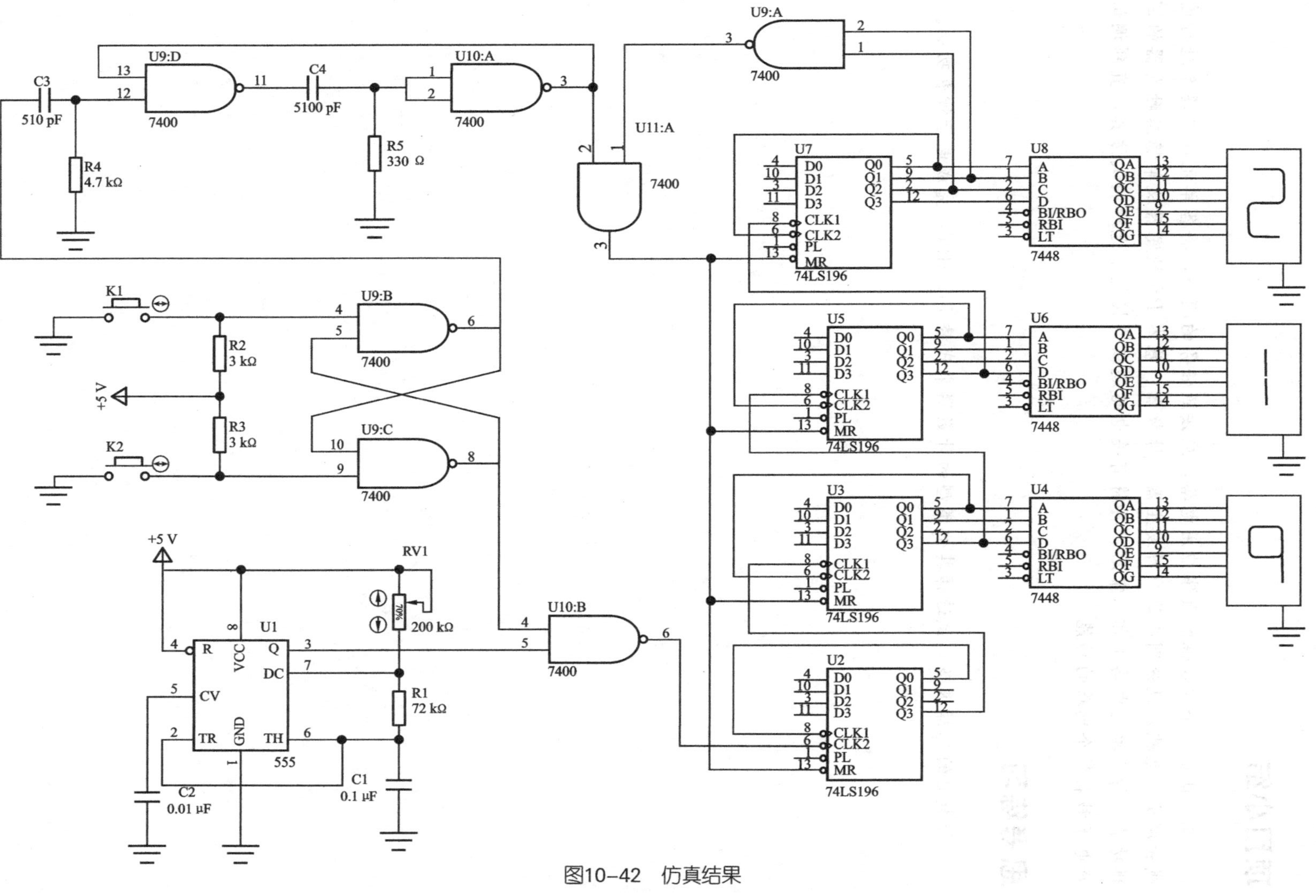
U9:D
7400
C3
510 pF
R4
4.7 kΩ
C4
5100 pF
R5
330 Ω
U10:A
7400
U11:A
7400
U9:A
7400
U7
74LS196
U8
7448
U5
74LS196
U6
7448
U3
74LS196
U4
7448
U2
74LS196
K1
K2
R2
3 kΩ
R3
3 kΩ
+5 V
U9:B
7400
U9:C
7400
U10:B
7400
RV1
70%
200 kΩ
R1
72 kΩ
U1
555
C1
0.1 μF
C2
0.01 μF

图10-42　仿真结果

项目小结

本项目是一个综合性的数字应用电路，应按照任务的顺序，将各单元电路逐个进行连线和调试，也就是说分别测试时钟发生器、计数器、基本 RS 触发器及单稳态触发器的逻辑功能。待各单元电路工作正常后，再将有关电路逐级连接起来进行调试仿真，直到调试好电子秒表整个电路的功能。

思考练习

计数器的选择很多，试选择其他类型的计数器来代替 74LS196，完成电子秒表功能。

项目十一 单片机控制走马灯电路

【项目描述】

本项目是利用单片机控制LED发光管按照一定的时间顺序点亮和熄灭，从而形成各种花样效果的电路。

【学习目标】

通过本项目的学习，学生应能熟练掌握利用PROTEUS软件和Keil 软件进行单片机软、硬件联调的方法，学会思考、分析和解决学习中遇到的问题。

【能力目标】

1.专业能力

掌握PROTEUS软件和Keil软件联调的设置方法。

2.方法能力

提高认识问题，解决问题的能力。

任务 1　单片机控制单只 LED 发光二极管

活动情景

以 AT89C51 单片机(见图 11-1)和发光二极管(见图 11-2)为主要元件搭建成由单片机控制的 LED 电路，要求能实现单只 LED 点亮 0.5 s 后熄灭 0.5 s，并依此规律循环。

图 11-1　AT89C51 单片机

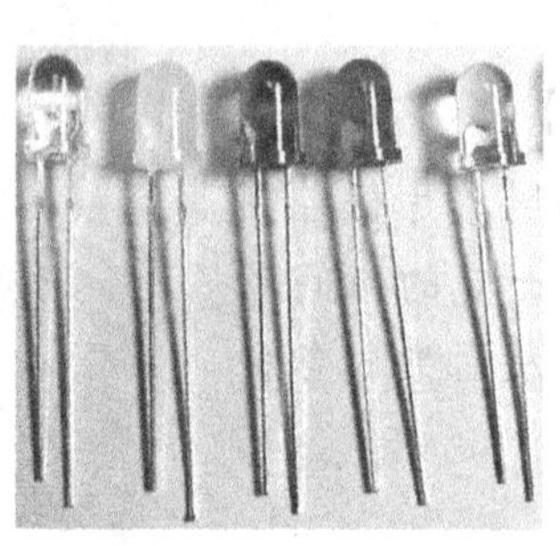

图 11-2　发光二极管

任务要求

(1) 掌握 keil 软件中创建工程的方法和输出程序目标文件的方法。

(2) 完成在 PROTEUS 环境中单片机控制单只 LED 发光管电路的搭建。

(3) 掌握 PROTEUS 调试单片机应用系统的方法。

技能训练

按照如表 11-1 所示的工作任务单完成各项任务。

表 11-1　工作任务单

序　号	工 作 内 容	要　求
1	在 PROTEUS 软件中绘制单片机控制单只 LED 的电路	按照图样，正确设定元件参数和序号，电路布局合理、美观
2	在 Keil c51 软件中创建工程并完成工程的编译、连接，输出 *. HEX 文件	选用 AT89C51 单片机
3	在 PROTEUS 软件中修改单片机仿真参数，加入被仿真的 *. HEX 文件	时钟频率为 12 MHz
4	在 PROTEUS 软件中运行仿真，观察程序运行效果	—
5	反复进行第 2、4 项工作，直到实现既定任务	—

基本活动

1. 绘制单片机控制单只 LED 的电路

（1）打开 PROTEUS 软件的 ISIS 程序，点击主工具栏的新建设计图标，新建一个文件，命名为“single”。

（2）用鼠标在模型工具栏中选择元件图标，然后单击元件列表 P L DEVICES 上的“P”按钮，在“Keywords”处键入“AT89C51”，在预览窗口就可以看到所选择的元件，同时元件的封装也会显示在预览窗口中。在封装选项 DIL40 中选择封装 DIL40，之后单击“OK”按钮确认，如图 11-3 所示。

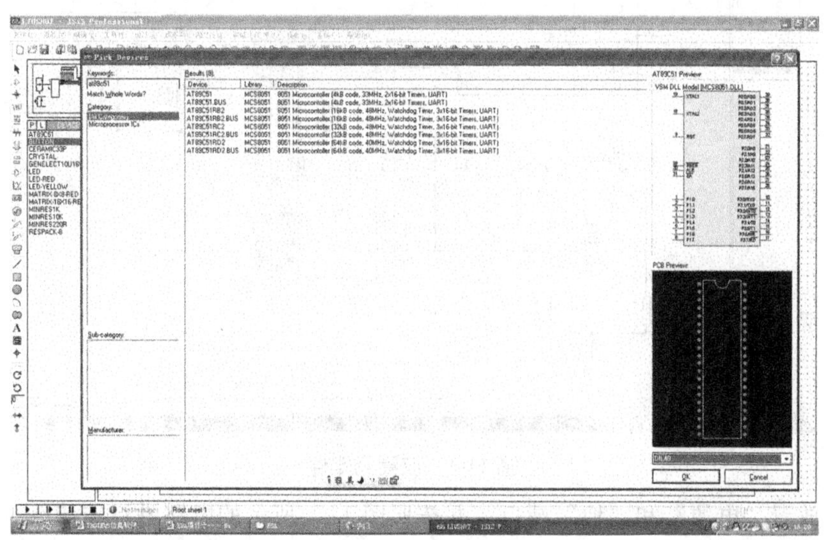

图 11-3　选择 CPU

（3）按参考元件表(见表 11-2)分别将本电路所需的其他元件放置到绘图区，并参考如图 11-4 所示的布局为各元件命名，调整元件布局。

表 11-2　单片机控制单只 LED 元件清单

序号	元件名称	参　数	数量	ISIS 中元件			
				名称	元件封装	所属子类	所属库
1	按钮	1.2＊1.2	1	BUTTON	NO	Switchs&Relays	ACTIVE
2	晶振	12 MHz	1	CRYSTLE	XTAL18	Miscellaneous	DEVICE
3	电阻	200Ω/0.25 W	1	RES	RES40	Rsistors	DEVICE
		1 kΩ/0.25 W	1	RES	RES40	Rsistors	DEVICE
		10 kΩ/0.25 W	1	RES	RES40	Rsistors	DEVICE

续表

序号	元件名称	参　数	数量	ISIS 中元件			
				名称	元件封装	所属子类	所属库
4	电阻排	5.1 kΩ	1	RESPACK-8	RESPACK-8	Rsistors	DEVICE
5	发光管	红色 $\phi5$	1	LED-RED	NO	Optoelectronics	DEVICE
6	电解电容	10 μF/16 V	1	GENELECT 10U16V	ELEC-RAD 15M	Capacitors	Capacitors
7	瓷片电容	30 pF	2	CERAMIC33P	CAP20	Capacitors	Capacitors

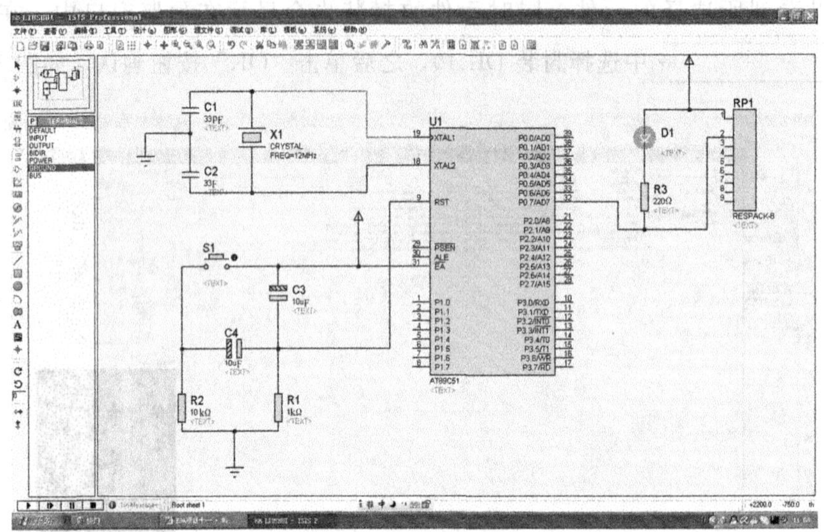

图 11-4　放置元器件

（4）放置“电源”和“地”端口，并按照图 11-5 所示的电路进行连接。

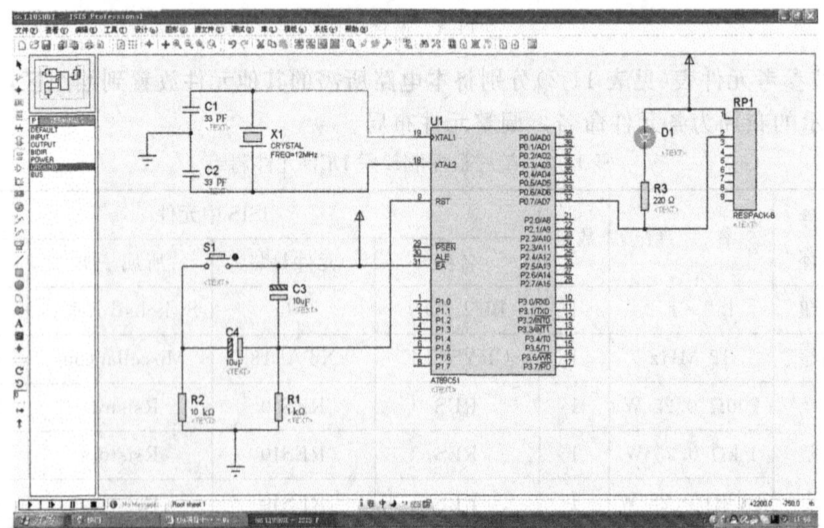

图 11-5　单片机控制单支 LED 电路

2. 生成仿真所需的目标文件(＊. HEX)

(1) 打开 Keil C51 软件，鼠标左键点击“Project”，在下拉菜单中点击“New”创建项目，设置目标文件的存盘路径和文件名，如图 11-6 所示。

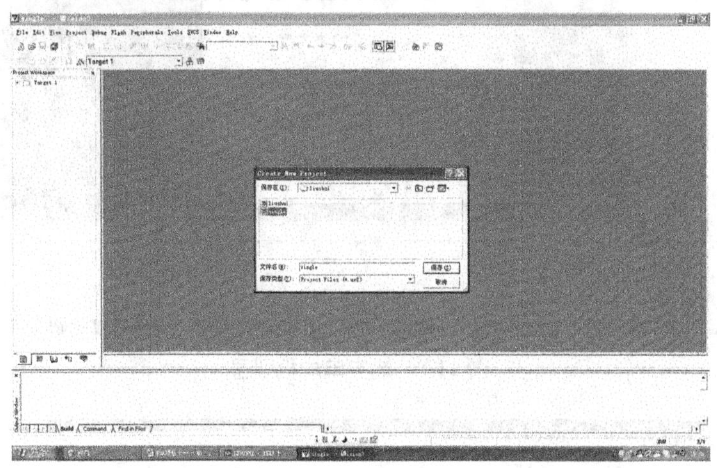

图 11-6　生成目标文件

然后选择单片机型号，如图 11-7 所示。

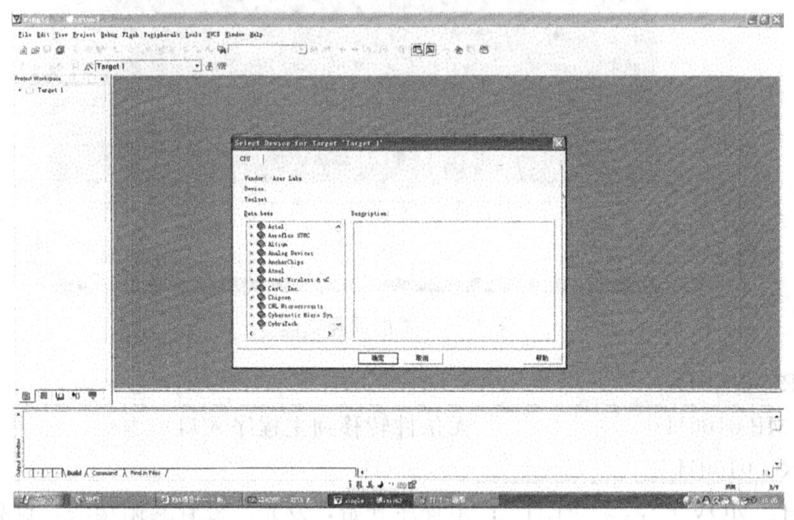

图 11-7　选择单片机型号

依次用鼠标点击选择 ATMEL→AT89C51，并点击“确定”按钮保存设置，如图11-8所示。

之后根据提示点击两次“是”按钮，然后点击“项目管理器”中“Target 1”前面的小加号和随后出现的“Source Group1”前面的加号，展开项目，此时项目中除了“STARTUP. 51”外没有其他文件，如图 11-9 所示。

(2) 在项目中建立汇编语言源文件(“. ASM”格式)　打开新建的工程，点击菜单栏“Fill \ New”并在窗口中输入如下程序。

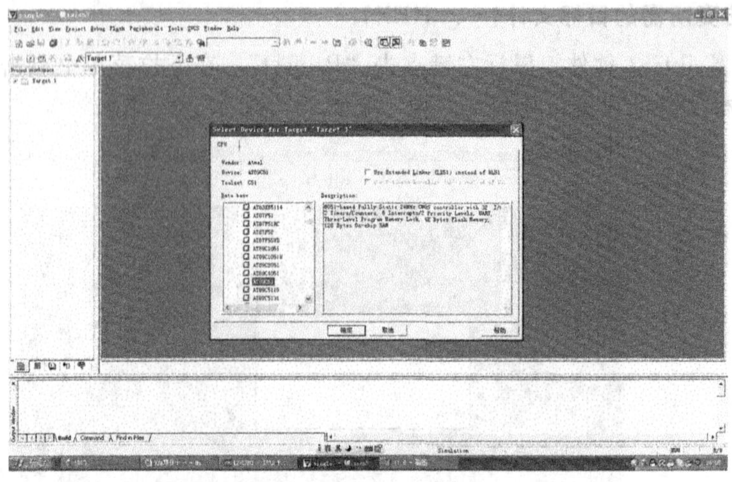

图 11-8　选中单片机型号

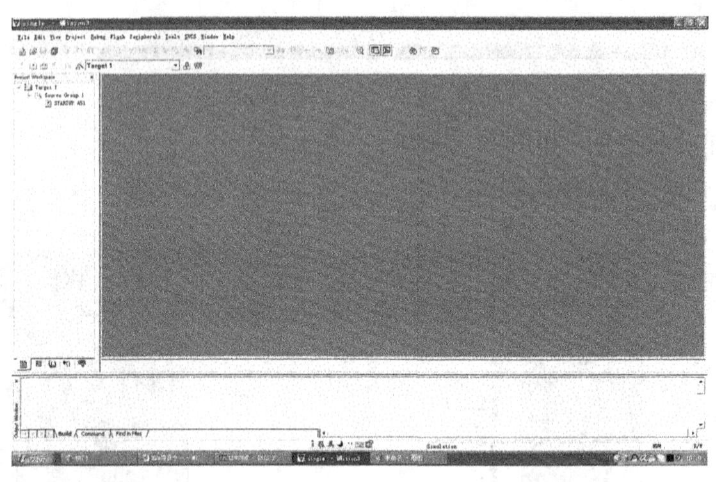

图 11-9　添加项目文件

```
        ORG 0000H
        LJMP 0100H              ；无条件转移到主程序入口
        ORG 0100H
FLASH：MOV P0，#0FEH    ；主程序开始，发光二极管共阳接法，点亮该 LED
        LCALL YS                ；调用延时子程序
        MOV P0，#0FFH           ；熄灭 LED
        LCALL YS                ；调用延时子程序
        SJMP FLASH              ；无条件返回开始处，形成死循环
；=============延时子程序=========
            ORG 0120H
        YS：MOV R7，#0FFH     ；向工作寄存器 R7 送初值
    LOOP：MOV R6，#0E0H       ；向工作寄存器 R6 送初值
```

```
LOOP1: NOP              ; 空操作
       DJNZ R6, LOOP1   ; 工作寄存器 R6 内容减 1，结果不为 0 则返回上一条
                        ; 否则对 R7 减 1 判 0
       DJNZ R7, LOOP    ; 工作寄存器 R7 减 1 判 0，不为 0 则返回 R6 重装初值
       RET              ; 为 0 则子程序调用返回
       END
```

之后点击菜单栏“File→Save”，指定存盘路径并在“文件名”一栏中输入“single. asm”存盘并将存盘格式设为“. ASM”。

(3) 向项目中添加源文件　将鼠标放到“项目管理器”中“Source Group1”并点击右键，再点击“Add File to‘Source group1’”，如图 11-10 所示。

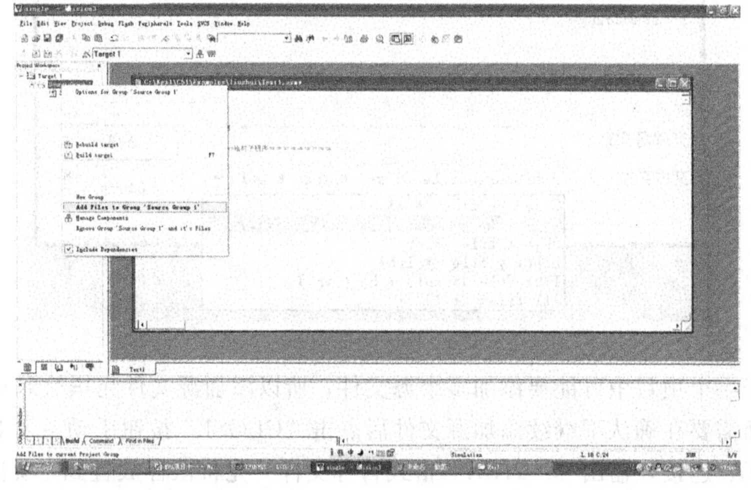

图 11-10　添加源文件

在弹出的对话框中选择已经保存的“single. asm”并点击“ADD”按钮添加文件，此时“项目管理器中”的“Source Group1”下已经增加了文件“single. asm”，如图 11-11 所示。

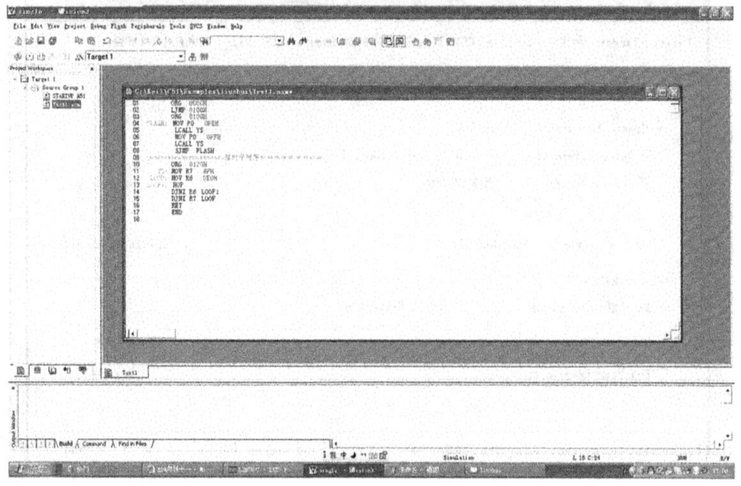

图 11-11　插入源程序

(1) Keil C51 软件默认的源文件为＊．c 格式，如果添加汇编语言格式的源文件必须点击“文件类型”右侧的下拉箭头，选中第二行“Asm Source file”；否则，在指定的路径中不显示“＊．ASM”格式文件，也就无法将其添加到项目中。如图 11-12 所示。

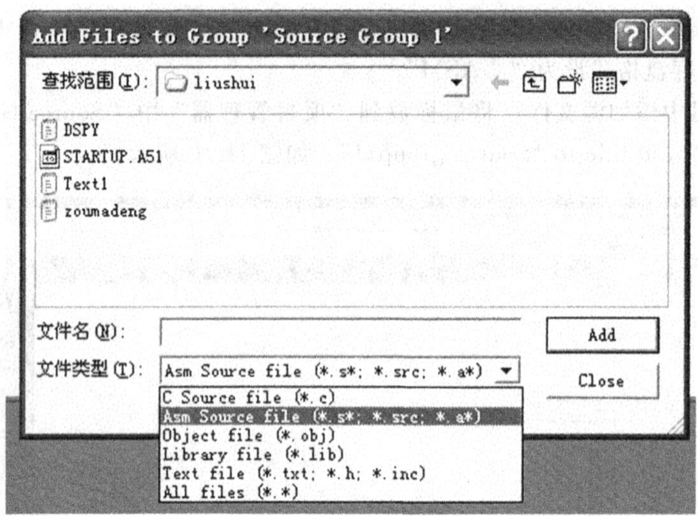

图 11-12 添加源文件

(2) 由于一个项目中可能要添加多个源文件，所以添加源文件完毕后 Keil 不会自动关闭对话框，而需要在确认不继续添加源文件后点击“CLOSE”按钮手动关闭对话框。

(3) 编译、连接，输出“．HEX”格式目标文件 先将鼠标放置到“项目管理器”中“Target1”并单击右键，接着点击“Options for Target ‘Target1’”，在弹出的对话框中选择“Output”选项卡，鼠标点击“Create HEX File”一项前面的小方框，设定允许项目输出“＊．HEX”文件，如图 11-13 所示。

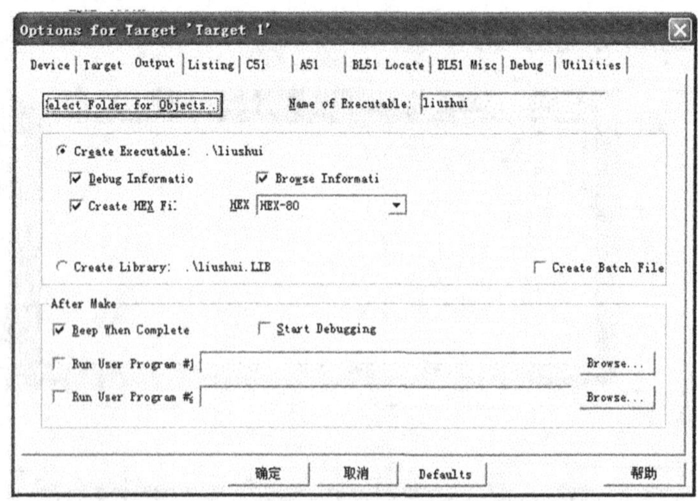

图 11-13 编译选项

然后依次点击菜单栏“Project”→“Translate ＊. asm”和“Project”→“Build target”或点击工具栏中的图标完成编译、连接，在此过程中需要反复修改语法错误，直到报告错误为 0 时为止，如图 11-14 和图 11-15 所示。

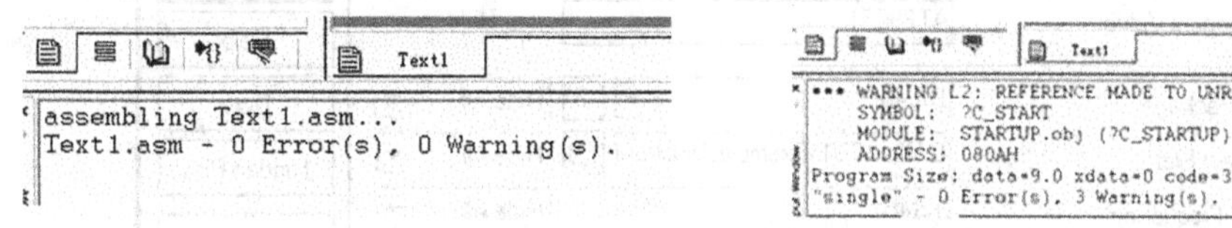

图 11-14　编译结果之一　　　　图 11-15　编译结果之二

此时，Keil 软件已经在工程所在的目录下生成了仿真所需的目标文件“single. HEX”，如图 11-16 所示。

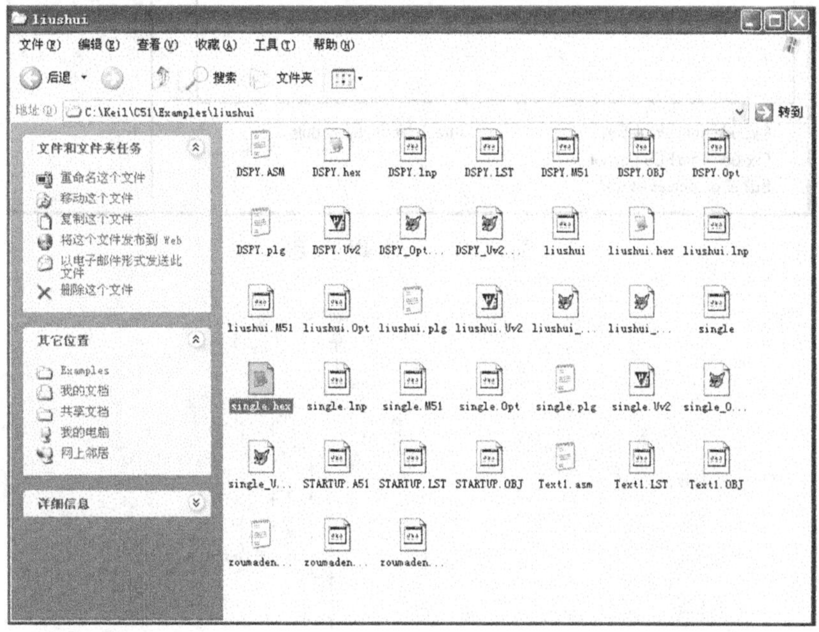

图 11-16　生成的目标文件

3. 仿真调试目标程序和电路

打开 ISIS 软件，在元件 AT89C51 上先用鼠标右击、再左击打开元件属性，点击“Program Files”栏内右侧的黄色文件夹图标指定要仿真的目标程序文件，将“Clock Frequency”设置为 12 MHz 后点击“OK”按钮确认，如图 11-17 所示。

点击屏幕左下角按钮组中的运行按钮后，系统开始执行程序，然后点击暂停按钮，系统暂停执行程序，此时用鼠标选中电路中的单片机并单击右键，在弹出的下拉菜单中最下面有“8051CPU”一项，把鼠标放到上面后会弹出其包含的下级菜单，自上而下分别是寄存器“Register”、内部数据区“Internal Memory”和特殊功能寄存器区“SFR Memory”，如图 11-18 所示。

点击任一项都会弹出对应的窗口，显示该数据存储区各存储单元的当前值，在该窗口中点击右键可以根据个人喜好设置字体和颜色，如图 11-19 所示。

Edit Component

Component Reference: U1 Hidden:

Component Value: AT89C51 Hidden:

PCB Package: DIL40 ? Hide All

Program File: C:\Keil\C51\Examples\liushui\ Hide All

Clock Frequency: 12MHz Hide All

Advanced Properties:

Simulate Program Fetches No Hide All

Other Properties:

Exclude from Simulation

Exclude from PCB Layout

Edit all properties as text

Attach hierarchy module

Hide common pins

OK

Help

Data

Hidden Pins

Cancel

图 11-17　元件属性设置

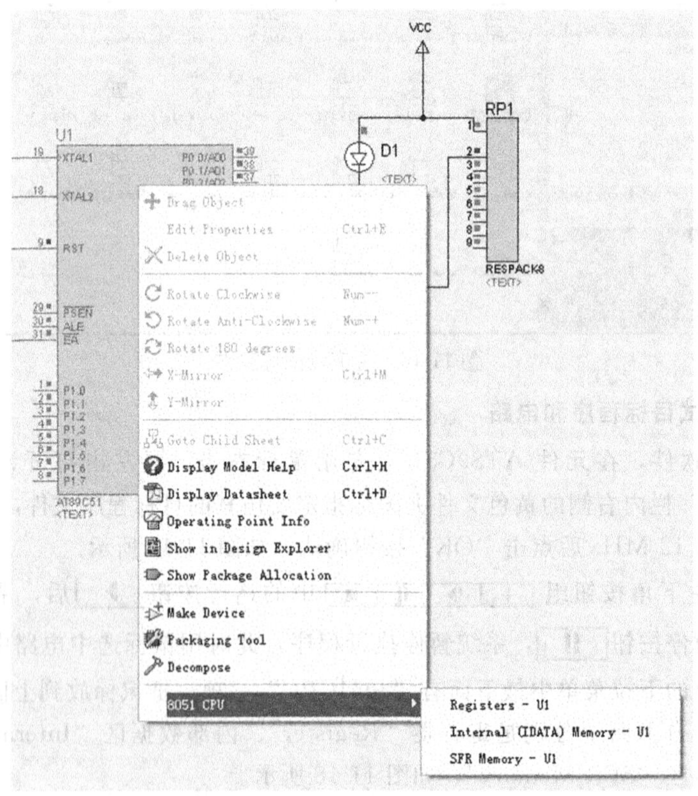

图 11-18　内部仿真选项

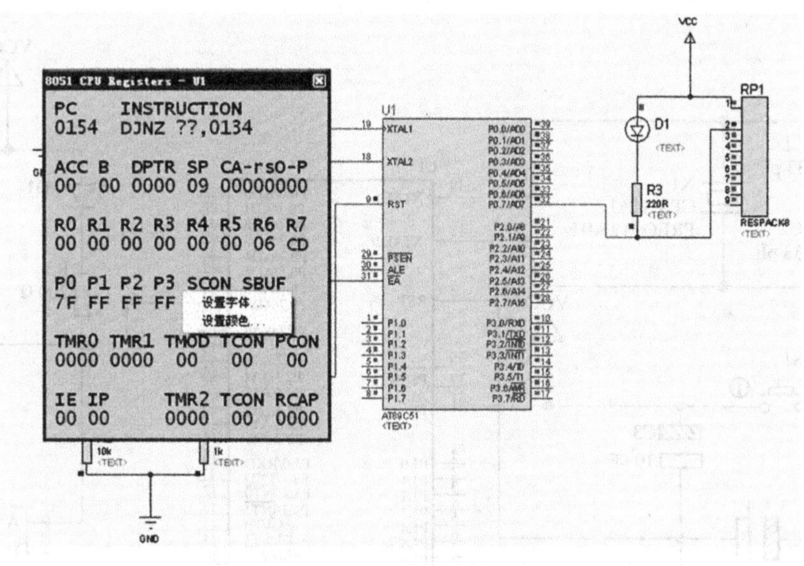

图 11-19　设置字体和颜色

调试程序时还可以点击按钮单步执行程序，每点击该按钮一次，CPU 执行一条指令，相应的寄存器的值会发生变化，我们可以通过观察硬件电路的工作情况和寄存器当前值的变化情况分析程序或电路正确与否。点击按钮，仿真过程停止。

拓展训练

在这个仿真实验中不但要使 LED 出现亮灭变化的效果，还要保证按照 LED 点亮0.5 s 后熄灭 0.5 s 并依此规律循环，为此不妨在电路中加入示波器，以便进一步观察与 LED 相连的单片机引脚的电平变化情况。

点击屏幕左侧的图标，选中第一项示波器“OSCILLOSCPE”，移动鼠标在仿真工作区域单击左键放置一台示波器，并按图 11-20 所示将示波器的 A 通道连接到电路中。

此时再点击运行按钮，屏幕上会自动打开示波器面板，应注意到这是一个四通道示波器，每通道显示波形都是该通道对地的信号波形，由于只给 A 通道接线，所以只有 A 通道(黄色)显示高低电平变化的方波，用鼠标拖动时基旋钮使其指向 20 ms，然后连续点击数次单步执行按钮，使示波器屏幕上显示一个周期的完整波形，如图 11-21 所示。

计算得到高低电平各持续大约 170 ms(20 ms/div×8.6)，说明单片机程序中延时时间太短，因此需要修改程序延长延时时间，为简单起见，不妨在 LED 点亮和熄灭后各调用 3 次延时子程序。

修改后重新运行仿真，LED 亮灭变化的频率明显降低，修改后结果波形如图 11-22 所示。

从图中可以计算出高低电平的时间约为 510 ms(100 ms/div×5.1)，在不做严格要求的情况下，可以认为已达到设计要求。当然，继续调整修改程序，可以使延时时间更加接近 0.5 s。

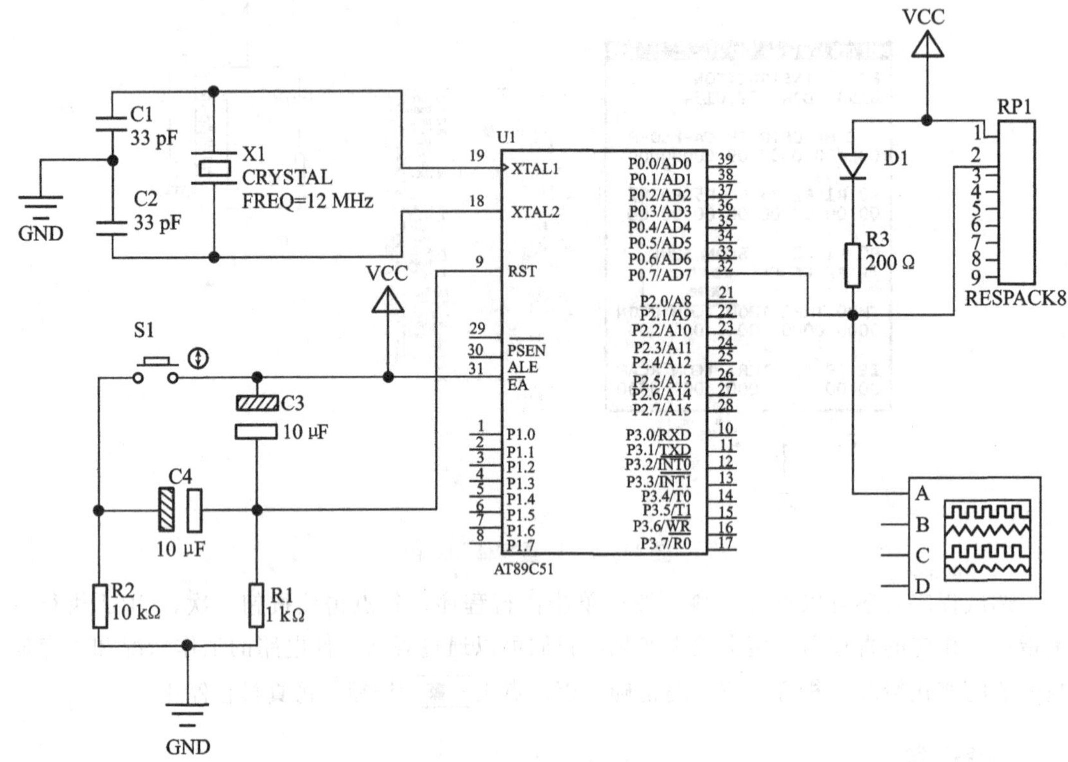

图 11-20 连接示波器

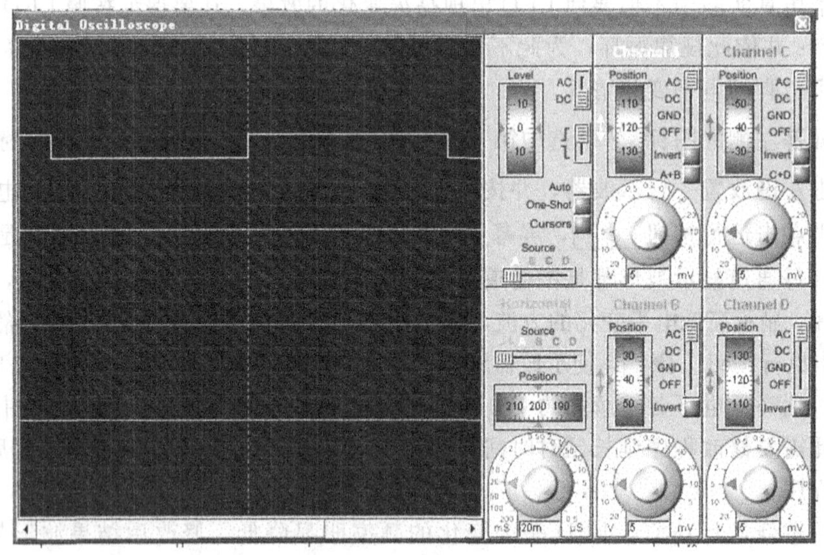

图 11-21 波形显示

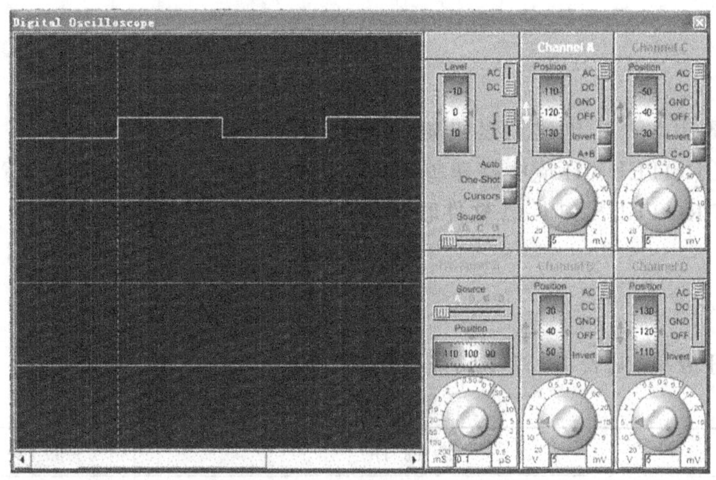

图 11-22　程序修改后的波形

知识链接

Keil C51 是美国 Keil Software 公司出品的 51 系列兼容单片机 C 语言软件开发系统。它通过一个集成开发环境，把 C 编译器、宏汇编、连接器、库管理和仿真调试器等组合在一起。由于它还同时提供对汇编语言的支持，这就使得开发人员采用 C 语言、汇编语言或混合编程成为可能。

Keil C51 软件提供了丰富的库函数和功能强大的集成开发调试工具。在此集成开发环境下，开发人员可以完成从编辑、编译、连接到调试、仿真等整个开发流程。它友好的人机界面、简单易学的操作方法、高效紧凑的目标代码，使其成为目前最流行的 MCS-51 系列单片机的开发软件，业界多家仿真器厂商的产品都已对 Keil 软件全面支持，这就意味着开发人员可以在 Keil 软件环境下通过仿真器对目标板进行程序仿真。

任务 2　单片机控制走马灯电路仿真

活动情景

图 11-23 所示为单片机实验板。

图 11-23　单片机实验板

任务要求

(1) 巩固 Keil C51 中创建工程和输出目标文件的方法。

(2) 完成 PROTEUS 环境中搭建单片机控制一组(8 只)LED 的电路。

(3) 掌握 PROTEUS 和 Keil 软件联调单片机应用系统的方法。

技能训练

按照工作任务单(见表 11-3)完成各项任务。

表 11-3　工作任务单

序　号	工 作 内 容	要　求
1	在 PROTEUS 软件中绘制单片机控制 8 只 LED 的电路	按照图例，正确设定元件参数和序号，电路布局合理、美观
2	在 Keil C51 软件中创建工程，分别在 Keil 和 PROTEUS 软件中设置联调参数	Keil 创建工程时选用 AT89C51 单片机
3	在 Keil 软件中编辑、添加源文件并进行编译、连接，输出 *．HEX 目标文件	—
4	在 PROTEUS 软件中修改单片机仿真参数，加入被仿真的 *．HEX 文件	时钟频率为 12 MHz
5	联调程序，观察运行结果和相关寄存器变化情况	—
6	反复进行第 2、5 项工作，直到实现既定任务为止	—

基本活动

1. 绘制单片机控制 8 只 LED 发光管的电路

(1) 按照本项目的任务 1 中的方法，打开 PROTEUS 软件的 ISIS 程序，新建一个文件，命名为 liushui。

(2) 参考表 11-4，分别将本电路所需的其他元件放置到绘图区，并参考如图 11-24 所示的电路为各元件命名和调整元件布局。

表 11-4　单片机控制 8 只 LED 发光管元件清单

序号	元件名称	参　数	数　量	名　称	元 件 封 装	所　属　库
1	单片机	AT89C51	1	AT89C51	DIL40	MCS8051
2	按钮	1.2*1.2	1	BUTTON	NO	ACTIVE
3	晶振	12 MHz	1	CRYSTLE	XTAL18	DEVICE

续表

序号	元件名称	参　数	数　量	名　称	元件封装	所　属　库
4	电阻	200Ω/0.25 W	8	RES	RES40	DEVICE
		1 kΩ/0.25 W	1	RES	RES40	DEVICE
		10 kΩ/0.25 W	1	RES	RES40	DEVICE
5	电阻排	5.1 kΩ	1	RESPACK-8	RESPACK-8	DEVICE
6	发光管	黄色 ϕ5	4	LED-YELLOW	NO	DEVICE
7	发光管	红色 ϕ5	4	LED-RED	NO	DEVICE
8	电解电容	10 μF/16 V	1	GENELECT10U16V	ELEC-RAD15M	CAPACITORS
9	瓷片电容	30 pF	2	CERAMIC33P	CAP20	CAPACITORS

(3) 绘制单片机控制 8 只 LED 发光管的电路，包括复位电路、时钟电路，如图11-24所示。

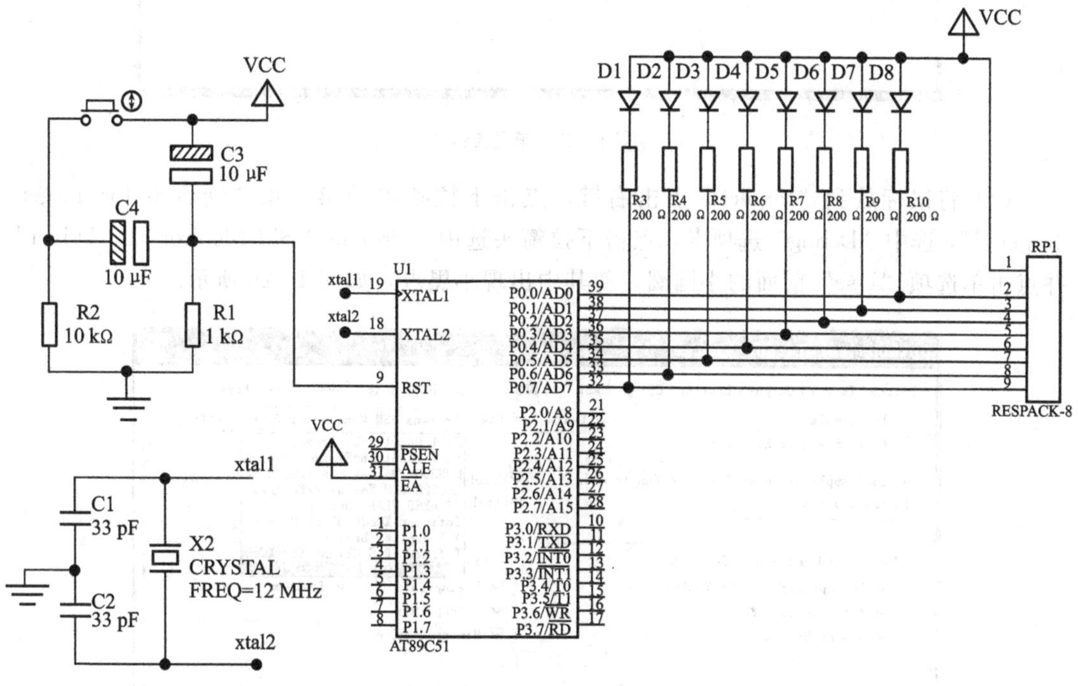

图 11-24　单片机控制 8 只 LED 发光管电路

为使图面简洁，图中单片机的“XTAL1”和“XTAL2”与时钟电路的连接采用了放置相同标号(LEBEL)的方式。

2. 在 Keil 和 PROTEUS 软件中设置联调参数

(1) 按照本项目的任务 1 中的方法，在 Keil C51 软件中创建一个新工程，命名为“liushui”。

（2）打开 PROTEUS 安装目录“C：\ Program Files \ Labcenter Electronics \ PROTEUS 7 Professional \ MODELS”，找到文件“VDM51. dll”并将其拷贝到“C：\ Keil \ C51 \ BIN”。

（3）用记事本打开“C：\ Keil \ tools. ini”文件，在其“［C51］”项目下加入一行“TDRV＊＝BIN \ VDM51. DLL（" PROTEUS VSM Monitor-51 Driver")”，其中的“＊”号要根据实际情况改为数字，本例中将其改为数字“8”，如图 11-25 所示。

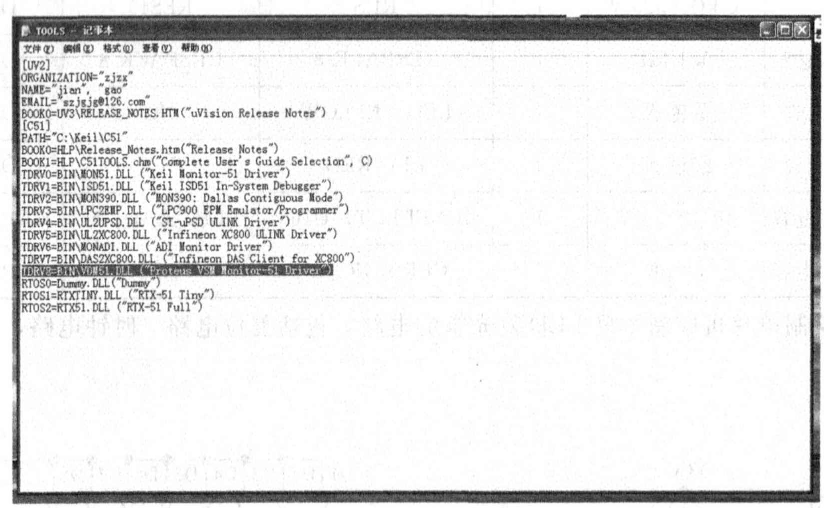

图 11-25　修改参数

（4）将鼠标放到“target1”点击右键，点击下拉菜单的第一项“Options for Target ' Target 1'”，选中“Debug”选项卡，点击下拉箭头选中“Proteus VSM Monitor-51　Driver”，并点击单选项“Use”前面的小圆圈，使其中出现小黑点，如图 11-26 所示。

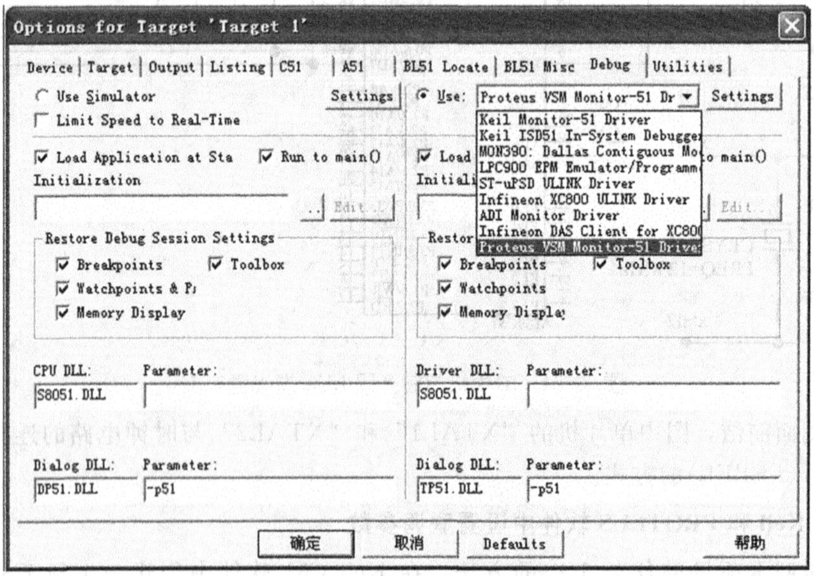

图 11-26　仿真设置

点击“Setting”按钮，在“Host”栏内填写“127.0.0.1”，在“Port”栏内填写“8000”，如图 11-27 所示。

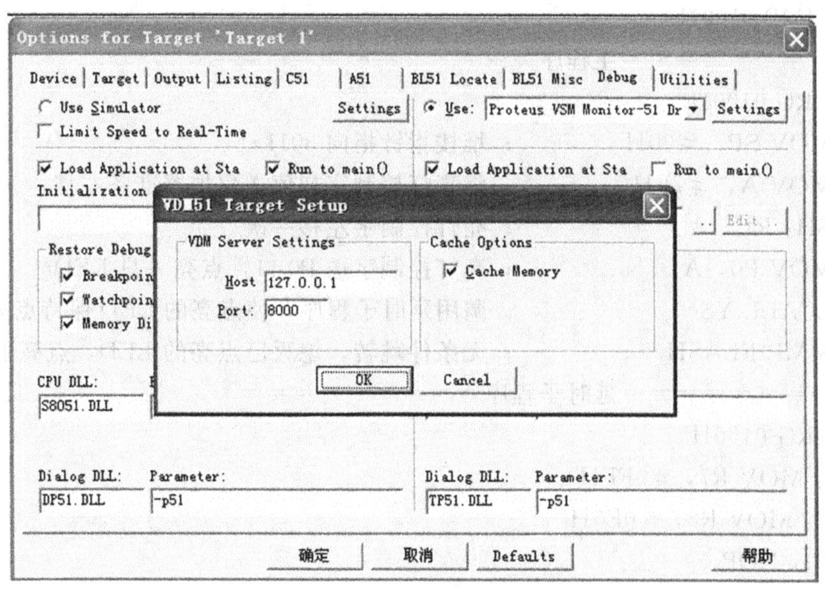

图 11-27　端口设置

最后，点击“OK”按钮保存设置。

打开 ISIS 软件，点击菜单栏中的“调试”，鼠标点击其下拉菜单中的“使用远程调试设备”在其前面画钩，如图 11-28 所示。

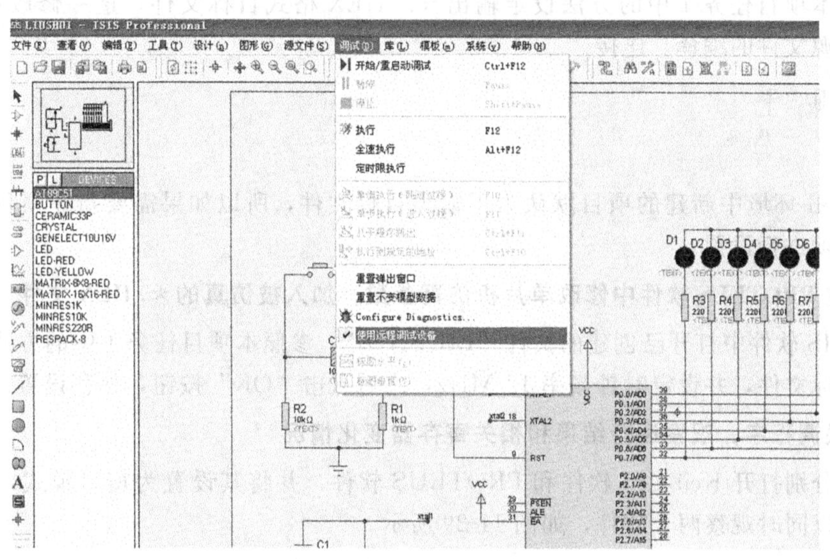

图 11-28　联机调试

经过以上操作，Keil C51 和 PROTEUS 软件的联调参数就设置完成了。

3. 在 Keil C51 软件中编辑、添加源文件并进行编译、连接，输出目标文件(*.HEX 格式)

(1) 按照本项目任务 1 中的方法在 keil c51 环境下创建汇编格式源文件 zouma-

deng. asm，设定存盘路径并将其添加到工程中，源文件中代码如下。

```
      ORG 0000H
      LJMP 0100H
；==========主程序=============
      ORG 0100H
      MOV SP，#30H          ；堆栈指针指向 30H
      MOV A，#7FH           ；将亮灯控制字初值送累加器准备左移
FLASH：RL  A                ；亮灯控制字左移一次
      MOV P0，A             ；亮灯控制字送 P0 口，点亮一只 LED
      LCALL YS              ；调用延时子程序，使点亮的 LED 保持点亮一段时间
      SJMP FLASH            ；无条件跳转，熄灭已点亮的 LED，点亮下一 LED
；==========延时子程序==========
      ORG 0150H
    YS：MOV R7，#0FFH
LOOP：MOV R6，#0E0H
LOOP1：NOP
        DJNZ R6，LOOP1
        DJNZ R7，LOOP
        RET
        END
```

参照本项目任务 1 中的方法设定输出 *．HEX 格式目标文件，逐一修改语法错误，直到完成源文件的编译、连接。

在 Kell 环境中新建的项目默认为不输出目标文件，所以如果需要新建项目输出目标文件都必须进行设置。

4. 在 PROTEUS 软件中修改单片机仿真参数，加入被仿真的 *. HEX 文件

在 ISIS 软件中打开已创建的文件"LIUSHUI"，参照本项目任务 1 中的方法向单片机中添加目标文件，并设定时钟频率 12 MHz，之后点击"OK"按钮，保存设置。

5. 联调程序，观察运行结果和相关寄存器变化情况

(1) 分别打开 Keil C51 软件和 PROTEUS 软件，并将其设置为窗口模式，调整窗口大小到可以同时观察两个软件，如图 11-29 所示。

(2) 在 Keil C51 软件中按下图标 进入调试模式，点击"P eripherals \ I \ O Ports \ Port 0"打开 8051 的 P0 口，仿真结果如图 11-30 所示。

(3) 用菜单命令"Debug \ Step Over"或按快捷键 F10 选择宏单步命令调试程序，通过观察窗口中各特殊功能寄存器和当前工作寄存器组中各工作寄存器的变化，如图 11-31

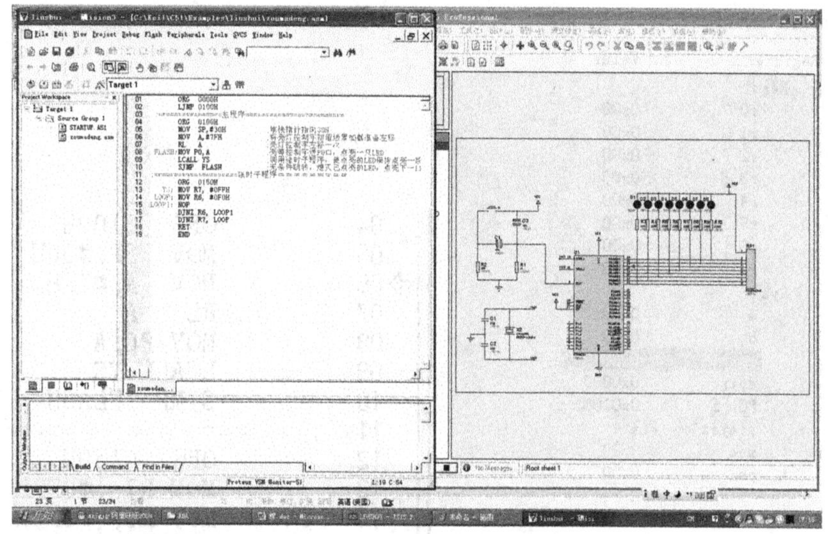

图 11-29　联机调试画面

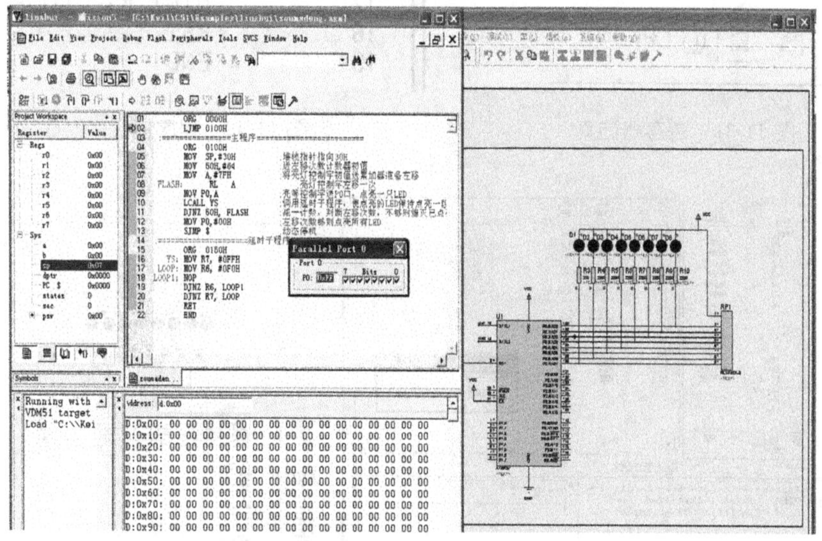

图 11-30　仿真结果

所示。

同时，随着程序的执行，项目管理右侧窗口中有一黄色箭头指示下一条将要执行的指令，如图 11-32 所示。

当改写 P0 口的指令执行完毕时，不但 Keil C51 软件的 Port0 窗口中内容发生变化，PROTEUS 环境下电路中与单片机相连 LED 也发生亮灭变化，联调画面如图 11-33 所示。

虽然用 PROTEUS 软件也能调试目标程序，但是因其内部寄存器窗口的每屏只显示一条指令，如果程序没有实现预期的效果，是很难从中发现错误的，而 Keil C51 软件的单步执行和宏单步执行等功能恰恰可以使用户逐条指令观察程序执行情况，特别是可以一目了然地观察程序的走向，因此往往采用这两个软件联调的方案进行程序和电路调试。

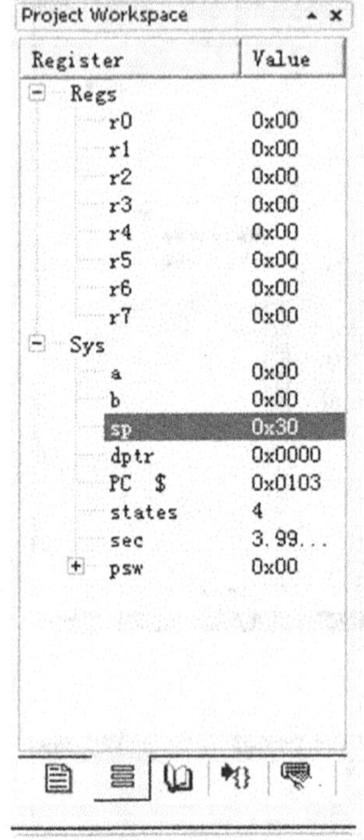

图 11-31　寄存器仿真

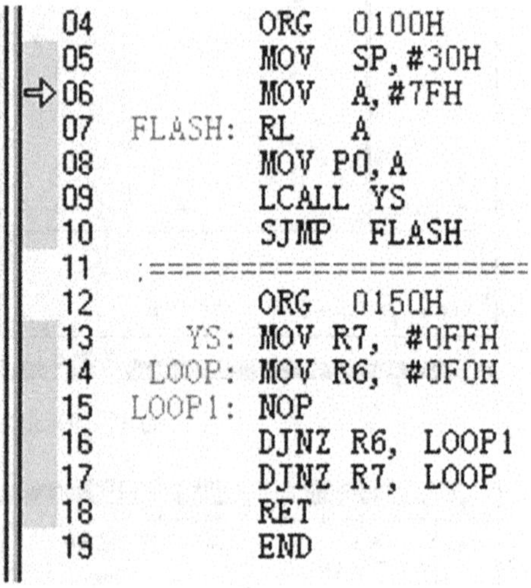

```
        ORG   0100H
        MOV   SP,#30H
        MOV   A,#7FH
FLASH:  RL    A
        MOV P0,A
        LCALL YS
        SJMP  FLASH
;=====================
        ORG   0150H
   YS:  MOV R7, #0FFH
 LOOP:  MOV R6, #0F0H
LOOP1:  NOP
        DJNZ R6, LOOP1
        DJNZ R7, LOOP
        RET
        END
```

图 11-32　程序监控

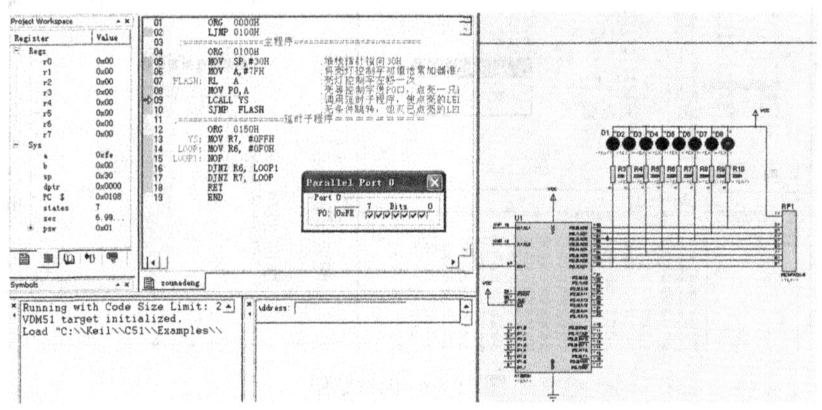

图 11-33　联调画面

假定本例的源文件中的标号地址“FLASH”放错了位置，错误的汇编语言源程序如下。

```
        ORG 0000H
        LJMP 0100H
;=============主程序===============
        ORG 0100H
        MOV SP，#30H        ；堆栈指针指向 30H
        MOV A，#7FH         ；将亮灯控制字初值送累加器准备左移
```

```
    RL    A                 ；亮灯控制字左移一次
FLASH：MOV P0，A            ；亮等控制字送 P0 口，点亮一只 LED
    LCALL YS                ；调用延时子程序，使点亮的 LED 保持点亮一段时间
    SJMP FLASH              ；无条件跳转，熄灭已点亮的 LED，点亮下一个 LED
；==========延时子程序==========
    ORG 0150H
  YS：MOV R7，#0FFH
 LOOP：MOV R6，#0E0H
LOOP1：NOP
    DJNZ R6，LOOP1
    DJNZ R7，LOOP
    RET
    END
```

因为没有语法错误，编译、连接都能顺利通过，但是当程序连续运行时就会发现只有接在 P0.0 的 LED 常亮，并没有实现走马灯的效果。如果执行宏单步跟踪，重点观察 D8 点亮之后程序的去向，很容易发现无条件转移指令“SJMP FLASH”的目的地没有指向循环左移指令“RL A”，亮灯的控制字一直保持“FE”不变的错误，如图 11-34 所示。

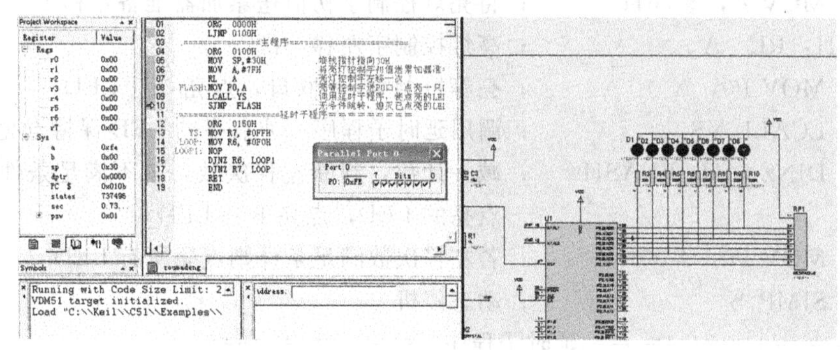

图 11-34　运行结果

当把标号地址“FLASH”移动到正确位置并重新编译、连接后，立刻出现了走马灯效果。

当然还可以采用本项目任务 1 中所述的方法，通过示波器分析波形来精确控制走马灯变换 LED 点亮的时间，请读者自行完成。

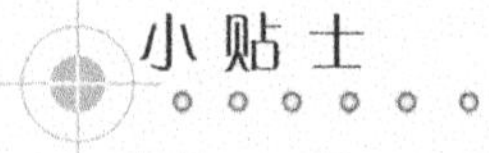

PROTEUS 软件的 6.9 以上版本安装完成以后不生成“VDM-51.LL”文件，可以从以下两种方法中选择其一解决 PROTEUS 和 Keil 软件联调的问题。

（1）从装有低版本的 PROTEUS 软件的计算机中拷贝或网络下载“VDM-51.LL”文件，放到 C：\Keil\C51\BlN 的目录中。

（2）从 PROTEUS 官方网站下载并运行补丁程序“vdmagdi.exe”，驱动安装后 C：\

Keil \ C51 \ BlN 文件夹下会自动生成 VDM51. dll 文件。

拓展训练

在单片机应用系统中，会经常用到内部 RAM 区的存储单元，那么应该怎样完成系统联调呢？请看下面的例子。

在本任务中，将走马灯效果改为循环 8 次后全亮，为实现这一效果，可以对源程序做如下修改。

(1) 加入循环次数计数器，计数器地址是片内 RAM 区中的 50H。

(2) 每左移一次亮灯控制字计数一次，计数满 64(8×8)次左移停止，点亮全部 LED。

修改后的源程序代码如下。

```
        ORG 0000H
        LJMP 0100H
;============主程序================
        ORG 0100H
        MOV SP，#30H          ；堆栈指针指向 30H
        MOV 50H，#64          ；送左移次数计数器初值
        MOV A，#7FH           ；将亮灯控制字初值送累加器准备左移
FLASH：RL  A                  ；亮灯控制字左移一次
        MOV P0，A             ；亮等控制字送 P0 口，点亮一只 LED
        LCALL YS              ；调用延时子程序，使点亮的 LED 保持点亮一段时间
        DJNZ 50H，FLASH       ；减一计数，判断左移次数，若不满足条件则熄灭已
                              点亮的 LED，点亮下一 LED
        MOV P0，#00H          ；若左移次数满足条件则点亮所有 LED
        SJMP $                ；动态停机
;============延时子程序============
        ORG 0150H
    YS：MOV R7，#0FFH
  LOOP：MOV R6，#0F0H
LOOP1：NOP
        DJNZ R6，LOOP1
        DJNZ R7，LOOP
        RET
        END
```

然后按照本任务中所述的联调方法，打开 KeilC51 和 PROTEUS 软件进行联调，与前面不同的是，需要在 Keil 软件中观察计数器的内容变化情况，具体操作如下。

(1) 在 Keil 软件中点击图标或点击下拉菜单 “view” → “Memory Window”，打开存储器窗口，如图 11-35 所示。

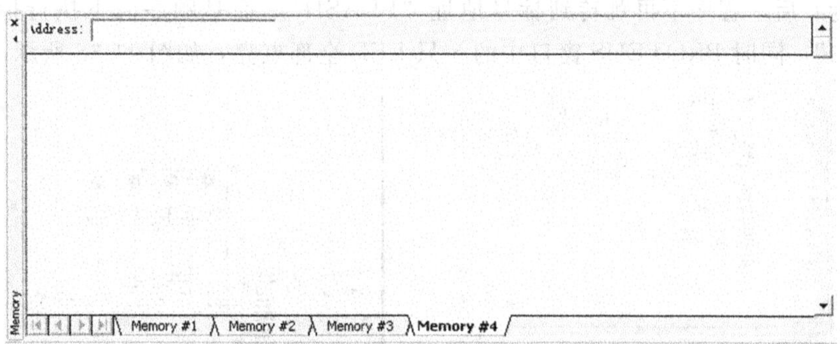

图 11-35　打开存储器窗口

(2) 选中选项卡"Memory＃1"，在窗口左上角的地址栏"Address"内输入"D：0X00"并按回车键确认，此时本来空白的窗口中显示出内容如图 11-36 所示。

```
Address: d:0x00
D:0x00: 00 00 00 00 00 00 CF BA 00 00 00 00 00 00 00 00 00 00 00 00 00
D:0x15: 00 00 00 00 00 00 00 00 00 00 00 00 00 00 00 00 00 00 00 00 00
D:0x2A: 00 00 00 00 00 00 00 0E 01 00 00 00 00 00 00 00 00 00 00 00 00
D:0x3F: 00 00 00 00 00 00 00 00 00 00 00 00 00 00 00 00 00 40 00 00 00
D:0x54: 00 00 00 00 00 00 00 00 00 00 00 00 00 00 00 00 00 00 00 00 00
D:0x69: 00 00 00 00 00 00 00 00 00 00 00 00 00 00 00 00 00 00 00 00 00
D:0x7E: 00 00 00 00 00 00 00 00 CF BA 00 00 00 00 00 00 00 00 00 00 00
D:0x93: 00 00 00 00 00 00 00 00 00 00 00 00 00 00 00 00 00 00 00 00 00
D:0xA8: 00 00 00 00 00 00 00 00 00 0E 01 00 00 00 00 00 00 00 00 00 00
D:0xBD: 00 00 00 00 00 00 00 00 00 00 00 00 00 00 00 00 00 00 00 40 00
D:0xD2: 00 00 00 00 00 00 00 00 00 00 00 00 00 00 00 00 00 00 00 00 00
D:0xE7: 00 00 00 00 00 00 00 00 00 00 00 00 00 00 00 00 00 00 00 00 00
D:0xFC: 00 00 00 00 00 00 00 00 00 00 CF BA 00 00 00 00 00 00 00 00 00
Memory #1 | Memory #2 | Memory #3 | Memory #4
```

图 11-36　输入地址后的存储器窗口

这就是单片机的片内 RAM 区(包括高 128 字节)的内容，为便于观察，用鼠标拖动输出窗口(Output Window)的右侧边线调整窗口大小到每行显示 16 字节，如图 11-37 所示。

```
Address: d:0x00
D:0x00: 00 00 00 00 00 00 CF BA 00 00 00 00 00 00 00 00
D:0x10: 00 00 00 00 00 00 00 00 00 00 00 00 00 00 00 00
D:0x20: 00 00 00 00 00 00 00 00 00 00 00 00 00 00 00 00
D:0x30: 00 0E 01 00 00 00 00 00 00 00 00 00 00 00 00 00
D:0x40: 00 00 00 00 00 00 00 00 00 00 00 00 00 00 00 00
D:0x50: 40 00 00 00 00 00 00 00 00 00 00 00 00 00 00 00
D:0x60: 00 00 00 00 00 00 00 00 00 00 00 00 00 00 00 00
D:0x70: 00 00 00 00 00 00 00 00 00 00 00 00 00 00 00 00
D:0x80: 00 00 00 00 00 00 CF BA 00 00 00 00 00 00 00 00
D:0x90: 00 00 00 00 00 00 00 00 00 00 00 00 00 00 00 00
D:0xA0: 00 00 00 00 00 00 00 00 00 00 00 00 00 00 00 00
D:0xB0: 00 0E 01 00 00 00 00 00 00 00 00 00 00 00 00 00
D:0xC0: 00 00 00 00 00 00 00 00 00 00 00 00 00 00 00 00
Memory #1 | Memory #2 | Memory #3 | Memory #4
```

图 11-37　单片机 RAM 区

(3) 按下宏单步执行的快捷键 F10 运行程序，当程序执行到"MOV 50H，＃64"时，上述窗口中的第 50H(第 6 行第 1 列)单元内容变为 40，这是十进制数 64 对应的十六进制数，当程序每执行指令"DJNZ 50H，FLASH"一次，该窗口中 50H 单元内容减 1，到其内容减为 0 后，程序不再跳转到标号地址“FLASH”，而是顺序向下执行指令“MOV P0，#00H”，同时 PROTEUS 窗口中的 8 只 LED 全部点亮，如图 11-38 所示。

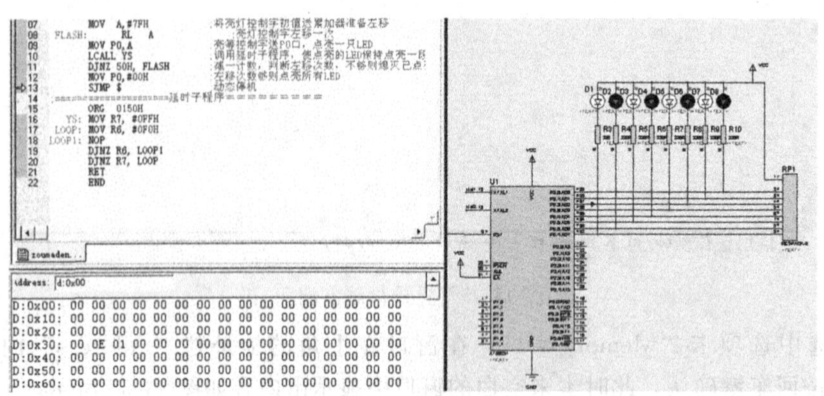

图 11-38　仿真显示

如果程序中还用到其他的片内 RAM 区中的存储单元，可以采用同样的方法对其内容变化情况进行观察、分析并以此为依据修改、调试程序，直到实现既定的目标。

知识链接

Keil C51 软件中很多菜单命令都有与之对应的图标和快捷键，如表 11-5 所示列出其常用命令的功能和快捷键。

表 11-5　C51 图标和快捷键

图　标	菜单命令	快捷键	功　能
	Project → Build target	F7	编译程序
	Project → Translate	—	连接程序
	Project → Rebuild target	—	重新编译连接程序
	Debug → Start →Stop Debug Session	Ctrl+F5	进入、退出调试模式
RST	Perapherals → Reset CPU	—	CPU 复位
	Debug → Run	F5	连续运行程序
	Debug → Step	F11	单步运行程序，每次执行一条指令

续表

图　标	菜单命令	快 捷 键	功　能
	Debug → Step Over	F10	宏单步运行程序，子程序调用与返回一次执行
	Debug → Run to Cursor line	Ctrl+F10	运行到光标所在行
	Debug → Stop running	—	停止运行
	View → Disassembly Window	—	反汇编/汇编模式切换
	Debug → Kill All Breakpoints	—	取消所有断点
	Debug → Insert →Remove Breakpoint	F9	插入\取消断点

项目小结

本项目是两个简单的单片机应用电路仿真实例，其中涉及电路中放置单片机、创建仿真目标文件、添加目标文件、设定单片机仿真参数等主要步骤在内的单片机应用系统仿真流程，这是利用 PROTEUS 软件仿真单片机应用系统的最基本步骤，除此之外，本项目中还对实际应用中广泛采用的 Keil 和 PROTEUS 联调进行了比较系统、细致的介绍，通过项目实例引导读者一步步设定联调参数，演示了联调程序的步骤和方法。

思考练习

用本项目学到的方法编写一段程序，实现如图 11-24 中所示的 LED 先从左到右依次点亮再从右到左依次熄灭并照此规律循环 3 次，最后全部点亮的程序，并采用 Keil 和 PROTEUS 软件联调的方法将其调试成功。

项目十二 单片机控制的加减计数器

【项目描述】

本项目是利用单片机的中断技术，由单片机采集按键按下次数，并通过LED数码管显示出按键次数的电路仿真。

【学习目标】

通过本项目的学习，读者应能熟练掌握利用PROTEUS软件和Keil软件进行单片机中断系统和LED数码管驱动接口的软、硬件联调的方法，学会思考、分析和解决学习中遇到的问题。

【能力目标】

1.专业能力

掌握PROTEUS软件和Keil软件联调单片机中断系统的方法；掌握PROTEUS软件和Keil软件联调单片机应用系统LED显示接口的方法。

2.方法能力

提升认识问题，解决问题的能力。

任务 1　单片机控制单只数码管

活动情景

以图 12-1 和图 12-2 所示元件为主要元件搭建成由单片机控制的 LED 数码管显示电路，要求能实现 LED 数码管循环显示 0～9 十个数字，每个数字显示 0.5 s。

图 12-1　AT89C51 外形

图 12-2　数码管外形

任务要求

（1）掌握 LED 数码管的结构和与单片机连接的接线方法。

（2）完成在 PROTEUS 环境中单片机控制单只 LED 数码管电路的搭建。

（3）完成在 PROTEUS 环境中调试单片机驱动 LED 数码管循环显示数字的任务。

基本活动

按照如表 12-1 所示的工作任务单完成各项任务。

表 12-1　工作任务单

序　号	工 作 内 容	要　求
1	了解 LED 数码管的结构和常用方法	了解共阳、共阴数码管结构、符号、使用方法及其的异同
2	在 PROTEUS 软件中绘制单片机控制单只 LED 数码管显示数字的电路	按照图例，正确设定元件参数和序号，电路布局合理、美观
3	在 Keil 软件中创建工程并完成工程的编译、连接，输出 *.HEX 文件	选用 AT89C51 单片机

续表

序　号	工作内容	要　求
4	在 PROTEUS 软件中修改单片机仿真参数，加入被仿真的 *.HEX 文件	时钟频率为 12 MHz
5	在 PROTEUS 软件中运行仿真，观察程序运行效果	—
6	反复进行第 2、4 项工作，直到实现既定任务	—

基本活动

1. LED 数码管的结构和使用方法

LED 数码管是由多个发光二极管封装在一起组成“8”字型的器件，引线已在内部连接完成，外部只引出它们的各个笔段和公共端。LED 数码管常用段数一般为 7 段，有的另加一个小数点。根据 LED 的接法不同分为共阴和共阳两类。不同类型的 LED 数码管发光原理相同，但其内部结构、驱动电路和编程方法是不同的。

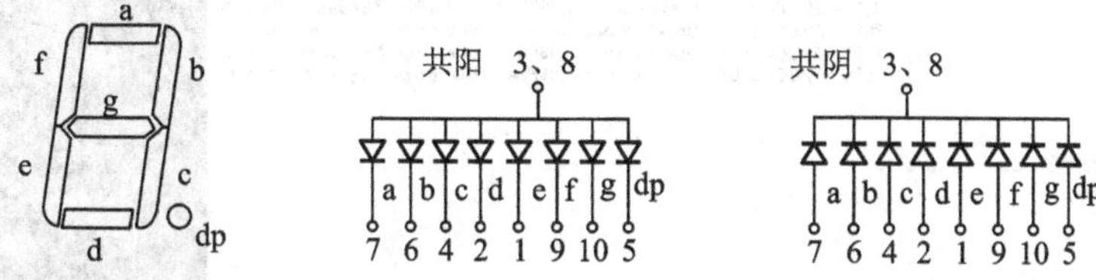

在显示电路中，共阳型 LED 数码管的公共端(3、8 脚)接电源，接高电平的笔端熄灭，接低电平的笔段点亮；共阴型 LED 数码管则与之相反，即公共端(3、8 脚)接地，接高电平的笔端点亮，接低电平的笔段熄灭。按通常习惯，单片机的某一并行 I/O 口的 8 条口线从高到低分别接 LED 数码管的 dp、g、f、e、d、c、b、a 笔段，因此可以得到两种数码管的字形码如表 12-2 所示。

表 12-2　共阳和共阴 LED 数码管字形码表

字　符	共阴字形码	共阳字形码	字　符	共阴字形码	共阳字形码
0	3FH	0C0H	9	6FH	90H
1	06H	0F9H	A	77H	88H
2	5BH	0A4H	B	7CH	83H
3	4FH	0B0H	C	39H	0C6H
4	66H	99H	D	5EH	0A1H
5	6DH	92H	E	79H	86H
6	7DH	82H	F	71H	8EH
7	07H	0F8H	P	73H	8CH
8	7FH	80H	H	76H	89H

2. 绘制单片机控制单只数码管的电路

(1) 打开 PROTEUS 软件的 ISIS 程序，点击主工具栏的新建设计图标，新建一个文件，设置存盘路径并命名为“display”。

(2) 用鼠标选择模型工具栏中选择元件图标，然后单击元件列表 P L DEVICES 上的 P 按钮，在弹出的对话框的“Keywords”处键入“7seg”，在预览窗口拖动滚动条找到并选中“7SEG-COM-CATHODE”，如图 12-3 所示。

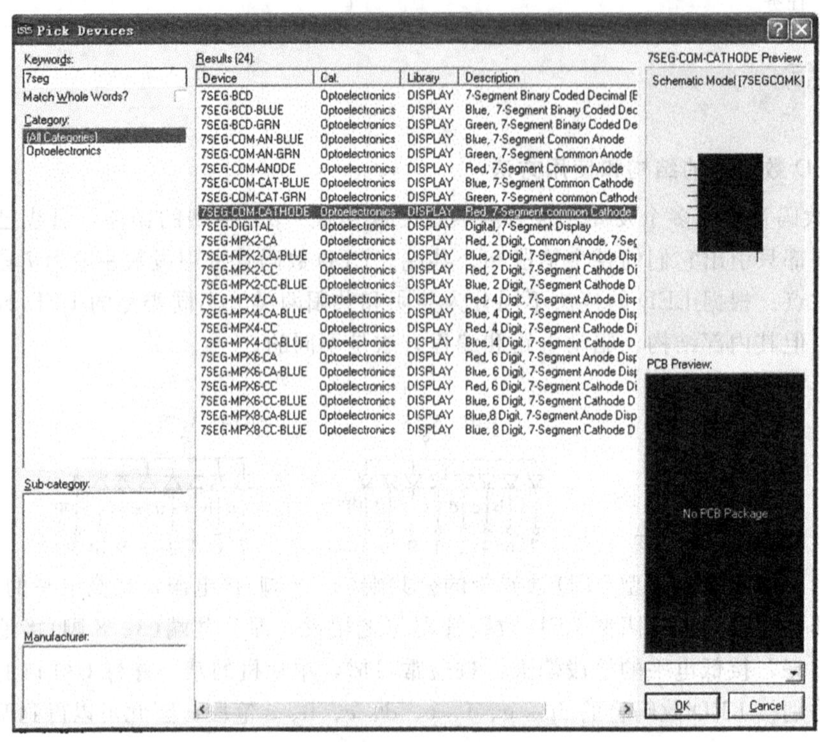

图 12-3　数码管选择

这是一个共阴极的单位七段数码管，没有小数点，元件的封装也没有定义，但这不影响原理图仿真，单击“OK”按钮确认，这个 7 段数码管就在左侧的元件列表窗口中了。

(3) 参考元件表(见表 12-3)分别将本电路所需的其他元件放置到绘图区并参考如图 12-4 所示的电路为各元件命名并调整元件布局。

表 12-3　单片机控制单只数码管电路元件表

序号	元件名称	参　数	数量	ISIS 中元件			
				名　称	元件封装	所属子类	所属库
1	单片机	AT89C51	1	AT89C51	DIL40	Microprocessor ICs	MCS8051
2	数码管	共阴	1	7seg-com-cathode	No	Optoelectronics	DISPLAY
3	晶振	12 MHz	1	CRYSTLE	XTAL18	Miscellaneous	DEVICE

续表

序号	元件名称	参　数	数量	ISIS 中元件			
				名　称	元件封装	所属子类	所属库
4	电阻	1 kΩ/0.25 W	1	RES	RES40	Rsistors	DEVICE
		10 kΩ/0.25 W	1	RES	RES40	Rsistors	DEVICE
5	电阻排	5.1 kΩ	1	RESPACK-7	RESPACK-7	Rsistors	DEVICE
		100	1	Rx8	RESPACK-8	Rsistors	DEVICE
6	电解电容	10 μF/16 V	1	GENELECT 10U16V	ELEC-RA D15M	Capacitors	Capacitors
7	按钮	1.2＊1.2	1	BUTTON	NO	Switchs&Relays	ACTIVE
8	瓷片电容	30 pF	2	CERAMIC33P	CAP20	Capacitors	Capacitors

(4) 放置“电源”和“地”端口并按照图 12-4 所示的电路进行连接。

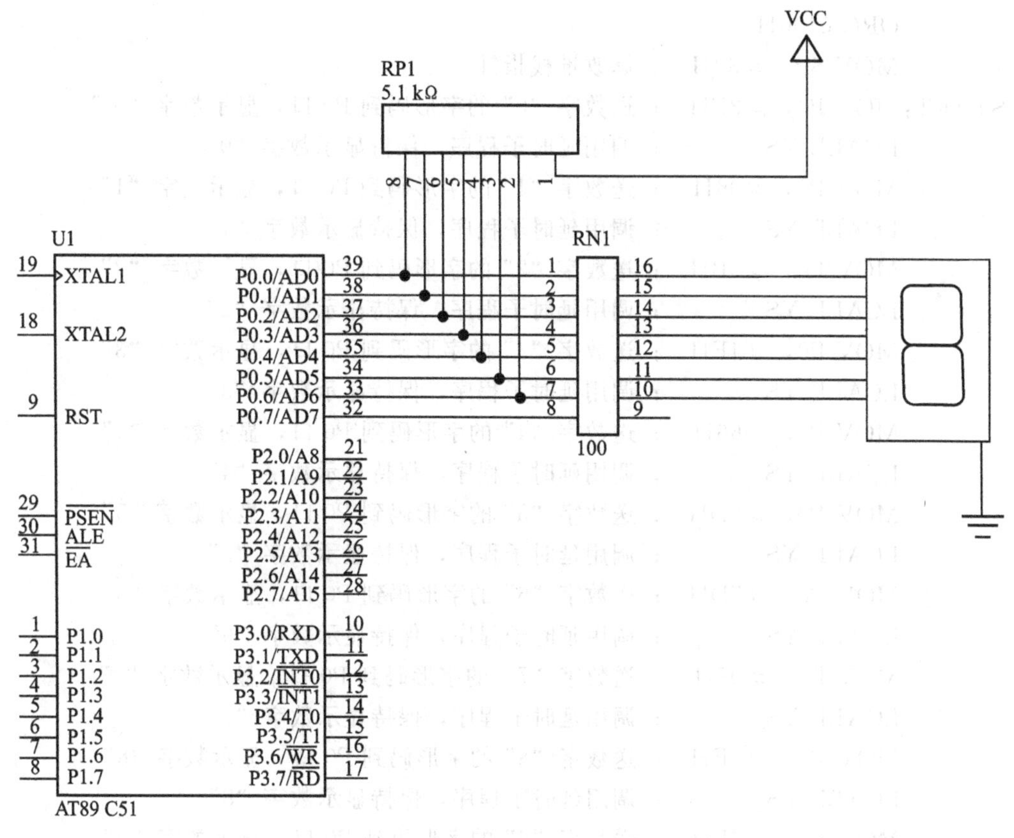

图 12-4　单片机控制单只数码管电路

在仿真单片机应用系统时，PROTEUS会提供内置的时钟和复位信号，所以电路图中可不必绘出单片机的时钟和复位电路，只要在单片机属性编辑对话框中输入所需要的时钟频率，系统会自动提供仿真所需的时钟，但是考虑到后期制作PCB的需要，一般要将时钟和复位电路绘出，如果仅需仿真原理图，这两部分电路可以省略。

3. 生成仿真所需的目标文件(＊.HEX)

(1) 打开Keil软件，鼠标左键点击“Project”，在下拉菜单中点击“New project”创建工程，命名为“display”并设置存盘路径，在之后选择单片机型号的步骤中选择“ATMEL”→“AT89C51”。

(2) 在Keil工程中建立“. ASM”格式的源文件　打开新建的工程，点击菜单栏“File”→“New”并在窗口中输入如下代码。

```
       ORG 0000H
       LJMP 0100H
       ORG 0100H
       MOV SP，#30H   ；修改堆栈指针
START：MOV P0，#3FH   ；送数字“0”的字形码到P0口，显示数字“0 ”
       LCALL YS       ；调用延时子程序，保持显示数字“0”
       MOV P0，#06H   ；送数字“1”的字形码到P0口，显示数字“1”
       LCALL YS       ；调用延时子程序，保持显示数字“1”
       MOV P0，#5BH   ；送数字“2”的字形码到P0口，显示数字“2”
       LCALL YS       ；调用延时子程序，保持显示数字“2”
       MOV P0，#4FH   ；送数字“3”的字形码到P0口，显示数字“3”
       LCALL YS       ；调用延时子程序，保持显示数字“3”
       MOV P0，#66H   ；送数字“4”的字形码到P0口，显示数字“4”
       LCALL YS       ；调用延时子程序，保持显示数字“4”
       MOV P0，#6DH   ；送数字“5”的字形码到P0口，显示数字“5”
       LCALL YS       ；调用延时子程序，保持显示数字“5”
       MOV P0，#7DH   ；送数字“6”的字形码到P0口，显示数字“6”
       LCALL YS       ；调用延时子程序，保持显示数字“6”
       MOV P0，#07H   ；送数字“7”的字形码到P0口，显示数字“7”
       LCALL YS       ；调用延时子程序，保持显示数字“7”
       MOV P0，#7FH   ；送数字“8”的字形码到P0口，显示数字“8”
       LCALL YS       ；调用延时子程序，保持显示数字“8”
       MOV P0，#6FH   ；送数字“9”的字形码到P0口，显示数字“9”
       LCALL YS       ；调用延时子程序，保持显示数字“9”
       SJMP START     ；返回主程序开始处
```

```
        ORG 0130H
     YS: MOV R7, #0FFH
   LOOP: MOV R6, #0E0H
  LOOP1: NOP
        NOP
        NOP
        NOP
        NOP
        DJNZ R6, LOOP1
        DJNZ R7, LOOP
        RET
        END
```

之后点击菜单栏“File”→“Save”，指定存盘路径并在“文件名”一栏中输入“display1. asm”将存盘格式设为“. ASM”。

(3) 向工程中添加源文件　将鼠标放到“项目管理器”中的“Source Group1”并点击右键，再点击“Add File to‘Source group1’”，在弹出的对话框中选择已经保存的“display1. asm”，之后点击“Add”按钮添加文件，点击“Close”按钮关闭对话框。此时“项目管理器”中的“Source Group1”下已经增加了文件“display1. asm”，如图 12-5 所示。

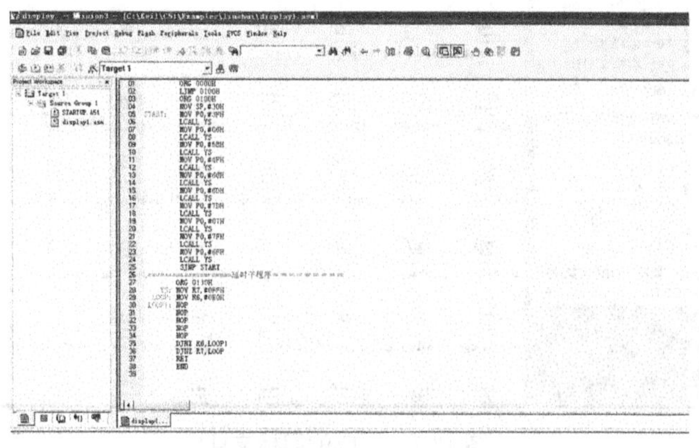

图 12-5　工程中添加源文件

(4) 编译、连接，输出“. HEX”格式目标文件　先将鼠标放到“项目管理器”中“Target1”并单击右键，再点击“Options for Target‘Target1’”，在弹出的对话框中选择“Output”选项卡，鼠标点击“Create HEX file”一项前面的小方框在其中画钩，设定允许工程输出“*. HEX”文件，如图 12-6 所示。

依次点击菜单栏“Project \ Translate *. asm”和“Project \ Build target”或点击工具栏中的图标完成编译、连接，在此过程中需要反复修改语法错误，直到报告错误为 0 时为止。此时，Keil 软件已经在工程所在的目录下生成了仿真所需的目标文件“display. HEX”，如图 12-7 所示。

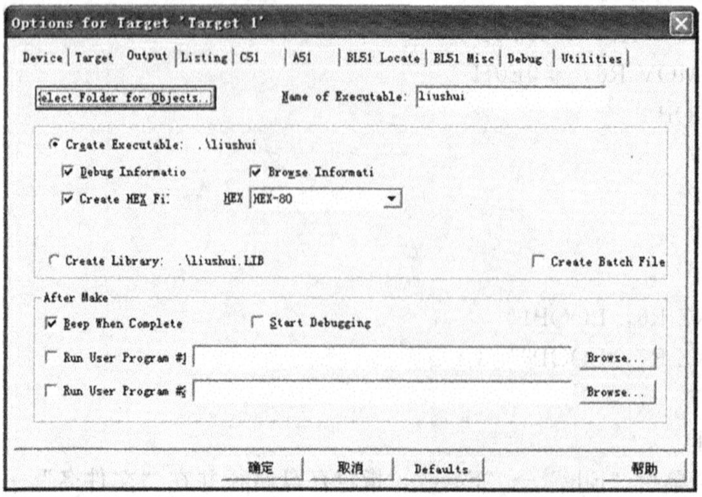

图 12-6　编译、连接

图 12-7　生成的目标文件

4. 仿真调试目标程序和电路

打开 ISIS 软件，在元件 AT89C51 上先用鼠标右击、再左击打开元件属性，点击“Program Files”栏内右侧的黄色文件夹图标指定要仿真的目标程序文件，将时钟频率“Clock Frequency”设置为 12 MHz，点击“OK”按钮确认，如图 12-8 所示。

参考项目十一中的方法，在电路图中放置一台示波器，将其 A 通道接到单片机的 P0.0 引脚，如图 12-9 所示。

打开 Keil 软件并进入调试模式，连续点击几次宏单步执行快捷键 F10，边点击边观察 LED 数码管，当其显示的数字改变几次后，点击“停止”按钮停止运行，调整 PROTEUS 界面的示波器的时基扫描旋钮，使其指向 100 ms，拖动水平位置调整按钮，使示波器屏幕上

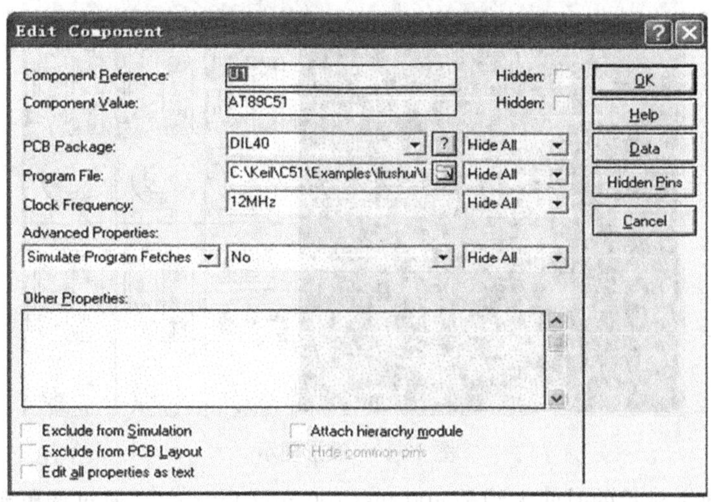

图 12-8　加入目标文件

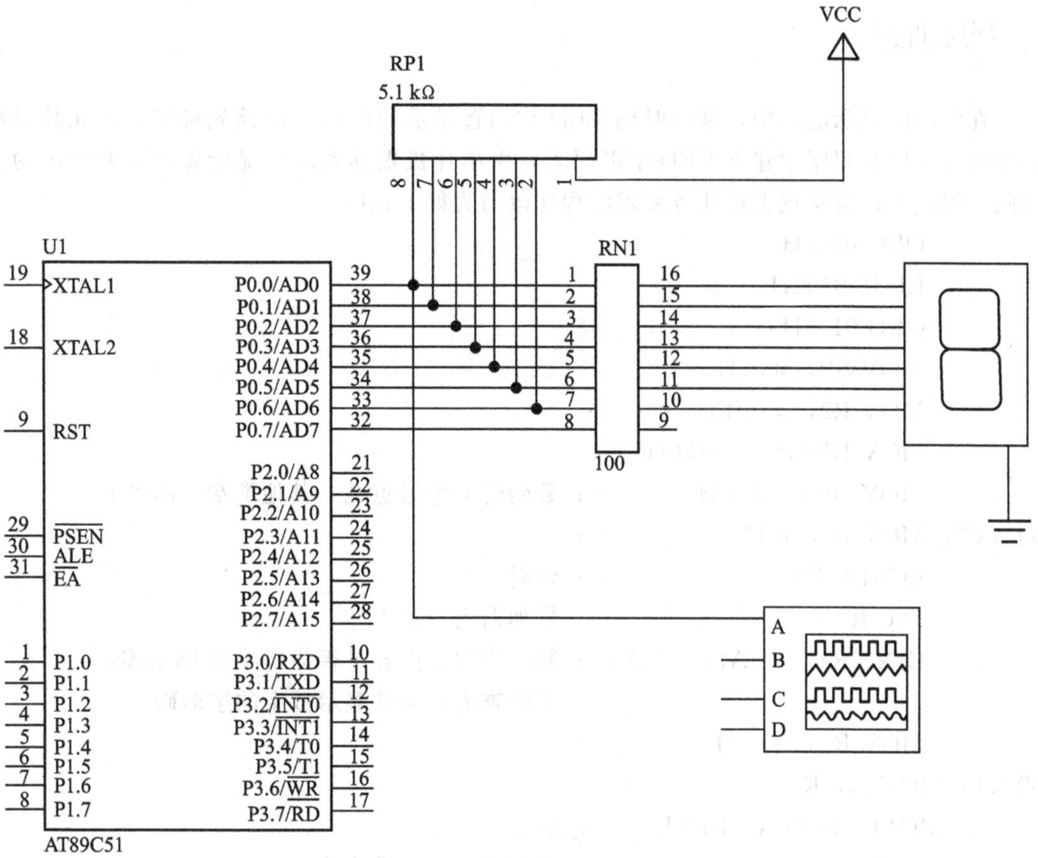

图 12-9　虚拟仪器连接

从起始处显示 A 通道波形，如图 12-10 所示。

此时 A 通道波形显示的是数码管显示 0～4 的过程中 a 笔段的电平变化情况，从中可

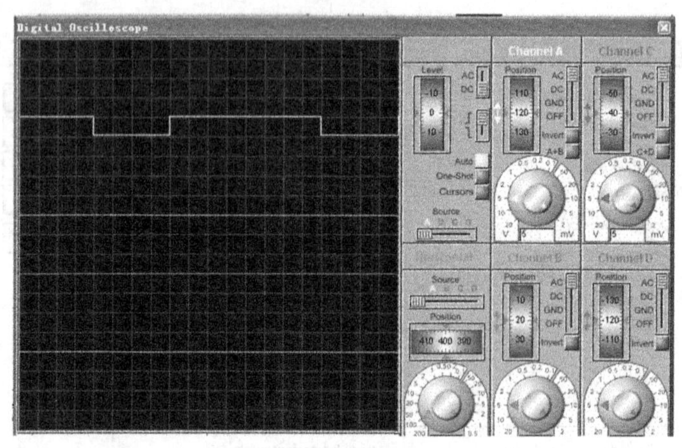

图 12-10　波形显示

以计算出每个数字显示的时间大约是 400 ms(100 ms/div×4)，通过调整延时子程序可以使数字显示时间达到要求的 0.5 s，这项工作请读者自行完成。

拓展训练

在实际的显示电路中，某一时刻 LED 数码管显示的内容不能预先确定，因此其显示部分往往采用在程序中建立 LED 字形码表，由单片机根据实际情况计算产生要送出的字形码，因此可以将实现上述任务要求的程序改写为如下代码。

```
        ORG 0000H
        LJMP 0100H
        ORG 0100H
        MOV SP，#30H
        MOV R2，#0FFH
        MOV DPTR，#0150H
        MOV 40H，#40H          ；数码管 g 笔段点亮，其他笔端全部熄灭
START：MOV P0，40H              ；
        LCALL YS               ；延时
        INC R2                 ；累加器内容加 1
        CJNE R2，#0AH，NEXT    ；判断累加器内容是否为 10，是则清零，
                               ；否则查表计算欲显示数字的字形码
        MOV R2，#00H
NEXT：MOV A，R2
       MOVC A，@A+DPTR         ；查表
       MOV 40H，A              ；字形码送显示缓冲单元
       SJMP START

；==========延时子程序==========
```

```
      ORG 0130H
   YS：MOV R7，#0FFH
 LOOP：MOV R6，#0E0H
LOOP1：NOP
      NOP
      NOP
      NOP
      NOP
      DJNZ R6，LOOP1
      DJNZ R7，LOOP
      RET
;===========字形码表===========
      ORG 0150H
      DB 3FH，06H，5BH，4FH，66H，6DH，7DH，07H，7FH，6FH
      END
```

按照前面介绍的调试方法，在Keil软件中执行宏单步运行命令，观察程序跳转和涉及的“SP”、“DPTR”、“ACC”、“R2”、“40H”、“50H”等存储单元的内容变化情况，在PROTEUS环境中观察LED数码管显示数字的变化情况，直到0～9十个数字全部显示一遍后，再依次点击复位按钮和连续运行按钮，此时就应该实现上电时LED显示器显示 - 0.5 s，此后依次显示0～9十个数字，每个数字显示0.5 s。

任务2 键控加减法计数器

活动情景

图12-11所示为键控加减法计数器的实验电路板。

图12-11 实验电路板

任务要求

（1）完成 Keil 中创建工程和输出目标文件。

（2）完成 PROTEUS 环境中搭建单片机控制键控加减法计数器的电路搭建。

（3）完成 PROTEUS 和 Keil 软件联调单片机应用系统外部中断的调试。

基本活动

按照如表 12-4 所示的工作任务单完成各项任务。

表 12-4　工作任务单

序　号	工作内容	要　求
1	在 PROTEUS 软件中绘制单片机控制的键控加减法计数器电路	按照图例，正确设定元件参数和序号，电路布局合理、美观
2	在 Keil 软件中创建工程，分别在 Keil 和 PROTEUS 软件中设置联调参数	Keil 创建工程时选用 AT89C51 单片机
3	在 Keil 软件中编辑、添加源文件并进行编译、连接，输出 *.HEX 目标文件	—
4	在 PROTEUS 软件中修改单片机仿真参数，加入被仿真的 *.HEX 文件	时钟频率 12 MHz
5	联调程序，观察运行结果和相关寄存器变化情况	—
6	反复进行第 2、5 项工作，直到实现既定任务	—

基本活动

1. 绘制单片机控制的键控加减法计数器电路

（1）按照本项目的任务 1 中的方法，打开 PROTEUS 软件的 ISIS 程序，新建一个文件命名为 diaplay。

（2）参考表 12-5 分别将本电路所需的元件放置到绘图区并参考图 12-12 所示为各元件命名和调整元件布局。

表 12-5　元件清单

序号	元件名称	参　数	数量	ISIS 中元件			
				名　称	元件封装	所属子类	所属库
1	单片机	AT89C51	1	AT89C51	DIL40	Microprocessor ICs	MCS8051
2	数码管	共阴	1	7seg-com-cathode	No	Optoelectronics	DISPLAY
3	按钮	1.2*1.2	3	BUTTON	NO	Switchs&Relays	ACTIVE

续表

序号	元件名称	参　　数	数量	ISIS 中元件			
				名　　称	元件封装	所属子类	所属库
3	晶振	12 MHz	1	CRYSTLE	XTAL18	Miscellaneous	DEVICE
4	电阻	1 kΩ/0.25 W	1	RES	RES40	Rsistors	DEVICE
		10 kΩ/0.25 W	1	RES	RES40	Rsistors	DEVICE
5	电阻排	5.1 kΩ	1	RESPACK-7	RESPACK-7	Rsistors	DEVICE
		100	1	Rx8	RESPACK-8	Rsistors	DEVICE
6	电解电容	10 μF/16 V	1	GENELECT 10U16V	ELEC-RAD15M	Capacitors	Capacitors
7	集成与门	7408	1	7408	DIL14		
7	瓷片电容	30 pF	2	CERAMIC33P	CAP20	Capacitors	Capacitors

（3）绘制单片机控制 8 只 LED 发光管的电路，包括复位电路、时钟电路，如图12-12所示。

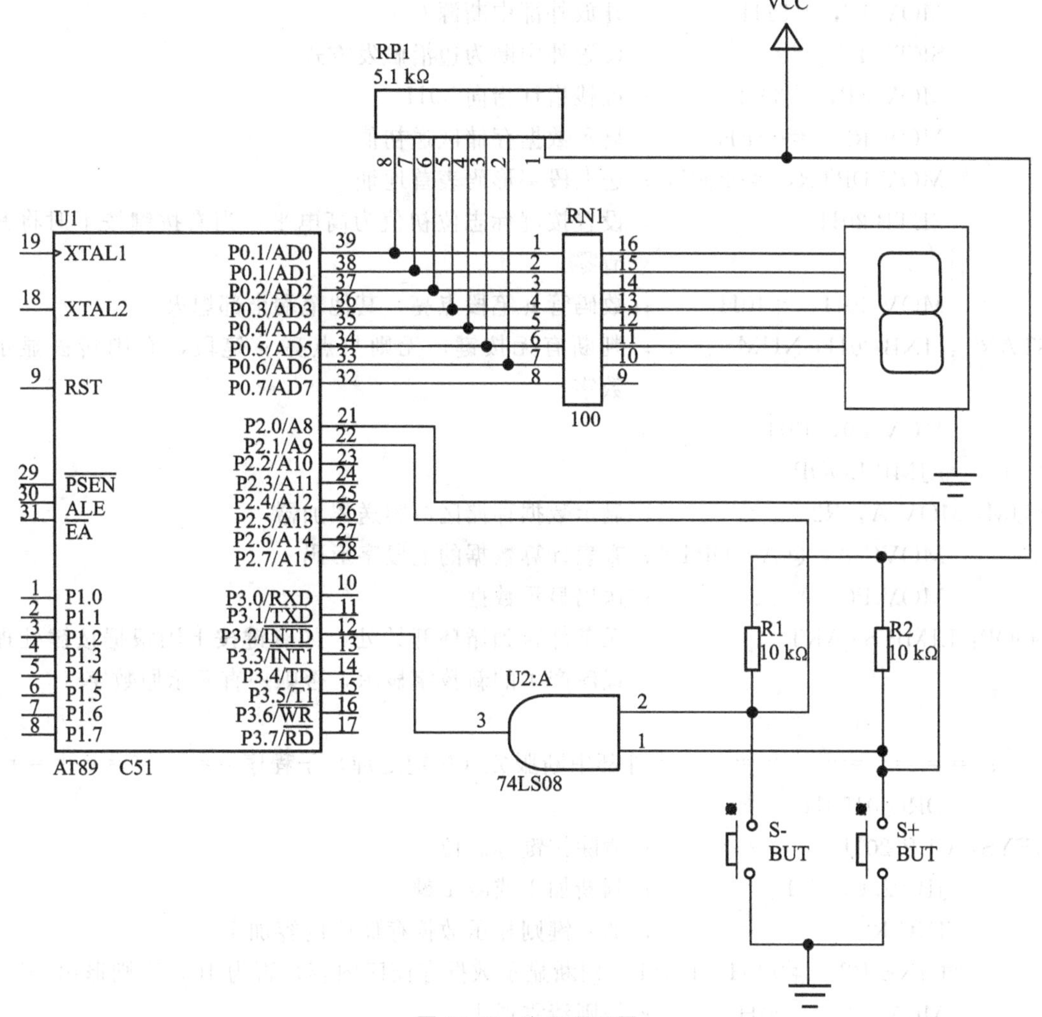

图 12-12　电路原理图

2. 在 Keil 软件中创建工程，分别在 Keil 和 PROTEUS 软件中设置联调参数

(1) 打开 Keil 软件，鼠标左键点击“Project”，在下拉菜单中点击“New project”创建工程，命名为“display2”并设置存盘路径；然后选择单片机型号为“ATMEL \ AT89C51”，参照任务 1 所述的方法设置 Keil 和 PROTEUS 联调参数。

也可以在任务 1 所建的工程中添加实现本任务的源文件进行调试，本任务采用这种方法。

(2) 在 Keil 工程中建立“. ASM”格式的源文件。

打开新建的工程，点击菜单栏“File”→“New”并在窗口中输入如下代码。

```
        ORG 0000H
        LJMP 0100H              ；无条件转主程序入口
        ORG 0003H
        LJMP KEYS               ；无条件转按键处理子程序入口
        ORG 0100H
        MOV IE，#81H            ；开放外部中断源 0
        SETB IT0                ；设置外中断为边沿触发方式
        MOV SP，#30H            ；堆栈指针指向 30H
        MOV R2，#0FFH           ；显示数据存储区送初值
        MOV DPTR，#0200H        ；送七段字形码表首地址
        SETB 20H                ；设置按键标志位初值为高电平，当有按键按下时将其
                                  清零
        MOV 40H，#40H           ；数码管 g 笔段点亮，其他笔端全部熄灭
START：JNB 20H，NUM             ；判断有无按键，无则只点亮 g 笔段，有则转去显示
                                  数字
        MOV P0，40H
        LJMP LOOP
NUM：MOV A，R2                  ；显示数据存储区内容送累加器
        MOVC A，@A+DPTR         ；查表计算数据的七段字形码
        MOV P0，A               ；送出显示数据
LOOP：LJMP START                ；无条件转到循环开始处，如有键按下则根据按键处理
                                  程序产生的新数字显示，否则一直显示原数字

    ；=============外部中断服务（按键处理）子程序=========
        ORG 0150H
KEYS：CLR 20H                   ；清除按键标志位
        JB P2.0，P21            ；判断加 1 或减 1 键
        INC R2                  ；加一键则显示数据存储区内容加 1
        CJNE R2，#0AH，EXIT；判断显示数据存储区内容是否为 10，否则退出
        MOV R2，#00H            ；是则清零退出
```

```
        LJMP EXIT
P21: JB P2.1, EXIT              ; 判断是否减 1 键按下，是则处理数据，否则直接退出
        DEC R2                  ; 显示数据存储区内容减 1
        CJNE R2, #0FFH, EXIT;   判断显示数据存储区内容是否减至小于零，否则
                                退出
        MOV R2, #09H            ; 是则改写为 9
EXIT:    RETI                   ; 中断返回

; ===============七段字形码表===============
        ORG 0200H
        DB 3FH, 06H, 5BH, 4FH, 66H, 6DH, 7DH, 07H, 7FH, 6FH
          END
```

然后点击菜单栏“File”→“Save”，指定存盘路径并在“文件名”一栏中输入“display2. asm”将存盘格式设为“. ASM”。

(3) 向工程中添加源文件　将鼠标放到“项目管理器”中的“Source Group1”并点击右键，再点击“Remove File from ‘Source group1’”，删除工程中已存在的源文件“display1. asm”，再向工程中添加刚才建立的“display2. asm”，完成后如图 12-13 所示。

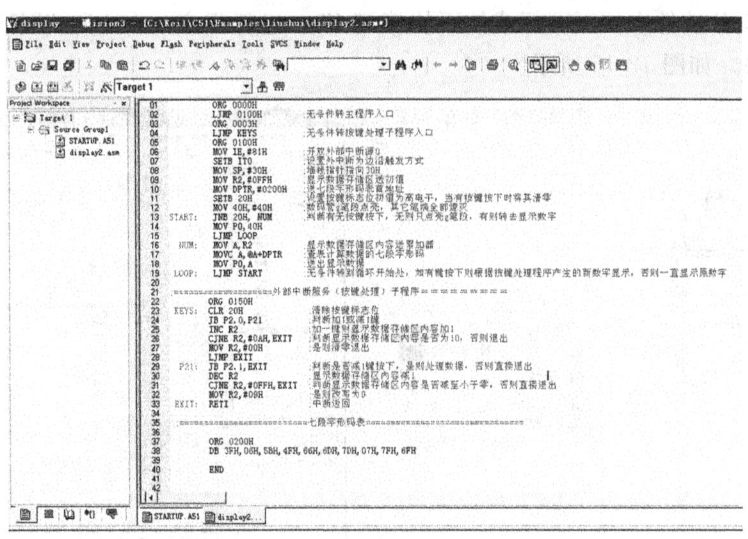

图 12-13　在工程中添加源文件

(4) 编译、连接，输出“. HEX”格式目标文件　因为在任务 1 中已设定该工程允许输出目标文件，且工程名与任务 1 相同，所以编译、连接完成后没有生成新的目标文件，而只有“display. hex”，但其内容与任务 1 生成的目标文件不同。

3. 在 PROTEUS 软件中修改单片机仿真参数，加入被仿真的 *. HEX 文件

参照本项目中任务 1 的方法向单片机中添加目标文件，并设定时钟频率 12 MHz，之后点击“OK”按钮，保存设置。

4. 联调程序、观察运行结果和相关寄存器变化情况

（1）分别打开 Keil 软件和 PROTEUS 软件，并将其设置为窗口模式，调整窗口大小到可以同时观察两个软件，再在 Keil 软件中按下按钮进入调试模式，如图 12-14 所示。

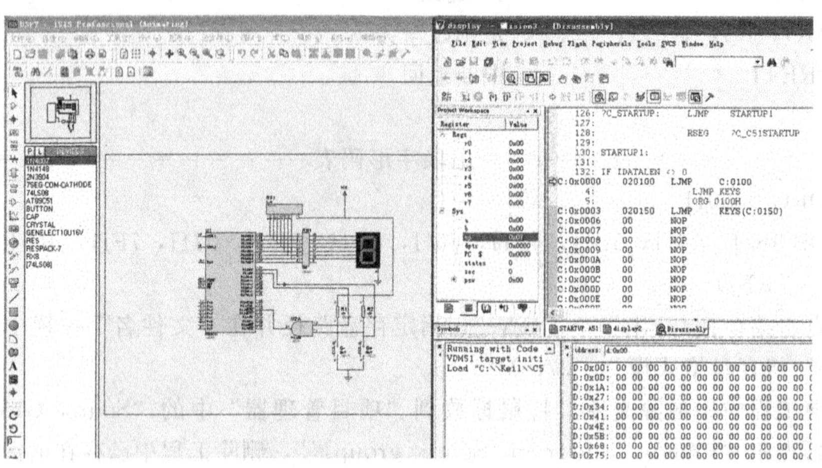

图 12-14 仿真窗口

（2）在 Keil 软件中按下图标或按下快捷键 F5，运行程序，在 PROTEUS 软件中观察程序运行效果。如图 12-15 所示。

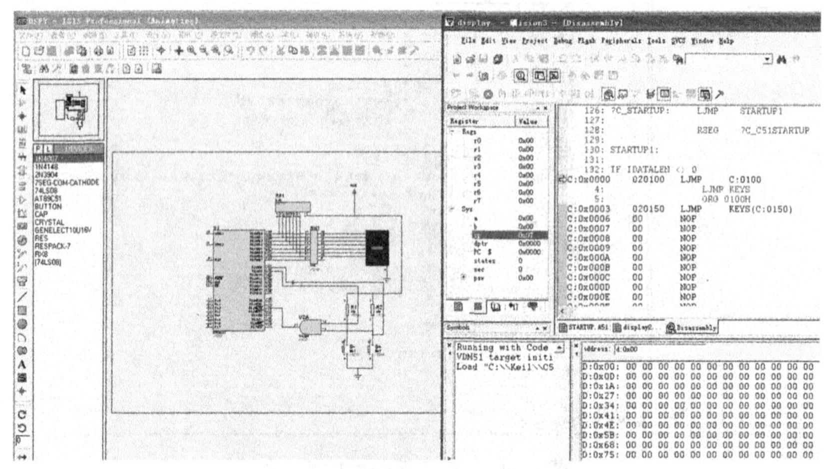

图 12-15 程序运行效果

（3）在 PROTEUS 软件的仿真电路中点击按键“S+”，LED 数码管显示数字“0”，然后继续点击按键“S+”，LED 数码管依次显示数字“1”到“9”，再次点击该按键时数码管又显示数字“0”，也就是每按动按键“S+”一次，LED 数码管显示的内容加 1；当按动按键“S−”时，数码管显示的数字也发生变化，与按动“S+”不同的是，每按动“S−”一次，LED 数码管显示数字减 1。

因为程序中设定外部中断的触发方式为边沿方式，即下降沿有效，所以按动按键时，要按下后立即松开，即使一直保持按键处于被按下状态，数码管显示的数字也仅在按下按键的瞬间发生变化。

(4) 在 Keil 软件中按下图标停止运行，按下图标使寄存器复位，打开寄存器观察窗口，在其地址栏"Adress"内输入 D：0X00 后回车确认，打开内部 RAM 区窗口，如图 12-16 所示。

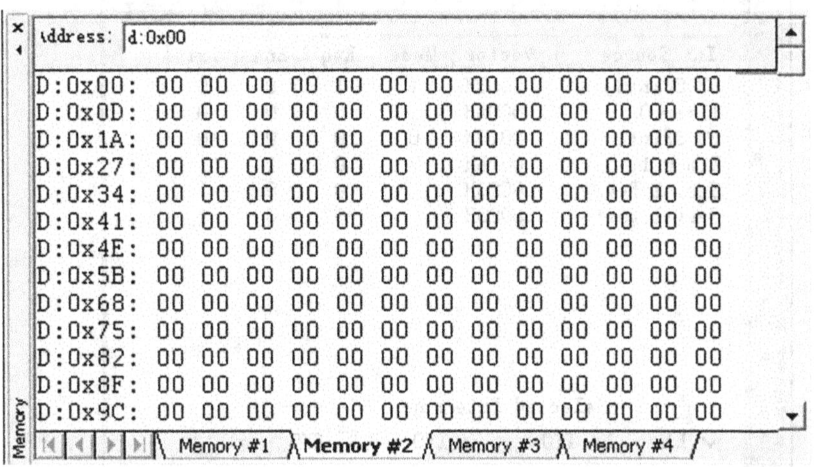

图 12-16　RAM 区窗口

图中"Memory＃1"等选项卡是用于观察不同区域内的存储单元内容时切换区域的，这里把内部 RAM 区放在"Memory＃2"中。

(5) 在 Keil 软件中执行单步(F11)或宏单步(F10)命令观察程序执行过程中，各存储单元的内容变化情况，同时观察仿真电路中个引脚和 LED 显示器的显示情况。通过观察可以发现，在没有产生按键中断信号时程序可以顺利执行初始化和显示符号。

(6) 执行菜单命令"Peripherals"→"Interrupt"，打开中断管理窗口，如图 12-17 所示。当执行到指令"0115H：MOV P0，40H"时，在该窗口右下角的"EX0"前的小方框内画钩，模拟产生外部中断请求(即模拟按键按下)。

也可以采用人工模拟的方式模拟系统响应外部中断的过程，同样假定程序执行到指令"0115H：MOV P0，40H"时产生中断信号，为此修改下列单元内容。

①模拟子程序调用时硬件的压栈操作，将 31H 内容改为"15H"，32H 内容改为"01H"，SP 内容改为"32H"。

②模拟系统调用中断服务子程序，将 PC 值改为"0003H"。

③模拟按键"S+"按下瞬间 P2.0 为低电平，将 P2.0 内容设为低电平。

(7) 执行单步(F11)，观察中断服务子程序运行情况，直到执行中断返回指令

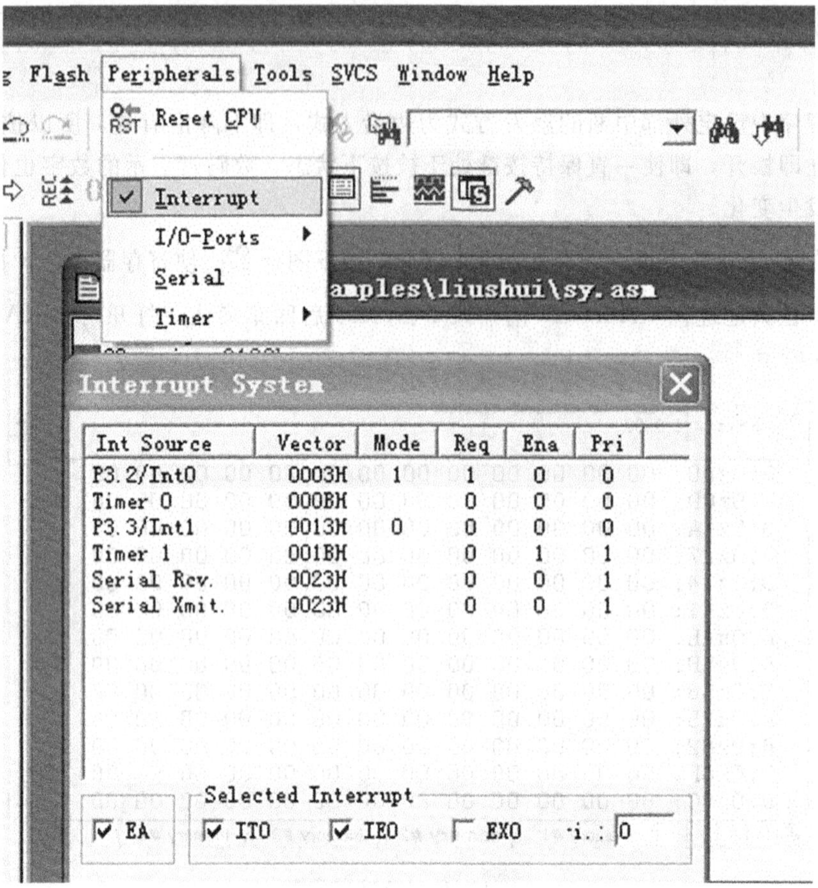

图 12-17　模拟产生外部中断请求

“RETI”，程序返回到指令“0115H：MOV P0，40H”后，再单步执行几次，LED 数码管显示字符。

（8）参照上述方法调试 LED 数码管显示其他数字的情形，可以逐次调试完成，也可以通过修改计数器 R2 的内容，选取几个典型的数字完成调试，按键“S－”的中断调试和“S＋”方法相同，只是要模拟 P2.0 为高电平、P2.1 为低电平。

拓展训练

在调试本任务的程序时会发现，如果数码管显示符号时，先按下按键“S＋”，使数码管显示数字后再按下按键“S－”则程序执行正常；但如果先按下按键“S－”，LED 数码管就会不显示任何数字，整个程序也无法调试，这是由于源程序中有不完善之处，请读者修改源程序并完成调试，实现无论先按下哪个按键都能使电路正常显示。

提示：如果先按下按键“S－”，进入中断服务程序后，R2 的值将减为“0FEH”，本任务中所列示的源程序没有对这种情况进行处理就直接返回主程序，完成查表和送出显示了，由于七段字形码表中只有 0～9 这 10 个数字的字形码而没有 0FEH 的字形码，所以

LED 显示器就不显示或显示乱码。

项目小结

本项目是两个简单的单片机应用电路仿真实例，其中涉及单片机驱动 LED 数码管和利用外部中断源构成的简单键盘。通过这两个仿真实例，复习巩固了在电路中放置单片机、创建仿真目标文件、添加目标文件、设定单片机仿真参数等主要步骤，更为重要的是，本项目示范了采用 Keil 和 PROTEUS 联调单片机的 LED 数码管接口驱动程序和外部中断服务子程序的调试方法和基本过程，对于单片机的其他中断源中断服务子程序的调试均可参照本项目所示的方法进行。

思考练习

用本项目学到的方法编写并采用 Keil 和 PROTEUS 软件联调一段程序，使图 12-12 中 LED 数码管的显示内容不但要随按键的点动而增减变化，而且要具备当按键按住不放时 LED 数码管显示数字连续增减变化，直到按键松开数字变化才停止的功能。

项目十三

数控直流稳压电源

【项目描述】

本项目是利用单片机的按键来控制三端可调稳压芯片LM317的输出电压在1.5 V至9 V变化，每次操作按键，电每次变化0.5 V,一共可产生16种电压。

【学习目标】

通过本项目的学习，读者应能熟练地掌握PROTEUS软件的单片机软、硬件调试方法，独立地思考并解决学习中遇到的问题。

【能力目标】

1.专业能力

掌握PROTEUS软件仿真单片机的知识和技能。

2.方法能力

提升认识问题，解决问题的能力。

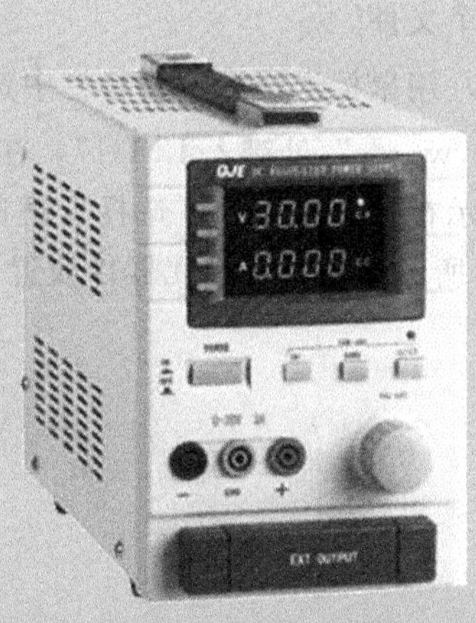

任务 1　LM317 三端可调稳压电路

活动情景

用如图 13-1 中所示的三端稳压电源芯片 LM317 对输入电压进行稳压控制，通过模拟开关的接通与断开，使其输出电压在 1.5～9 V 之间按 0.5 V 的步进值进行变化，一共可以产生 16 种电压。

图 13-1　LM317 外形

任务要求

（1）掌握用三端可调稳压电源芯片 LM317 进行稳压控制的方法。

（2）掌握输入开关模拟仿真调试的技巧。

技能训练

（1）在电脑上打开 PROTEUS 软件的 ISIS 程序，点击主工具栏的新建设计图标 ，新建一个文件。

（2）用鼠标选择模型工具栏中选择元件图标 ，然后单击元件列表上的“P”按钮，在“Keywords”处键入 LM317，在预览窗口就可以看到所选择的元件，同时元件的封装也会显示在预览窗口中，选择合适的封装，选择结束，单击“OK”按钮。同样的方法按表 13-1 所示的清单将各元器件放置到绘图区域，并完成连接。

表 13-1　元器件清单

元 件 名	含 义	所 在 库	封 装 形 式
LM317	稳压芯片	ANALOG	TO92
RES	电阻	DEVICE	RES40
CAP-ELEC	电解电容	DEVICE	ELEC-RAD10
CONN-H2	接插件	CONNDVC	CONN-SIL2
G2R-14-DC5	继电器	RELAYS	RLY-OMRON-G2R-A1

（3）先将接插件、5 V 继电器、固定电阻、电熔放置到绘图区，然后将各元件用导线连接起来，并给电路加上工作电源（+18 V、VCC、GND），在电源输出端加上直流电压表，如图 13-2 所示。

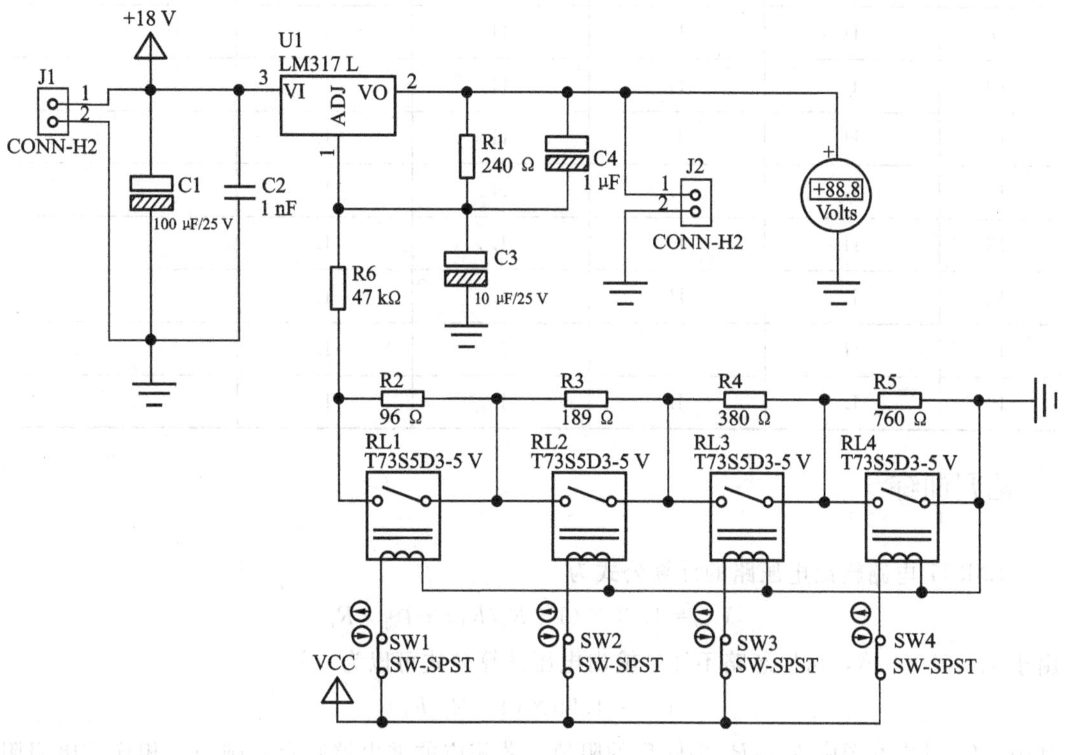

图 13-2　LM317 三端可调稳压电路

基本活动

（1）按要求完成如图 13-2 所示稳压电路的连接，分别接通和断开 SW1、SW2、SW3、SW4，检查 LM317 的直流输出电压，并将测量结果填在表 13-2 中。

表 13-2　三端稳压器输出电压测量表

序　号	RL_1	RL_2	RL_3	RL_4	输出电压/V
1	H	H	H	H	
2	L	H	H	H	
3	H	L	H	H	
4	L	L	H	H	
5	H	H	L	H	
6	L	H	L	H	
7	H	L	L	H	
8	L	L	L	H	
9	H	H	H	L	
10	L	H	H	L	
11	H	L	H	L	
13	L	L	H	L	
13	H	H	L	L	
14	L	H	L	L	
15	H	L	L	L	
16	L	L	L	L	

拓展训练

LM317 电路输出电压路的计算公式为

$$V_{out}=1.25\times(1+R_t/R_1)+I_{adj}*R_t$$

由于 $I_{adj}<100\ \mu A$，可以忽略不计，输出电压计算公式可以为

$$V_{out}=1.25\times(1+R_t/R_1)$$

其中，R_t 对应本图中 $R_2\sim R_6$ 串联后的阻值，若相应的继电器吸合，则与之相连的电阻阻值为 0。

例如：当 $RL_1\sim RL_4$ 全部吸合时，其触电闭合，将 $R_2\sim R_5$ 短路，R_t 只有 47Ω，$V_{out}=1.25\ V\times(1+47/240)=1.495\ V$。同样的道理，只要改变 R_t 的大小，就可以改变 LM317 的输出电压。

通过计算各继电器闭合、断开时 LM317 的输出电压，检查是否和仿真值相符，掌握相应的计算方法，就可以设计出更多的电压输出值。在本电路的基础上将电路的输出电压扩展至 1.5～13 V，步进值为 0.5 V。

知识链接

LM317 应用

LM317 是美国国家半导体公司的三端可调正稳压器集成电路。我国和世界各大集成电路生产商均有同类产品可供选用，是使用极为广泛的一类串联集成稳压器。

LM317 的输出电压范围是 1.25 V～37 V，负载电流最大为 2.2 A。它的使用非常简单，仅需两个外接电阻来设置输出电压。此外，它的线性调整率和负载调整率也比标准的固定稳压器好。LM317 内置有过载保护、安全区保护等多种保护电路。

LM317 能够有许多特殊的用法。比如把调整端悬浮到一个较高的电压上，可以用来调节高达数百伏的电压，只要输入/输出压差不超过 LM317 的极限就行，当然还要避免输出端短路；还可以把调整端接到一个可编程电压上，实现可编程的电源输出。

输入至少要比输出高 2 V，否则不能调压。输入电压最高不能超过 40 V。例如输入 13 V的话，输出最高就是 10 V 左右。由于它内部还是线性稳压，因此功耗比较大。当输入端与输出端的电压差比较大且输出电流也比较大时，注意要使 LM317 的功耗不要过大。一般加散热片后其功耗不得超过 20 W。

任务 2　数控直流稳压电源控制电路的仿真

活动情景

用如图 13-3 所示的实验电路板进行数控直流稳压电源控制电路仿真。

图 13-3　实验电路板

任务要求

（1）掌握汇编语言转换为目标文件的方法。

（2）掌握单片机硬件电路的绘制、调试及仿真方法。

基本活动

（1）打开 PROTEUS 软件的 ISIS 程序，新建一个文件。

（2）绘制单片机最小系统，包括复位、晶体振荡电路(PROTEUS 软件电源引脚默认是隐藏的，在仿真时可以暂时不加)，如图 13-4 所示。

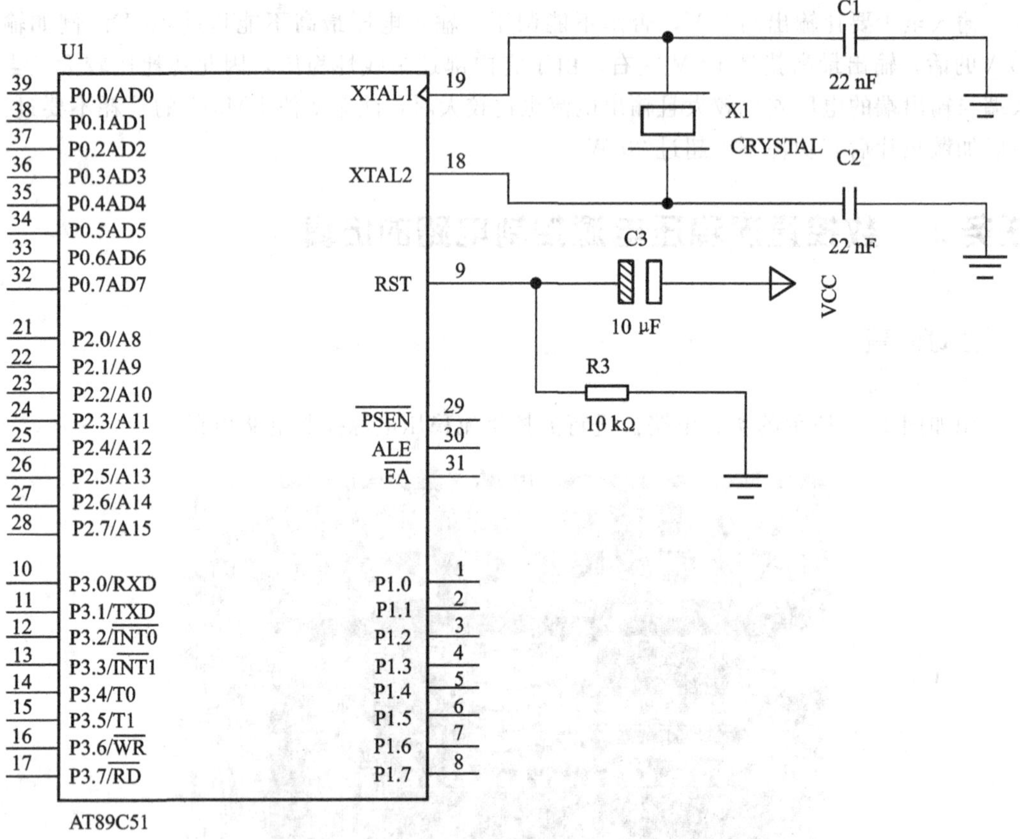

图 13-4　单片机基本电路

（3）在单片机的 P3.2、P3.3 端口分别加上两个轻触开关，用来实现对输出直流电压的加、减控制。如图 13-5 所示。

（4）打开单片机汇编软件(Keil C51 或其他的汇编软件)，输入如下参考汇编语言源程序。

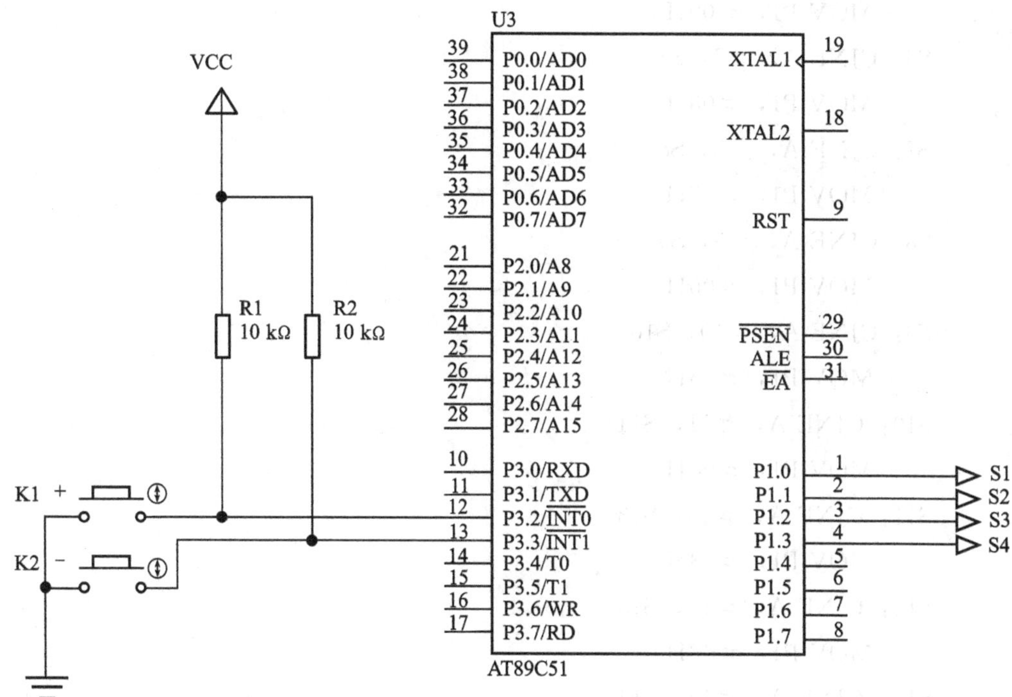

图 13-5　输入/输出电路

```
ORG 0000H
AJMP MAIN
ORG 0100H
KSCAN:      JNB P3. 2, K1CHECK ; 扫描 KEY1
        JNB P3.3, K2CHECK ; 扫描 KEY2，如果按下 KEY2，跳转到 KEY2 处理程序
            CJNE A, #0, S0
            MOV P1, #0FH
        S0: CJNE A, #1, S1
            MOV P1, #0EH
        S1: CJNE A, #2, S2
            MOV P1, #0DH
        S2: CJNE A, #3, S3
            MOV P1, #0CH
        S3: CJNE A, #4, S4
            MOV P1, #0BH
        S4: CJNE A, #5, S5
            MOV P1, #0AH
        S5: CJNE A, #6, S6
```

```
        MOV P1, #09H
    S6: CJNE A, #7, S7
        MOV P1, #08H
    S7: CJNE A, #8, S8
        MOV P1, #07H
    S8: CJNE A, #9, S9
        MOV P1, #06H
    S9: CJNE A, #10, S10
        MOV P1, #05H
    S10: CJNE A, #11, S11
        MOV P1, #04H
    S11: CJNE A, #13, S13
        MOV P1, #03H
    S13: CJNE A, #13, S13
        MOV P1, #02H
    S13: CJNE A, #14, S14
        MOV P1, #01H
    S14: CJNE A, #15, S15
        MOV P1, #00H
    S15: SJMP KSCAN
K1CHECK:
    JB P3. 2, K1HANDLE ; 去抖动，如果按下 KEY1，跳转到 KEY1 处理程序
    SJMP K1CHECK
K1HANDLE: INC A
    SJMP KSCAN
K2CHECK:
    JB P3.3, K2HANDLE ; 去抖动，如果按下 KEY2，跳转到 KEY2 处理程序
    SJMP K2CHECK
K2HANDLE: DEC A
          SJMP KSCAN
          END
```

（5）用单片机汇编软件将上述汇编语言转换为 HEX 仿真文件，在 ISIS 程序中调入仿真文件备用。

（6）将任务 1 的原理图选中并复制到任务 2 的图中，修改重名的元器件，把任务 1 中用于仿真的开关去掉，修改后的原理图如图 13-6 所示。

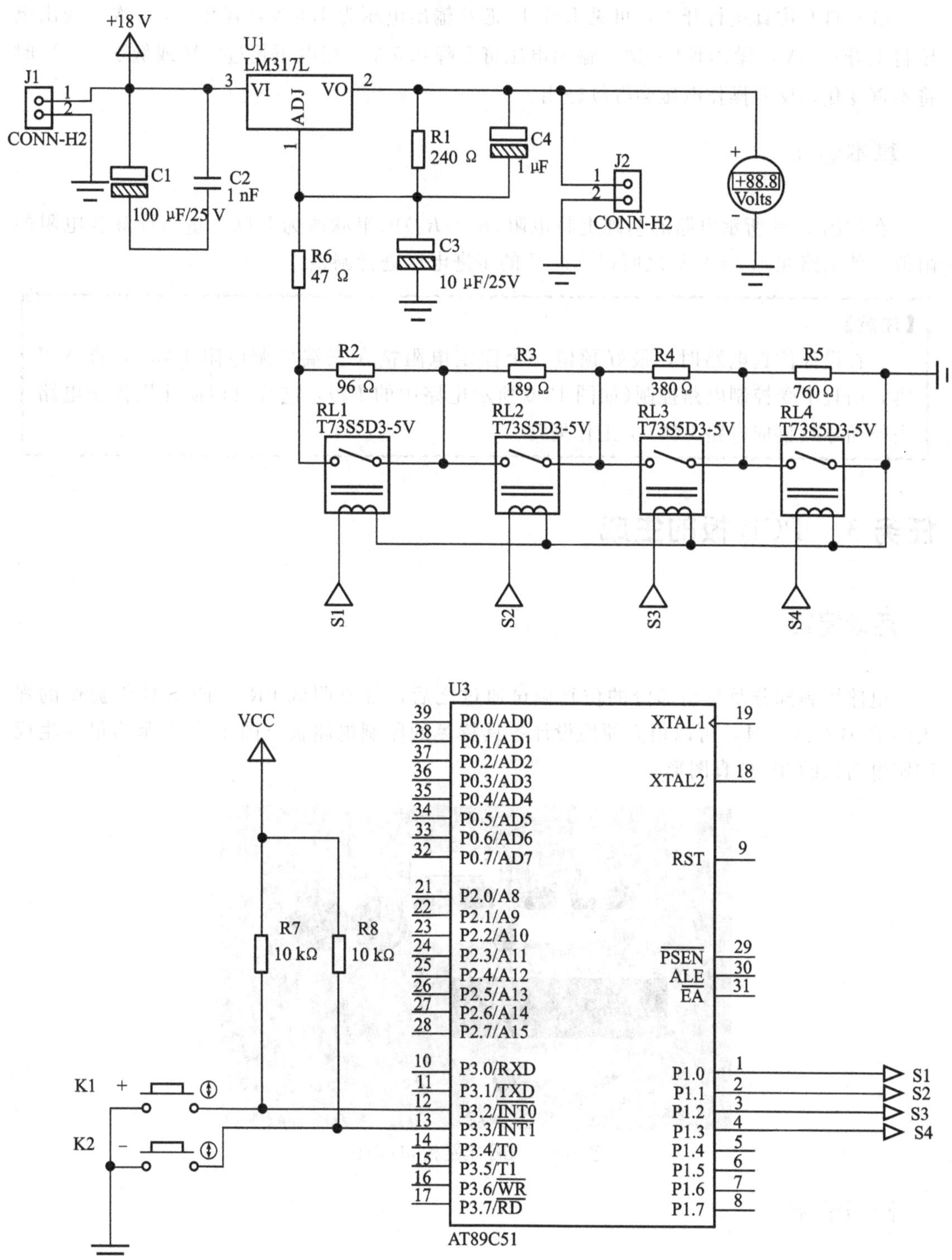
+18 V
U1
LM317L
VI
VO
ADJ
J1
CONN-H2
C1
100 μF/25 V
C2
1 nF
R1
240 Ω
C4
1 μF
J2
CONN-H2
+88.8
Volts
R6
47 Ω
C3
10 μF/25V
R2
96 Ω
R3
189 Ω
R4
380 Ω
R5
760 Ω
RL1
T73S5D3-5V
RL2
T73S5D3-5V
RL3
T73S5D3-5V
RL4
T73S5D3-5V
S1
S2
S3
S4
U3
VCC
R7
10 kΩ
R8
10 kΩ
K1
K2
P0.0/AD0
P0.1/AD1
P0.2/AD2
P0.3/AD3
P0.4/AD4
P0.5/AD5
P0.6/AD6
P0.7/AD7
P2.0/A8
P2.1/A9
P2.2/A10
P2.3/A11
P2.4/A12
P2.5/A13
P2.6/A14
P2.7/A15
P3.0/RXD
P3.1/TXD
P3.2/INT0
P3.3/INT1
P3.4/T0
P3.5/T1
P3.6/WR
P3.7/RD
XTAL1
XTAL2
RST
PSEN
ALE
EA
P1.0
P1.1
P1.2
P1.3
P1.4
P1.5
P1.6
P1.7
AT89C51

图 13-6　修改后电路

（7）打开仿真运行开关，可见 LM317 芯片输出电压为 1.5 V，操作 K1 一次，输出电压将上升 0.5 V，操作 K2 一次，输出电压将下降 0.5 V。当电压超过 9 V 或低于 1.5 V 时将不再变化，反向操作电压会继续输出。

基本活动

在如图 13-6 所示电路的基础上将电阻（R_2～R_5）的串联改为并联，重新计算各电阻的阻值，使电路在 1.5～9 V 之间以 0.5 V 的步进电压进行调整。

【注意】

在设计仿真电路时，最好预留一个固定电阻接在三端可调电阻 LM317 的 ADJ 脚，而且不受控制电路控制（如图 13-6 所示电路中的 R_6），这样可以防止因控制电路失效而导致集成电路 LM317 工作失常。

任务 3　PCB 板的生成

活动情景

电路控制部分及驱动部分的仿真调试通过之后，就要调试 PROTEUS 软件提供的强大的 PCB 布线工具，可以很方便地设计各具特色的印刷电路板，图 13-7 所示为最后生成印刷电路板的 3D 仿真图形。

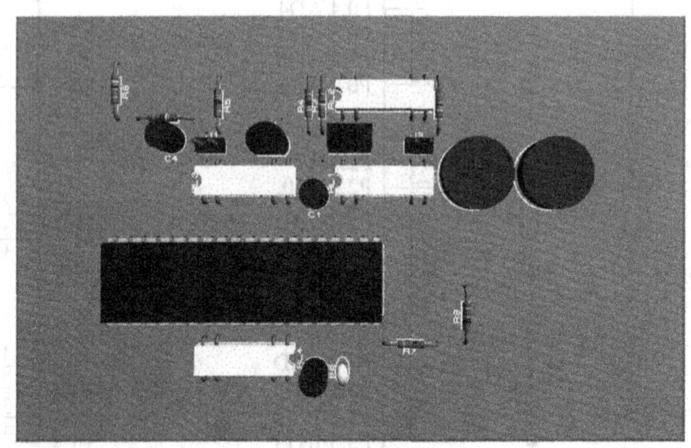

图 13-7　印刷电路板 3D 仿真

任务要求

（1）掌握自动布线与手动布线相结合的方法，能对自动布线进行修改，以满足实际需要。

（2）掌握元件封装的制作方法。

基本活动

（1）仿真电路进行后期处理　撤出仿真仪器；加入电源接线端子，并打开单片机芯片的隐藏管脚；加入单片机复位电路和振荡电路。修改后电路如图 13-8 所示。

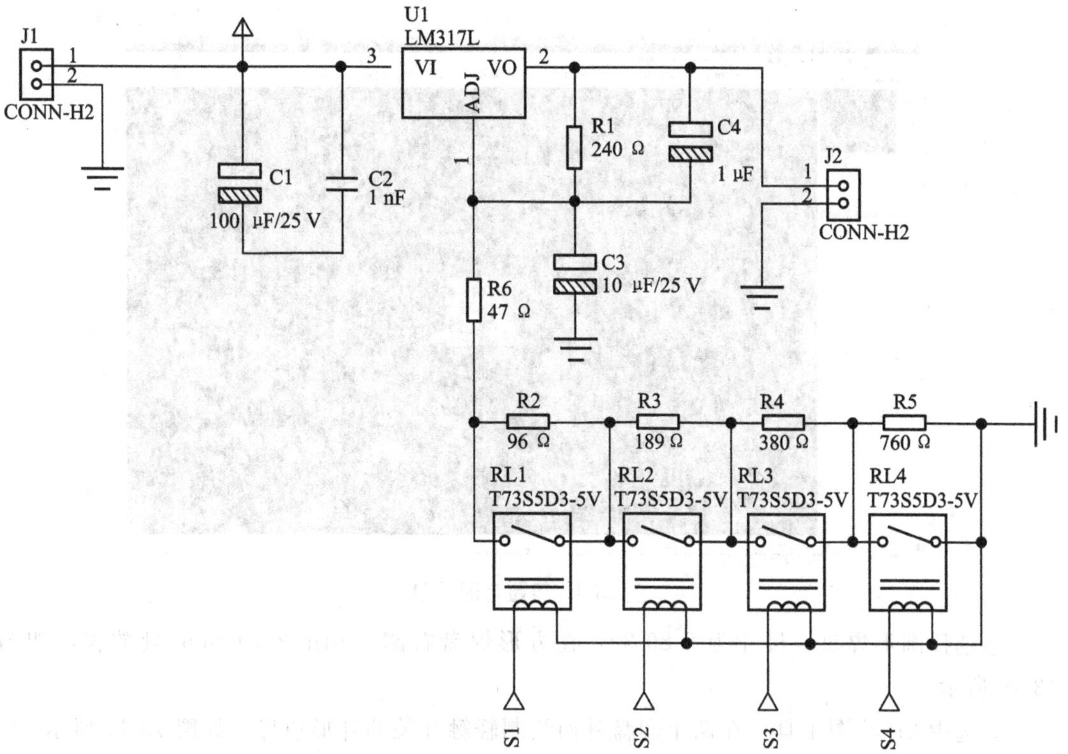

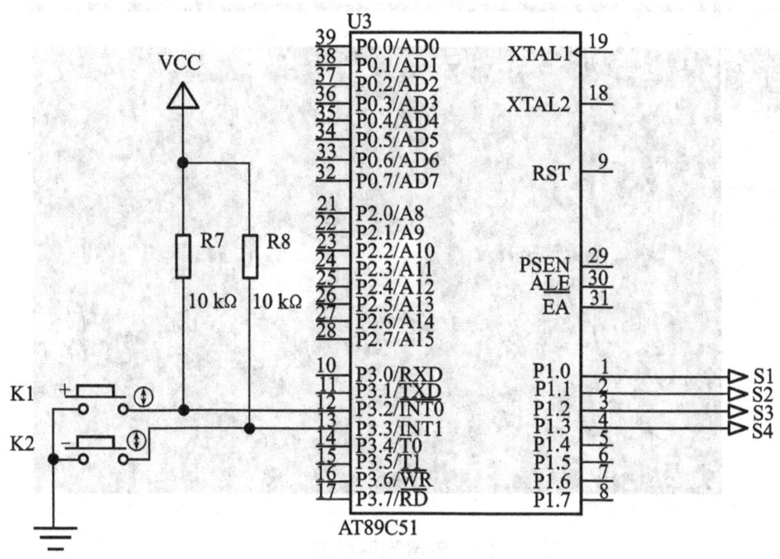

图 13-8　整理后电原理图

(2) 软件中没有轻触开关(BUTTON)的 PCB 封装，需要我们自己制作一个，具体步骤如下。

①打开 PROTEUS 软件的 PCB 制板程序(ARES)，选择方形焊盘，尺寸为 S-70-30，将焊盘放置在绘图区中，用鼠标选中焊盘，选择菜单栏查看\原点，将方形焊盘设为元件的原点。如图 13-9 所示。

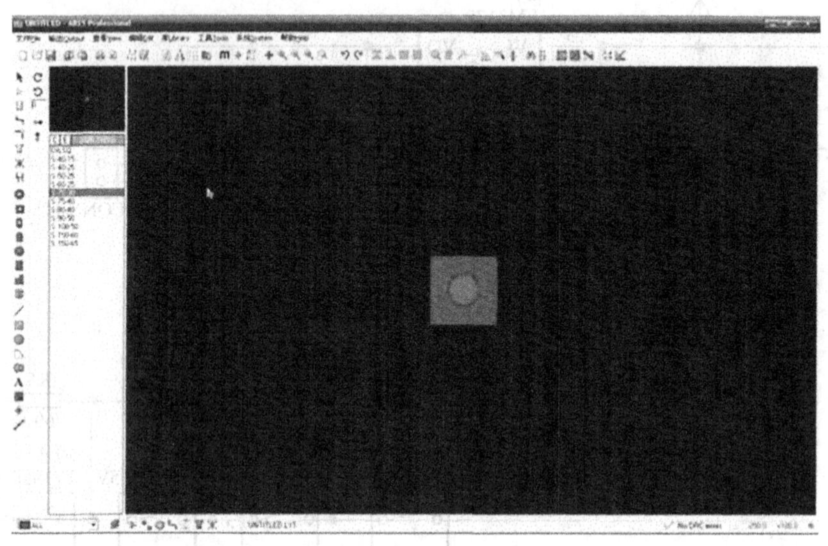

图 13-9　放置方形焊盘

②选择圆形焊盘，尺寸为 S-80-30，在方形焊盘右侧 100th(2.54 mm)处放置，如图 13-10 所示。

③选中 2D 绘图工具，在两个焊盘外面绘制轻触开关的外形边界，如图 13-11 所示。

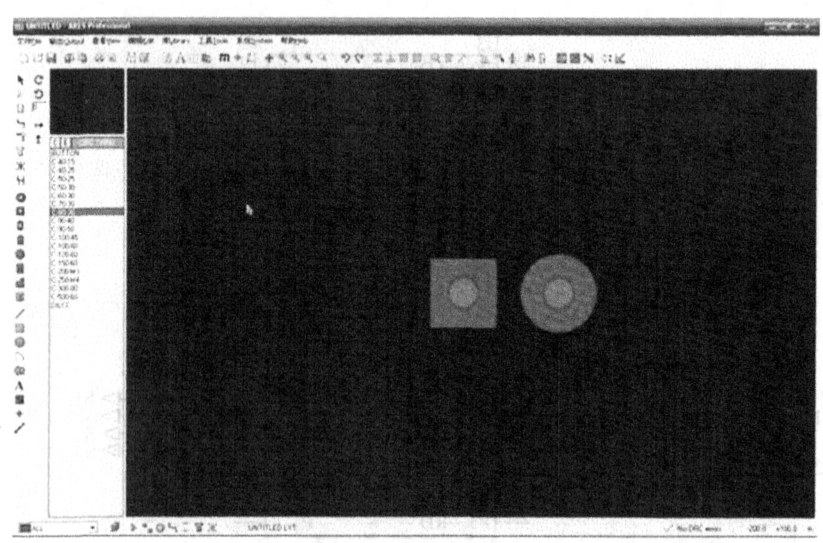

图 13-10　放置圆形焊盘

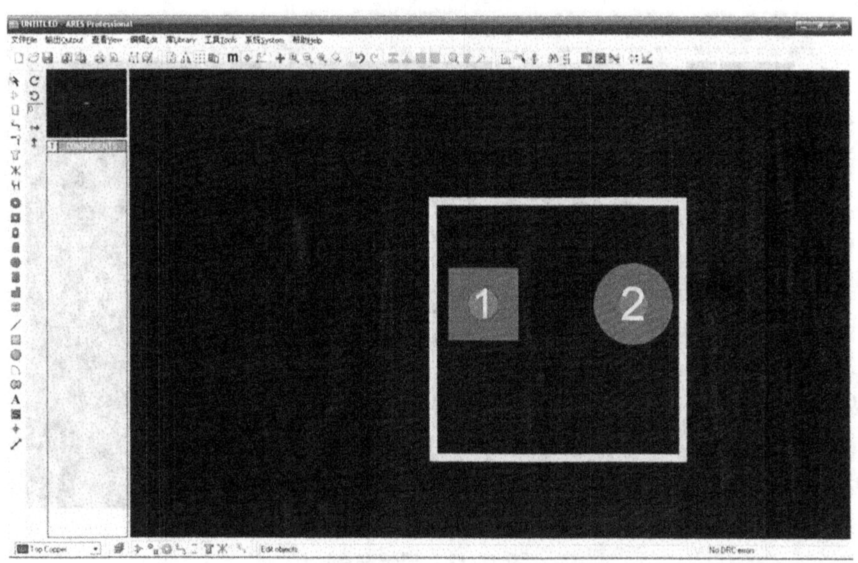

图 13-11　绘制边界

④在焊盘上单击，选择菜单栏→工具→自动元件名管理(Auto Name Geneator)，在方形焊盘上单击，系统自动命名为 1；在圆形焊盘上单击，系统自动命名为 2。如图13-12 所示。

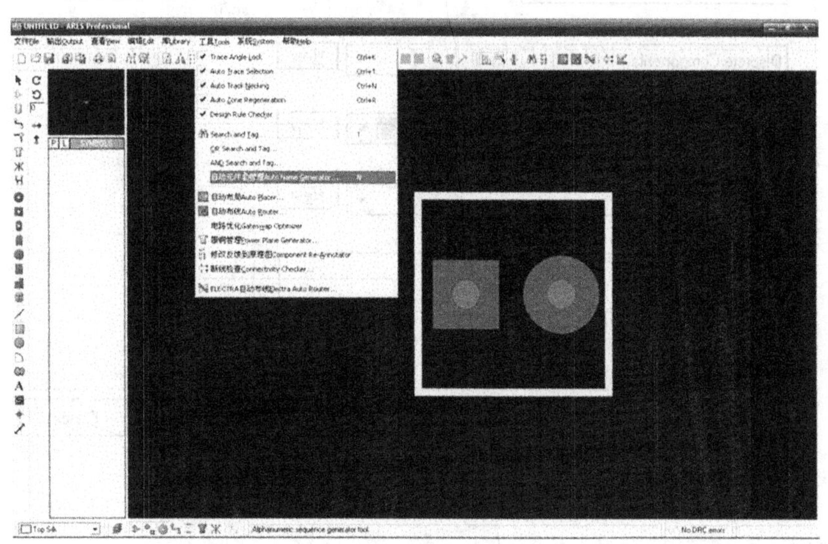

图 13-12　管脚命名

⑤选择工具栏上的箭头图标 ，选中封装元件外轮廓，选择菜单栏→库→添加元件到封装库命令，如图 13-13 所示。

⑥系统出现封装对话框，按要求设置封装名称及封装类型，具体设置如图 13-14 所示。这样就完成了元件封装的制作，其他元件封装制作与此类似。

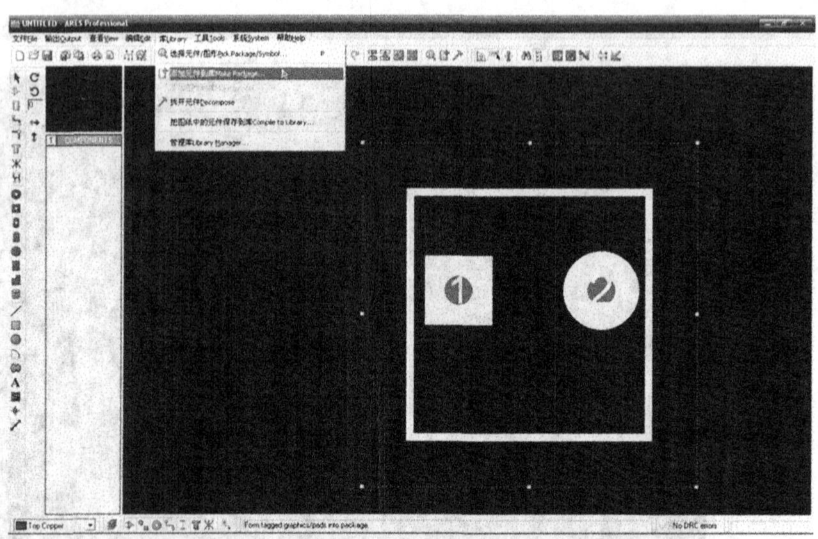

图 13-13　封装命令

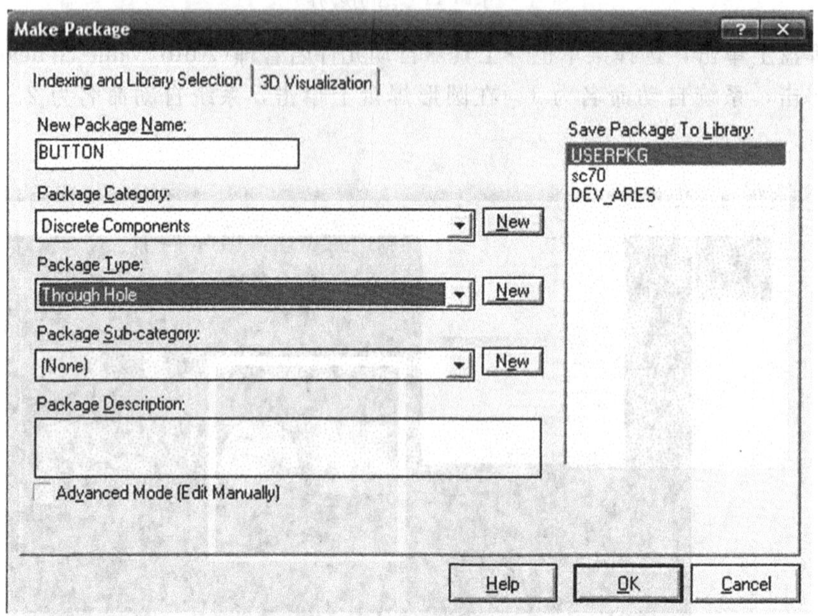

图 13-14　封装库选择

基本活动

（1）运行 PROTEUS 软件的 ISIS 程序，打开经过 PCB 预处理过得原理图，选择菜单栏\工具→网络表到 ARES，系统会自动将原理图转换为网络表，生成元件连线图，并自动打开 ARES 程序，如图 13-15 所示。

（2）选中 2D 为绘图工具，选择电路板为 Board Edge 层，绘制电路板边框，如图 13-16所示。

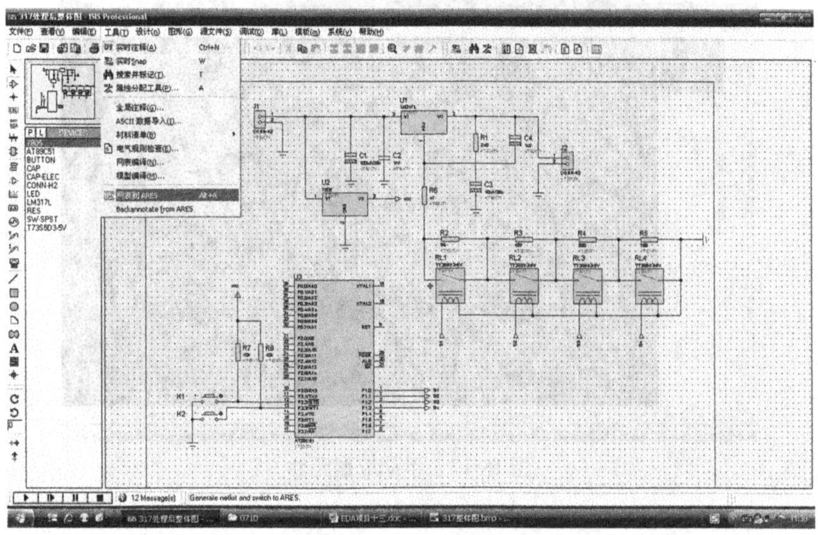

图 13-15　生成网络表

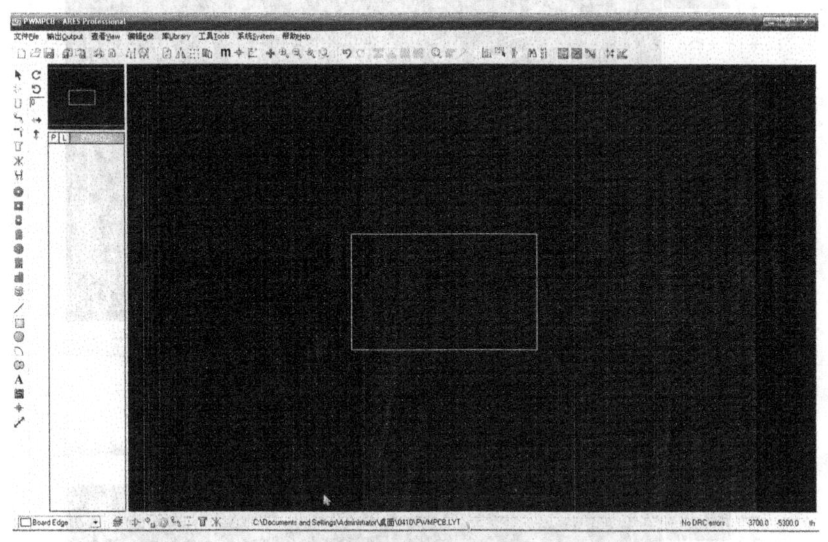

图 13-16　设置布线区域

（3）选中工具栏元件放置按钮　先手动放置元件（如 U1、U2、J1、J2），然后根据需要调整元件在电路板中的位置，各接插件尽量放置在电路板外侧，便于接线。如图 13-17 所示。

（4）利用 ARES 软件的自动放置元件功能　首先由系统自动放置元件，然后可以根据自己的需要，对元件进行手动调整，调整后元件布局如图 13-18 所示。

（5）利用自动布线功能　由软件自动布线，结果如图 13-19 所示。

（6）铺铜　欲增强电路板的抗干扰能力，可以采用在印制上，电路板顶层和底层全部采用接地的铺铜处理。铺铜后电路板如图 13-20 所示。

（7）打开 3D 仿真显示　查看 3D 仿真电路情况，效果如图 13-21 所示。

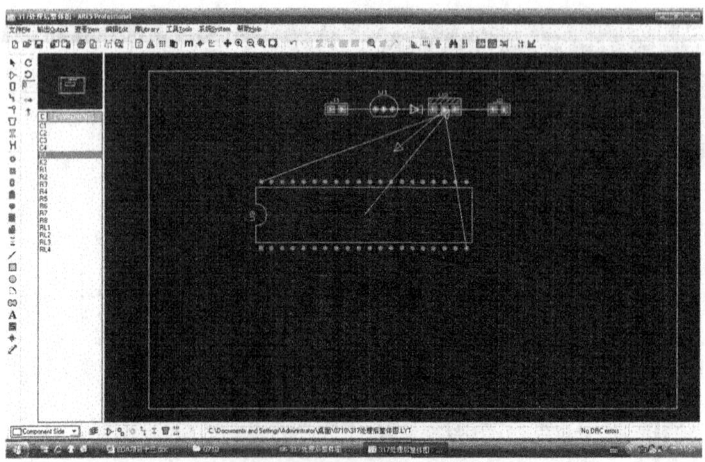

图 13-17　手动放置元件

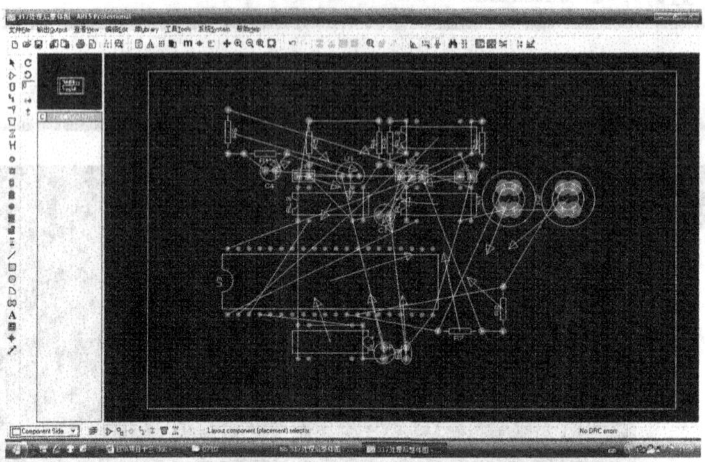

图 13-18　自动放置元件

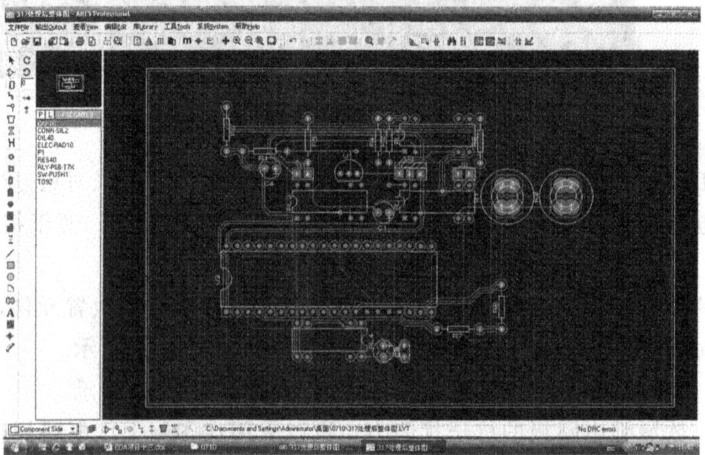

图 13-19　自动布线

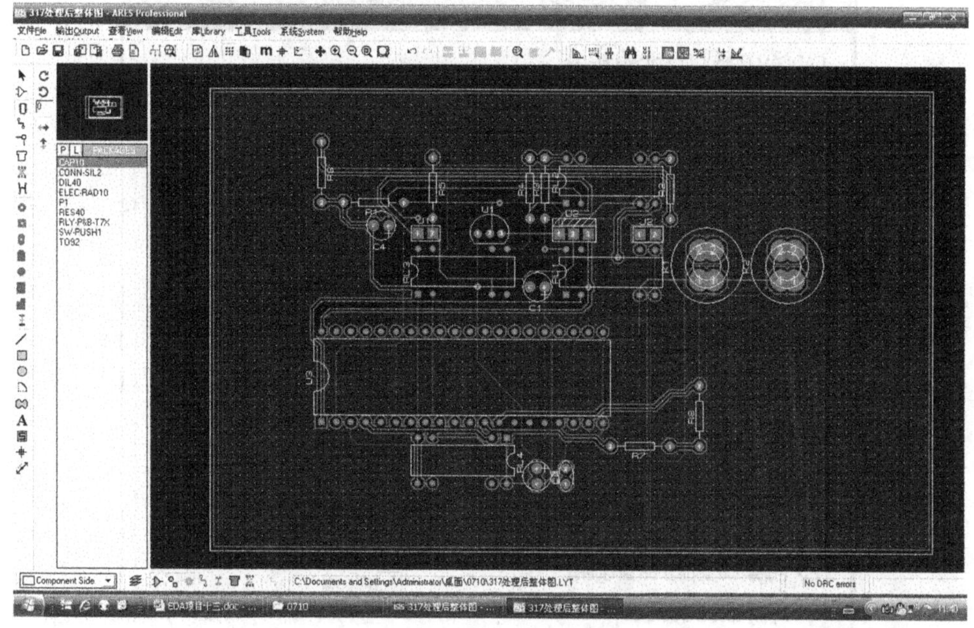

图 13-20　铺铜

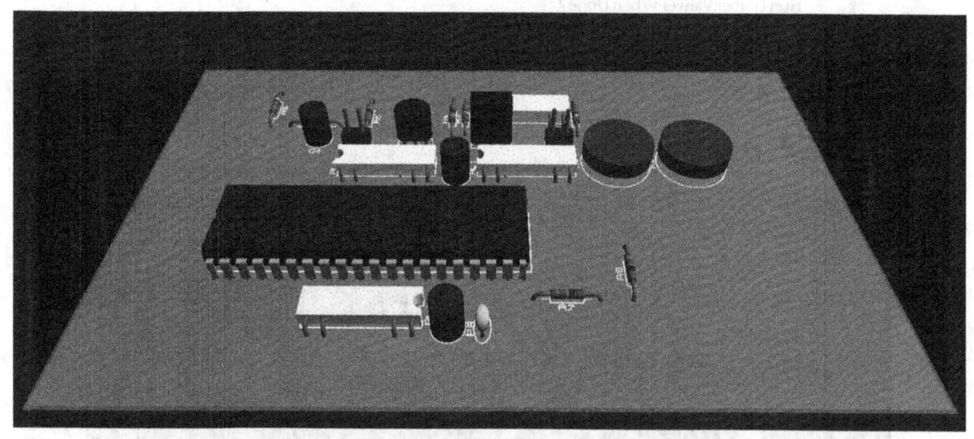

图 13-21　3D 仿真

（8）完成设计的电路板，可以生成光绘文件直接由印刷电路板厂商生产出成品电路板。点击菜单栏输出 \ 输出 Gerber 文件，出现设置对话框，按图 13-22 进行设置，点击确定后自动生成“Gerber”文件。

（9）点击菜单栏输出→Gerber 命令，选择刚才生成的 Gerber 文件，软件会显示出电路板的图形。如图 13-23 所示。

CADCAM (Gerber and Excellon) Output

CADCAM Output | CADCAM Notes

Output Generation

Filestem: 单片机控制稳压电源

Folder: C:\Documents and Settings\Administrator\桌面\0710

Output to individual TXT files?
Output to a single ZIP file?
Automatically open output folder
Automatically open ZIP file?

Layers/Artworks:

Top Copper, Bottom Copper, Top Silk, Bottom Silk, Top resist, Bottom Resist, Top Mask, Bottom Mask, Drill, Edge (will appear on all layers)

Inner 1, Inner 2, Inner 3, Inner 4, Inner 5, Inner 6, Inner 7, Mech 1, Mech 2

Inner 8, Inner 9, Inner 10, Inner 11, Inner 12, Inner 13, Inner 14, Mech 3, Mech 4

Apply Global Guard Ga 5th

All None

Rotation: X Horizontal, X Vertical

Reflection: Normal, Mirror

INF File Units: Imperial (thou, Metric (mm), Auto

Gerber Format: RS274D, RS274X

Slotting/Routing Layer: (None)

Bitmap/Font Rasterizer: Resolution: 500 dpi

Run Gerber Viewer When Done?

OK Cancel

图 13-22　生成 Gerber 文件

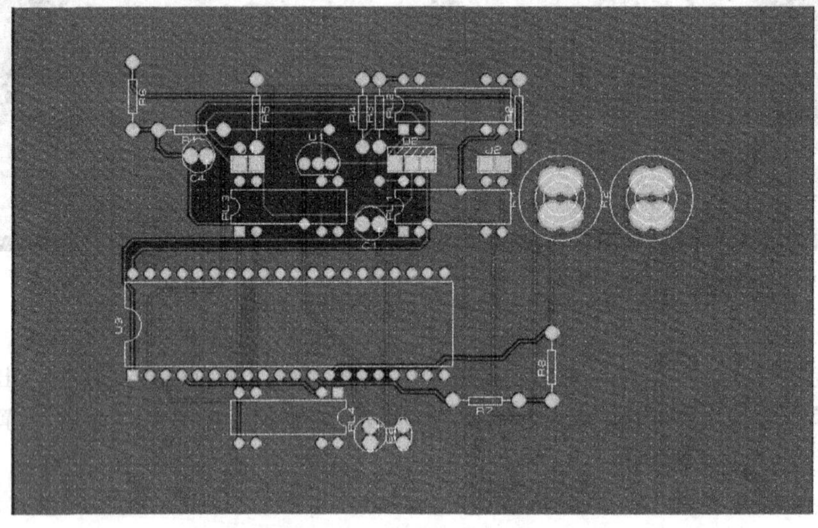

图 13-23　Gerber 文件显示

项目小结

本项目是一个综合的应用电路，在单片机软、硬件仿真的基础上，介绍了数控直流稳压电源电路的控制、仿真方法及 PCB 布线方面的知识。通过本项目的操作，同学们应该对 PROTEUS 软件在单片机仿真中的应用有较为全面的了解，并掌握单片机软件转换、设置及硬件电路控制、仿真的操作。

在 PCB 布线时，要首先把原理图进行相关处理，去掉各种虚拟仪器，打开隐藏管脚，添加接线端子及封装等工作，为后期的 PCB 综合布线做好准备。

思考练习

用学习过的方法对图 13-8 所示电路进行调试、控制及仿真，并记录仿真结果。

智能小车调速电路

【项目描述】

本项目是利用单片机的定时器产生占空比可调的脉冲来控制电动机驱动芯片L298，达到控制直流电动机旋转方向和转速的目的。

【学习目标】

通过本项目的学习，读者应能熟练的掌握PROTEUS软件的单片机软、硬件调试方法，独立的思考并解决学习中遇到的问题。

【能力目标】

1.专业能力

掌握PROTEUS软件仿真单片机的知识和技能。

2.方法能力

提升认识问题，解决问题的能力。

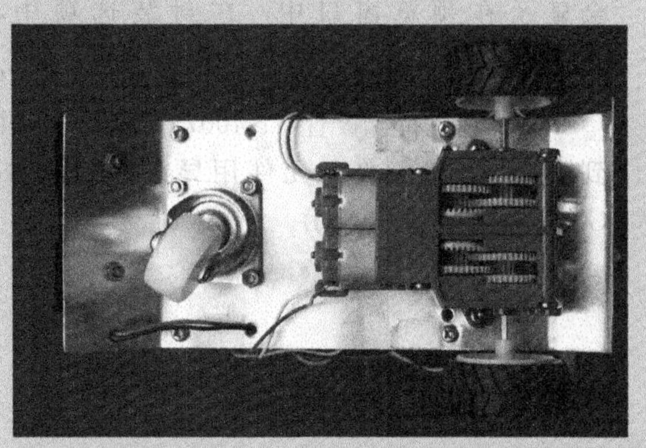

任务 1 L298 电动机驱动电路仿真

活动情景

用如图 14-1 中所示的电动机驱动芯片 L298 对如图 14-2 所示的直流电动机进行控制。要求是可以改变电动机的旋转方向和转速。

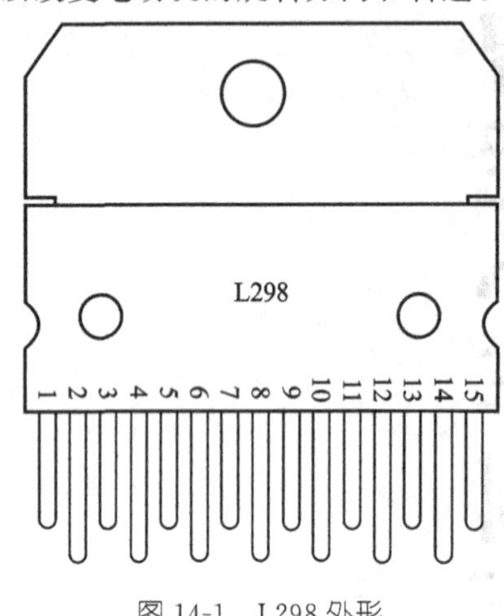

图 14-1 L298 外形

图 14-2 直流电动机外形

任务要求

(1) 掌握用电动机驱动芯片 L298 对直流电动机进行控制的方法。

(2) 掌握电动机类负载的调试、仿真方法。

技能训练

(1) 在电脑上打开 PROTEUS 软件的 ISIS 程序，点击主工具栏的新建设计图标 ，新建一个文件。

(2) 用鼠标选择模型工具栏中选择元件图标 ，然后单击元件列表上的“P”按钮，在“Keywords”处键入 L298，在预览窗口就可以看到所选择的元件，同时元件的封装也会显示在预览窗口中，在封装选项中，MULTIWATT15V 选择 MULTIWATT15V封装，选择结束，单击“OK”按钮；具体操作如图 14-3 所示。

(3) 首先将二极管(1N4007)、直流电动机(MOTOR)单刀双掷开关(SW1、SW2)放置到绘图区，然后将各元件用导线连接起来，并给电路加上工作电源(+12 V、+5、GND)，如图 14-4 所示。

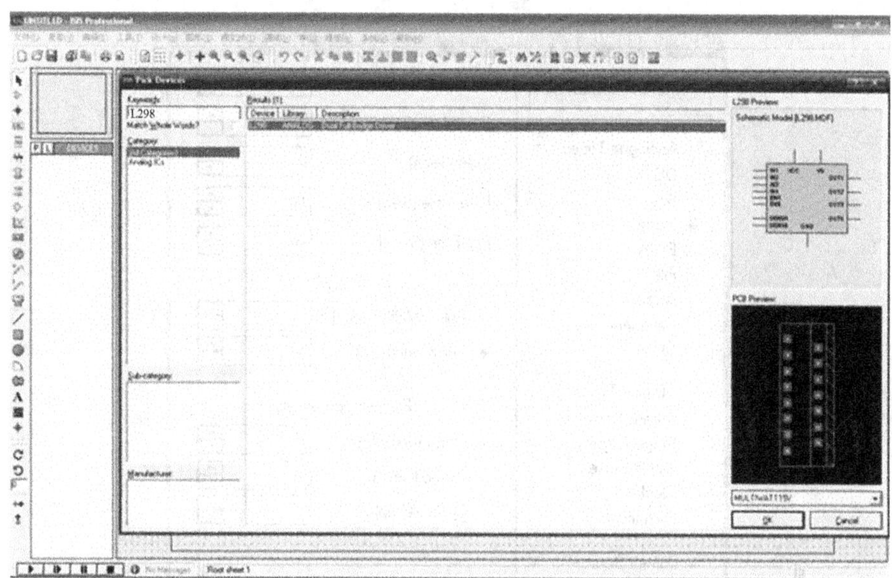

图 14-3　选择 L298

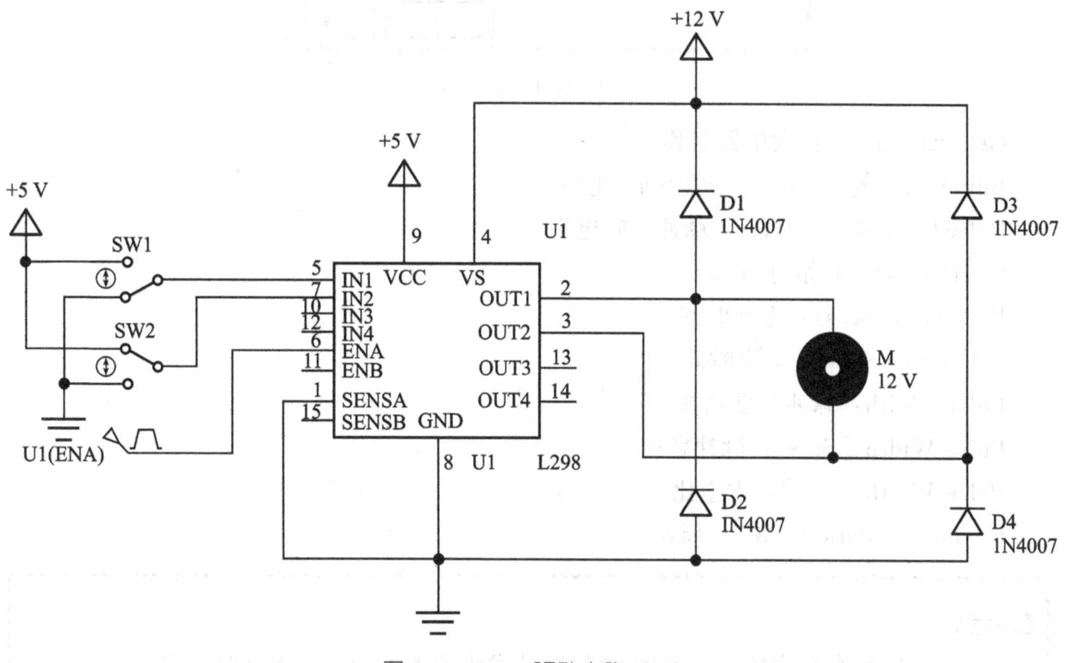

图 14-4　L298 驱动电路（一）

基本活动

（1）完成如图 14-4 所示的连接，点击和 L298 的 6 脚相连的 PWM 信号，出现如图 14-5 所示的设置选项。

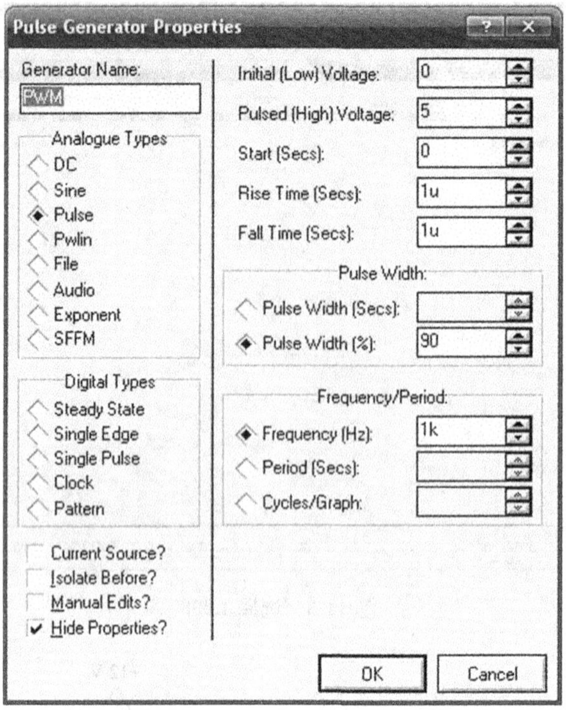

图 14-5　信号源选择

Generator name：发生器名称

Initial [Low] Voltage：初始(低)电平

Pulsed [High] Voltage：脉冲(高)电平

Start(Secs)：起始时间

Rise Time(Secs)：上升时间

Fall Time(Secs)：下降时间

Pulse Width：脉冲宽度选择

Pulse Width [Secs]：脉冲宽度

Pulse Width [%]：占空比

Frequency/Period：频率/周期

【注意】

上升/下降时间不能为 0，因为模拟脉冲发生器不可能产生无延时的方波。

(2) 按照图 14-5 所示设置好模拟脉冲发生器的各项参数，单击“OK”按钮，完成设置工作。

(3) 打开 ISIS 的仿真运行开关，如图 14-6 所示，分别将 SW1(IN1)、SW2(IN2)接通与断开，检查电动机的运转情况（见表 14-1）。

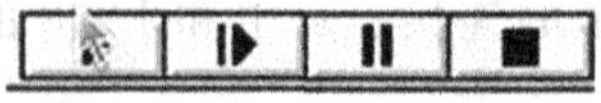

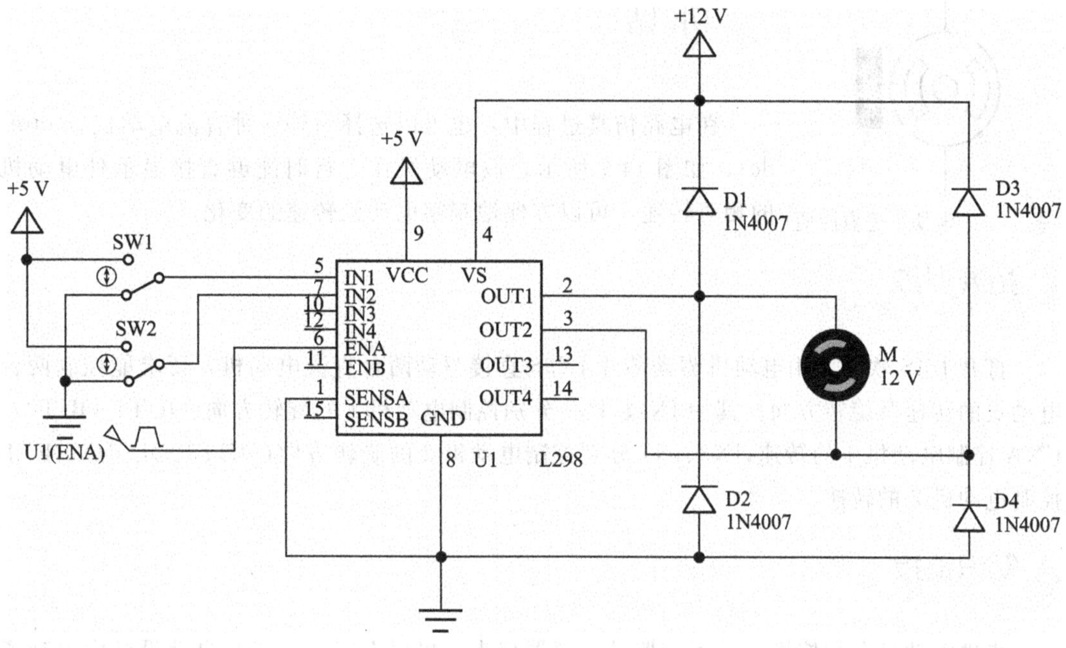

图 14-6　L298 驱动电路（二）

表 14-1　电动机运转情况

输 入 电 平		电动机运转情况		
SW1（IN1）	SW2（IN2）	正转	反转	停止
L	L			
L	H			
H	L			
H	H			

（4）将 SW1(IN1)置为高电平，SW2(IN2）置为低电平，改变模拟脉冲的占空比分别为 10 %、50 %、90 %，检查电动机的转速变化。

（5）结论　对于电动机驱动芯片 L298 而言，当使能端(ENA)为高电平且(IN1)为高电平、(IN2)为低电平时，电动机正转；当使能端(ENA)为高电平且(IN1)为低电平、(IN2)为高电平时，电动机反转；当(IN1)与(IN2)同为高电平或低电平时，电动机快速停止。

在电动机运行时，改变使能端(ENA)输入脉冲的占空比就可以改变电动机的转速，当输入的脉冲信号的占空比低时，电动机的转速较低；当输入脉冲信号的占空比高时，电动机的转速较高。

电动机驱动芯片输出端的 4 支二极管为续流二极管，它反向并联在电动机的两端，可以为直流电动机产生的反向电动势提供消能回路，防止因反向电动势过高而击穿电动机驱动芯片 L298。

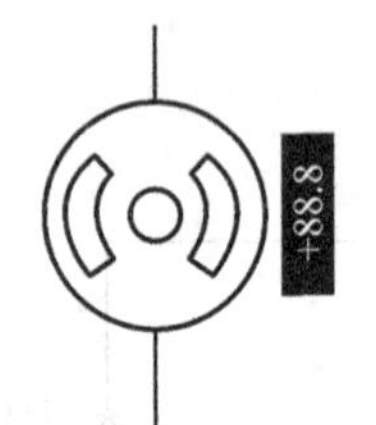

图 14-7　电动机仿真模型

小贴士

在电路仿真过程中，也可以选择另外一种直流电动机(motor-dc)，如图 14-7 所示，该电动机在运行时能够直接显示处电动机的相对转速，可以方便地观察电动机转速的变化。

拓展训练

打开 ISIS 软件，用电动机驱动芯片 L298 直接驱动两台直流电动机，要求能控制两台电动机的转速及旋转方向。其中 IN1、IN2 分别控制电动机 1 的旋转方向(OUT1、OUT2)，ENA 控制电动机 1 的转速；IN3、IN4 分别控制电动机 2 的旋转方向(OUT3、OUT4)，ENB 控制电动机 2 的转速。

知识链接

步进电动机在数控机床、医疗器械、仪器仪表、机器人等自动或半自动设备中得到了广泛应用。步进电动机不像普通直流电动机那样需用连续流过的电流驱动，而是用电脉冲驱动。步进电动机外形如图 14-8 所示。

图 14-8　步进电动机外形

图 14-8 所示的是两相步进电机，其结构图如图 14-9 所示。两个绕组通常有四个引出端子。把绕组接电源的一个短时间，每一绕组依次就受到激励。每次绕组受到激励，电动机轴就旋转一圈的几分之一。为使轴正确地旋转，绕组必须按顺序地受到激励。如表 14-2 所示，表中所示为 2 相步进电动机的接线。

在每一个瞬间只有一个线圈导通。消耗电力小，精确度较高，但转矩小，振动较大。每送一次励磁信号步进电动机可走一步。若控制步进电动机正转，其励磁顺序如表 14-2 所示。若励磁信号反向传送则步进电动机反转。

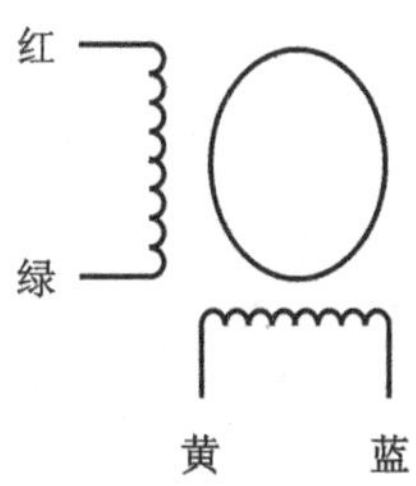

图 14-9　步进电动机接线

表 14-2　步进电动机步序

步序	A 红	B 黄	A 绿	B 黄
1	1	0	0	0
2	0	1	0	0
3	0	0	1	0
4	0	0	0	1

由步进电动机的驱动原理可知，要想使步进电动机进行正常运转，必须对每相绕组中的电流进行顺序切换，由脉冲信号控制并驱动电动机。故调节脉冲信号的频率便可改变步进电动机的转速。利用单片机很容易满足步进电动机的工作条件，易于控制。

任务 2　智能小车控制电路仿真

活动情景

图 14-10 所示为实验电路板。

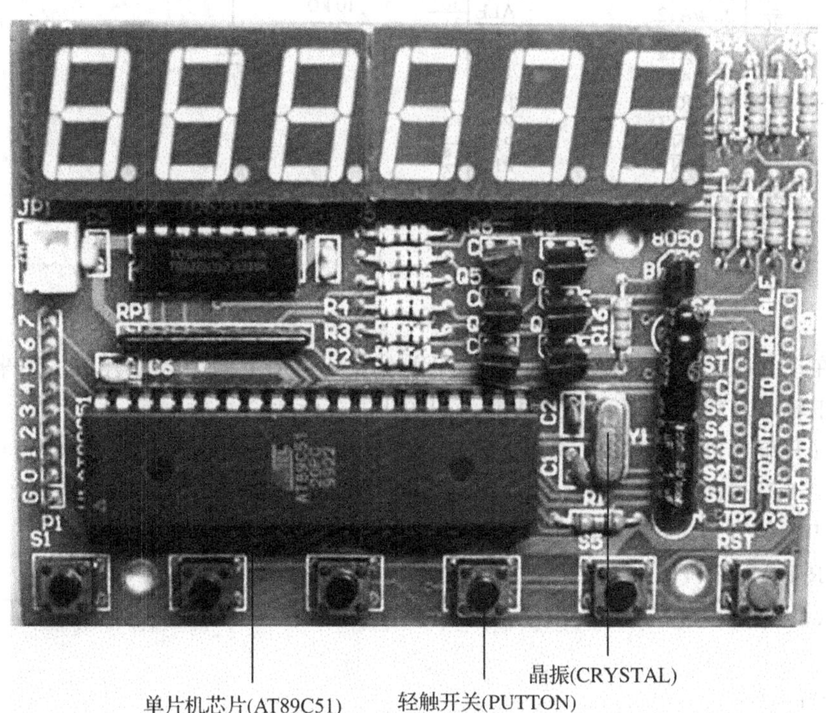

图 14-10　实验电路板

任务要求

(1) 熟悉将汇编语言源程序转换为目标文件的方法。

(2) 掌握单片机硬件电路的绘制、调试及仿真的方法。

基本活动

(1) 打开 PROTEUS 软件的 ISIS 程序，新建一个文件。

(2) 绘制单片机最小系统，包括复位、晶体振荡电路(PROTEUS 软件电源引脚默认是隐藏的，在仿真时可以暂时不加)，如图 14-11 所示。

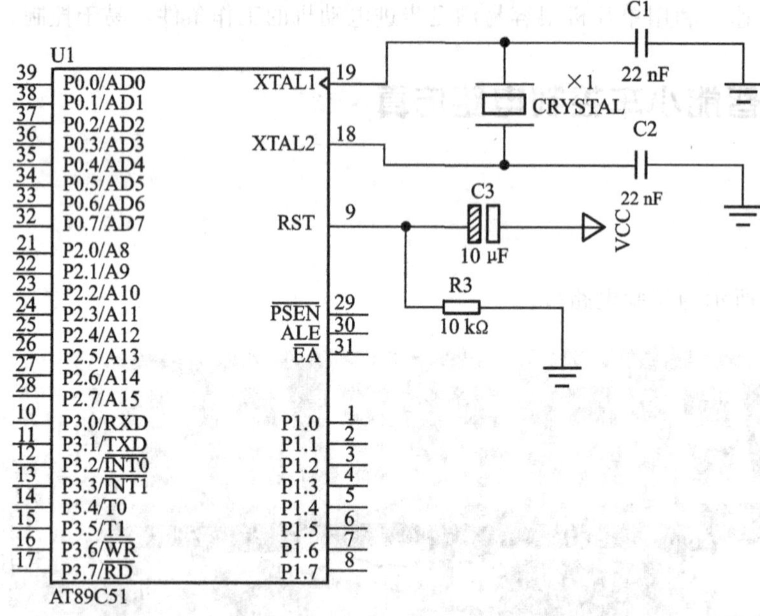

图 14-11 单片机最小系统

(3) 在单片机的 P1.1、P1.2、P1.3、P1.4 上分别加上四个轻触开关，用来控制直流电动机的正转、反转、加速、减速功能。如图 14-12 所示。

(4) 打开单片机编译软件(或其他编译软件)，输入以下参考程序(pwm. asm)。

```
PWMH DATA 80H ；高电平脉冲的个数
PWM DATA 82H ；PWM 周期
COUNTER DATA 84H
TEMP DATA 86H

ORG 0000H
AJMP MAIN
ORG 000BH
AJMP INTT0
```

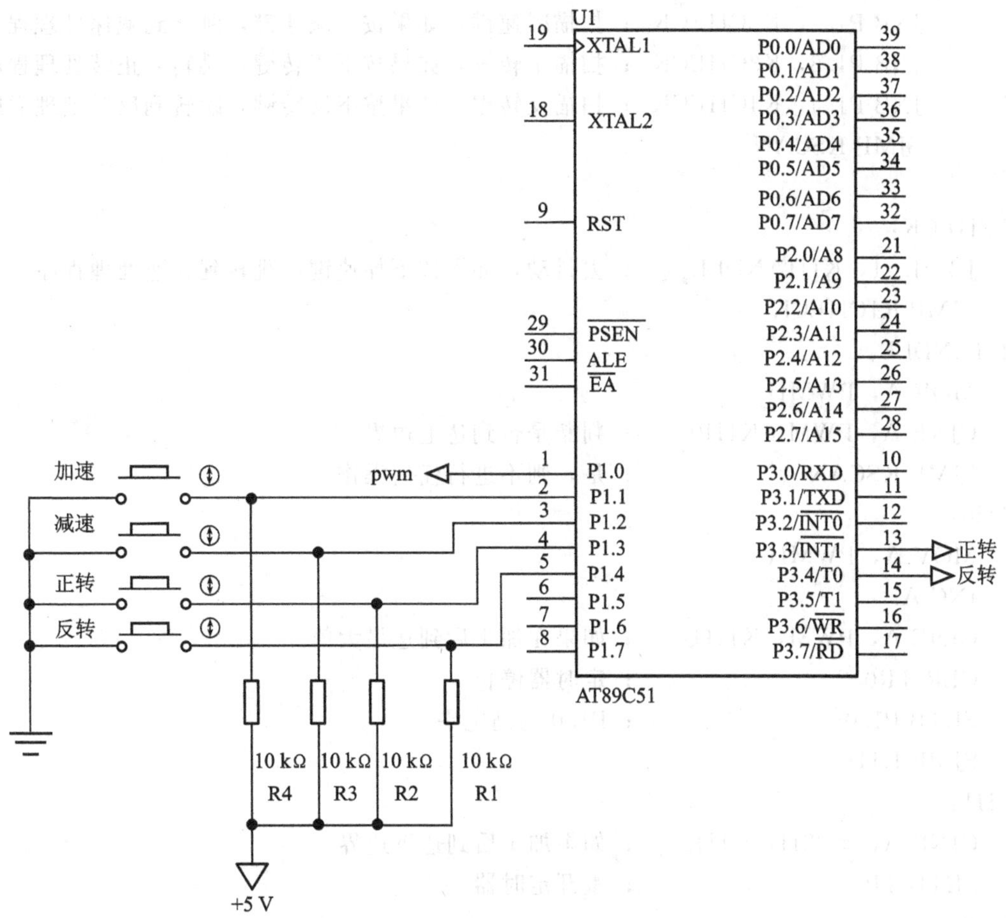

图 14-12 单片机控制电路

```
ORG 0100H
MAIN:
        MOV SP，#60H         ；给堆栈指针赋初值
        MOV PWMH，#02H ；
        MOV COUNTER，#01H
        MOV PWM，#15H
        MOV TMOD，#02H       ；定时器 0 在模式 2 下工作
        MOV TL0，#38H        ；定时器每 200μs 产生一次溢出
        MOV TH0，#38H        ；自动重装的值
        SETB ET0             ；使能定时器 0 中断
        SETB EA              ；使能总中断
        SETB TR0             ；开始计时
KSCAN:
        JNB P1.1，K1CHECK    ；扫描加速键，如果按下加速键，跳转到加速处理程序
```

```
        JNB P1.2，K2CHECK   ；扫描减速键，如果按下减速键，跳转到减速处理程序
        JNB P1.3，K3CHECK   ；扫描正转键，如果按下正转键，跳转到正转处理程序
        JNB P1.4，K4CHECK   ；扫描反转键，如果按下反转键，跳转到反转处理程序
        SJMP KSCAN

K1CHECK：
    JB P1. 1，K1HANDLE      ；去抖动，如果按下加速键，跳转到加速处理程序
    SJMP K1CHECK
K1HANDLE：
    MOV A，PWMH
    CJNE A，PWM，K1H0       ；判断是否到达上边界
    SJMP KSCAN              ；是，则不进行任何操作
K1H0：
    MOV A，PWMH
    INC A
    CJNE A，PWM，K1H1       ；如果在加 1 后到达最大值
    CLR TR0                 ；定时器停止
    SETB P1.0               ；P1.0 为高电平
    SJMP K1H2
K1H1：
    CJNE A，#02H，K1H2      ；如果加 1 后到达下边界
    SETB TR0                ；重开定时器
K1H2：
    INC PWMH                ；增加占空比
    SJMP KSCAN

K2CHECK：
    JB P1.2，K2HANDLE       ；去抖动，如果按下减速键，跳转到加速处理程序
    SJMP K2CHECK
K2HANDLE：
    MOV A，PWMH
    CJNE A，#01H，K2H0      ；判断是否到达下边界
    SJMP KSCAN              ；是，则不进行任何操作
K2H0：
    MOV A，PWMH
    MOV TEMP，PWM
    DEC A
    CJNE A，#01H，K2H1      ；如果在减 1 后到达下边界
    CLR TR0                 ；定时器停止
```

```
    CLR P1.0              ；P1.0 为低电平
    SJMP K2H2
K2H1：
    DEC TEMP
    CJNE A，TEMP，K2H2    ；如果到达上边界
    SETB TR0              ；启动定时器
K2H2：
    DEC PWMH              ；降低占空比
    SJMP KSCAN
K3CHECK：
          JB P1.3，K3HANDLE；去抖动，如果按下正转键，跳转到正转处理程序
          SJMP K3HANDLE
K3HANDLE：CLR P3.4
           SETB P3.3
           SJMP KSCAN
K4CHECK：
          JB P1.4，K4HANDLE；去抖动，如果按下反转键，跳转到反转处理程序
          SJMP K4HANDLE
K4HANDLE：CLR P3.3
           SETB P3.4
           SJMP KSCAN

INTT0：
    PUSH PSW              ；现场保护
    PUSH ACC
    INC COUNTER           ；计数值加 1
    MOV A，COUNTER
    CJNE A，PWMH，INTT01；如果等于高电平脉冲数
    CLR P1.0              ；P1.0 变为低电平
INTT01：
    CJNE A，PWM，INTT02   ；如果等于周期数
    MOV COUNTER，#01H     ；计数器复位
    SETB P1.0             ；P1.0 为高电平
INTT02：
    POP ACC               ；出栈
    POP PSW
    RETI
    END
```

（5）选择菜单栏项目\全部编译，软件就会自动地将汇编语言源程序转化为可供单片

机仿真的十六进制文件，如图 14-13 所示。

图 14-13　软件编译

（6）如果程序没有错误，软件就会生成相应的与原文件同名的 HEX 仿真文件；如果程序有错误，软件会提示错误的所在行，可以修改源程序的错误，然后重新编译。编译后的提示如图 14-14 所示。

图 14-14　生成目标文件

（7）在单片机芯片 89C51 的中间单击，激活芯片设置属性对话框，如图 14-15 所示。

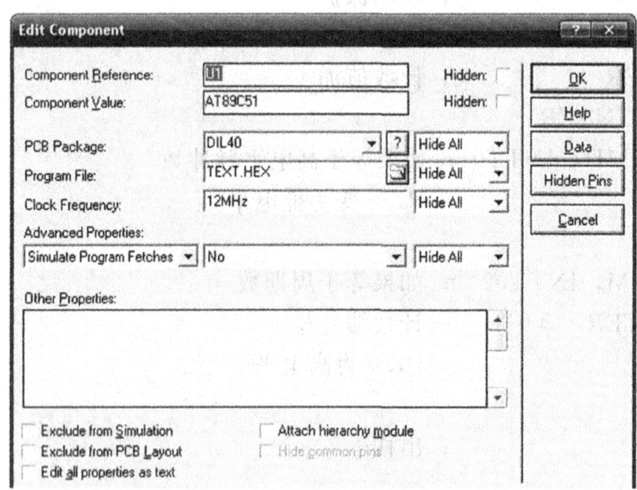

图 14-15　调入目标文件

Component Reference：元件代号设为 U1。

Component Value：元件型号设为 AT89C51。

PCB Package：封装形式设为 DIL40。

Program File：仿真文件地址（TEXT. HEX）。单击选择框后面黄色文件夹图标，指定仿真文件路径就可以调入仿真文件进行仿真。

Clock Frequency：仿真频率设为 12 MHz。

设置完毕，单击“OK”按钮，就可以进行单片机仿真了。

基本活动

（1）在绘制好的原理图上添加一台示波器，在 A 通道的输入端添加名为“PWM”的输入端子，用来显示单片机输出 PWM 的波形；在单片机的 P3. 3 和 P3. 4 端口添加 2 台数字电压表，用来显示正反转的控制信号，（当 P3. 3 端口输出 5 V 电压时，对应电动机正转；当 P3. 4 端口输出 5V 电压时，对应电动机反转；当 P3. 3、P3. 4 端口同时输出 5 V 电压时，电动机快速停止转动）。添加测量仪器后的电路如图 14-16 所示。

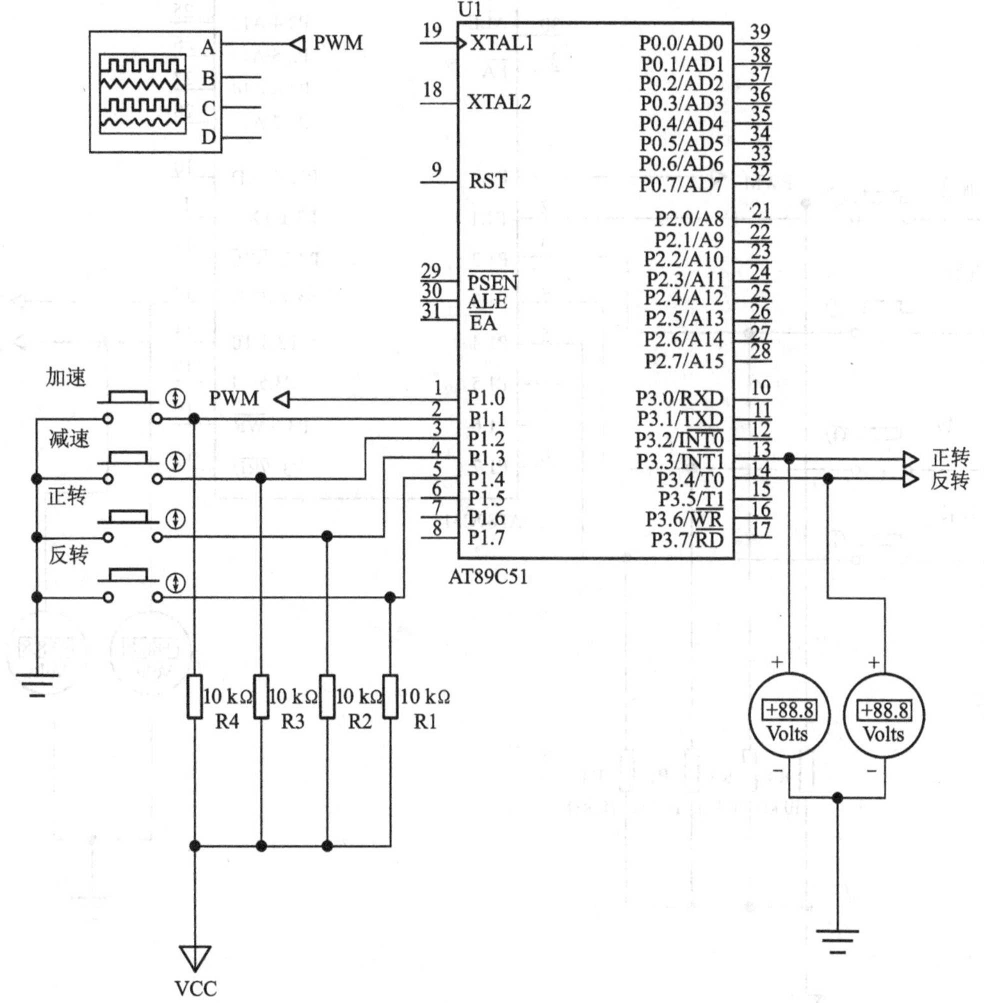

图 14-16　添加测量仪器后的线路

（2）开机时，电路处于初始状态，P3.3、P3.4 端口同时输出 5 V 电压时，电动机处于停止状态。如图 14-17 所示。

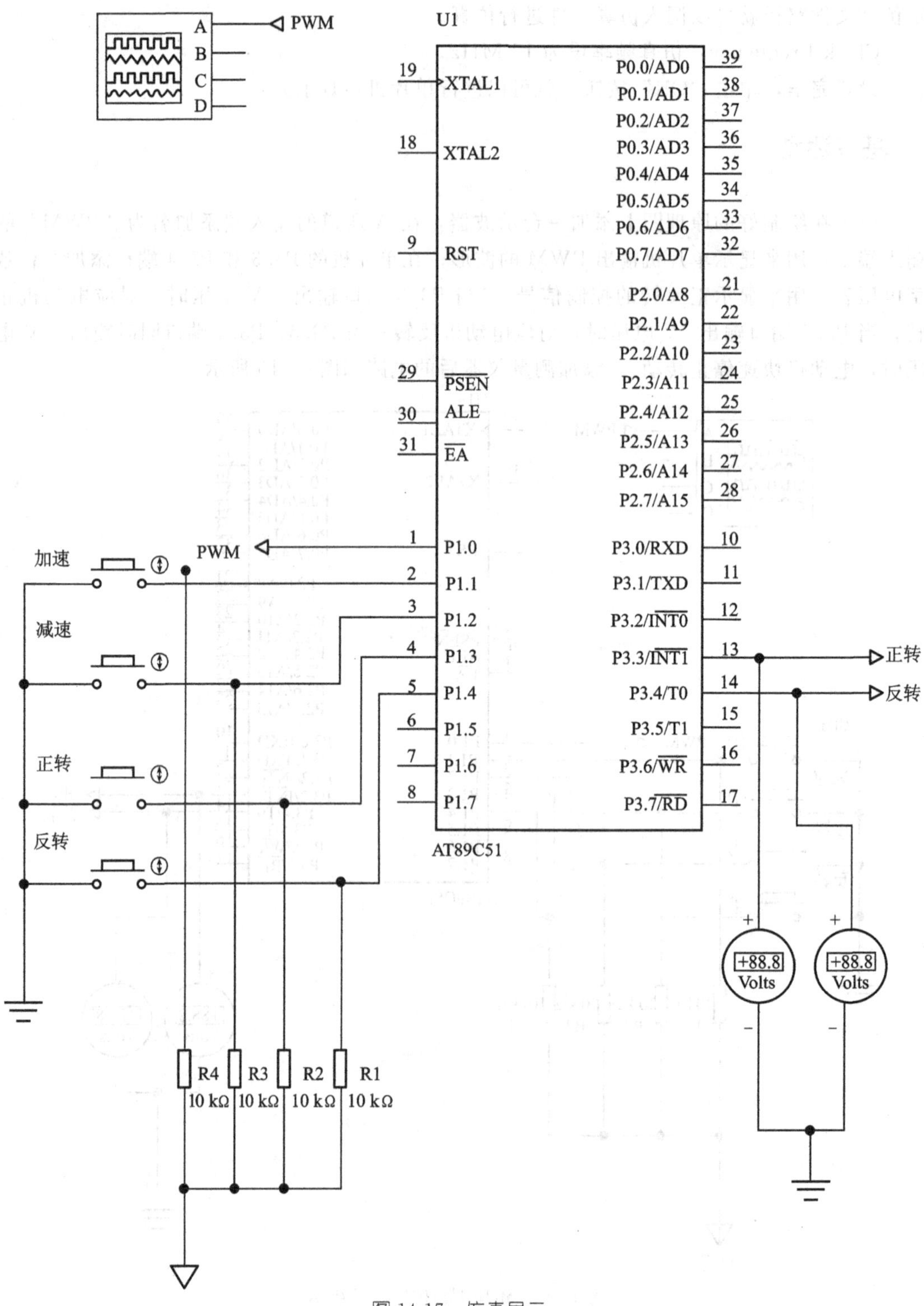

图 14-17　仿真显示

（3）当按下正转键时，单片机会自动调用正转程序，使 P3.3 端口为高电平（+5 V），P3.4 端口为低电平（0 V），这样直流电动机就会正转。如图 14-18 所示。

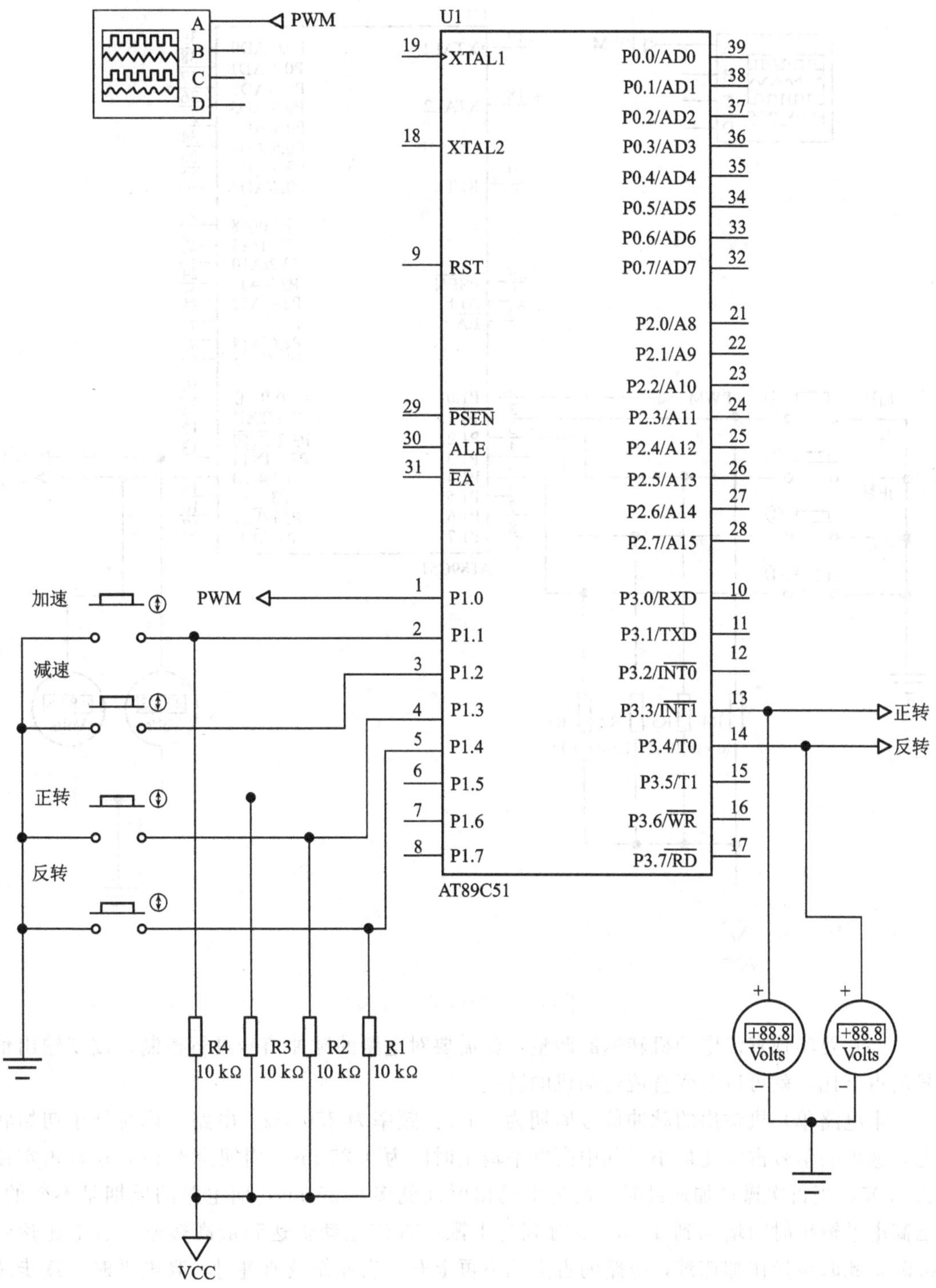

图 14-18　仿真显示(正转)

(4) 同理，当按下反转键时，单片机会自动调用反转程序，使 P3.4 端口为高电平(+5 V)，P3.3 端口为低电平(0 V)，这样直流电动机就会反转。如图 14-19 所示。

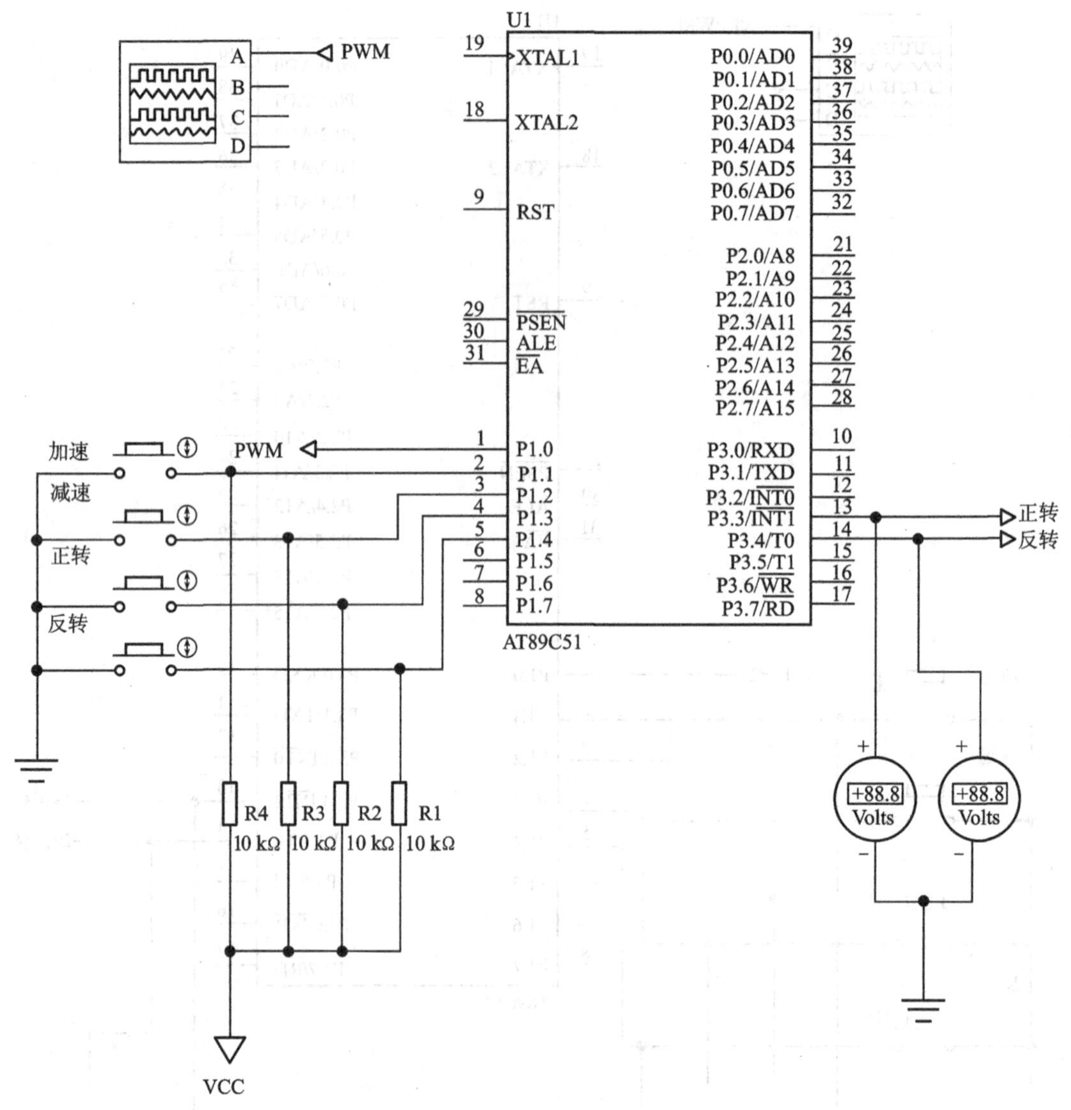

图 14-19　仿真显示(反转)

(5) 要实现直流电动机转速的调整，就需要对电路的脉冲信号进行控制，改变输出信号的占空比，就可以改变直流电动机的转速。

本电路单片机输出的脉冲信号周期为 4 ms，频率为 250 Hz。电路开机时处于初始状态，输出的信号占空比最小，其中高电平输出时间为 0.25 ms，周期为 4 ms，这样占空比为 0.05；当再次操作加速键时，高低平输出时间就多 0.25 ms，而电路的周期是不变的；当高电平输出时间增加到 4.75 ms 时到达上限，直流电动机达到最高转速，占空比达到 0.94，此时再操作加速键，电路的占空比不再上升；当操作减速键时，高电平时间逐步减小，占空比也随之降低，从而使电动机的转速下降，当占空比降至 0.05 时到达下限，占空比不再下降。具体仿真结果如图 14-20 所示。图中所示波形分别为占空比为 0.05、0.5、0.94 时的屏幕截图。

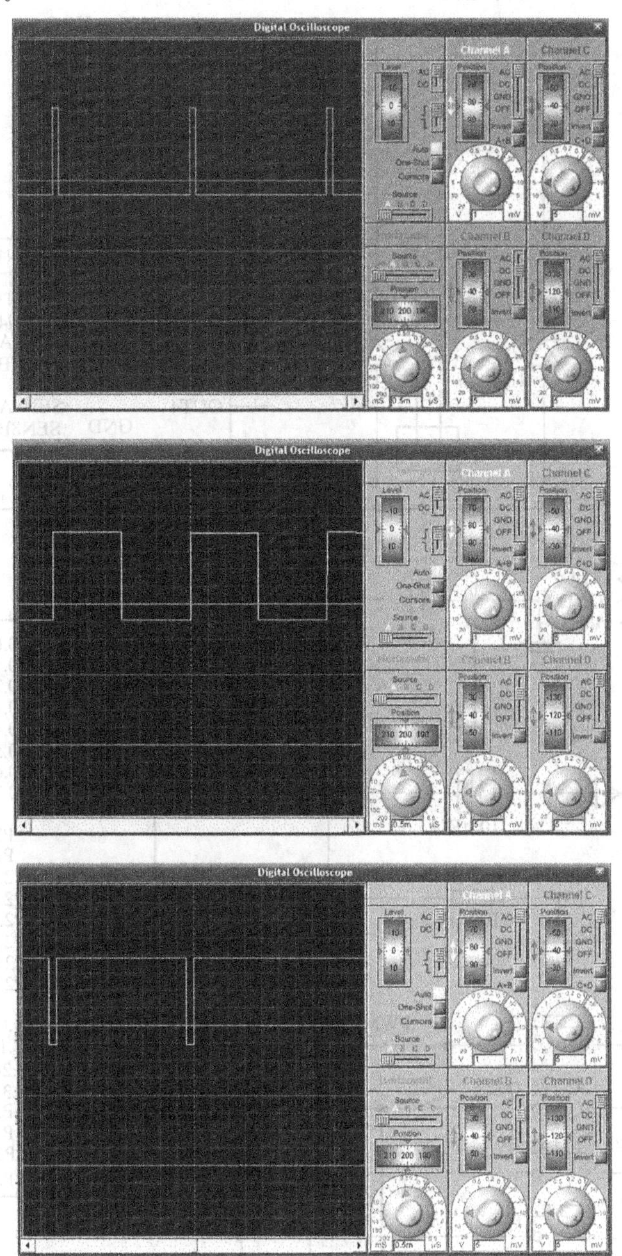

图 14-20　PWM 波形显示

拓展训练

将任务 1 的电路图(见图 14-4)加入本任务中，将单片机的输出端分别命名为正转(P3.3)、反转(P3.4)、PWM(P1.0)，将电动机驱动芯片 L298 的输入端分别命名为正转

(IN1)、反转(IN2)、PWM(ENA)，打开仿真按钮，操作各个按键，就能看到直流电动机的转速及旋转方向的改变。综合电路如图 14-21 所示。

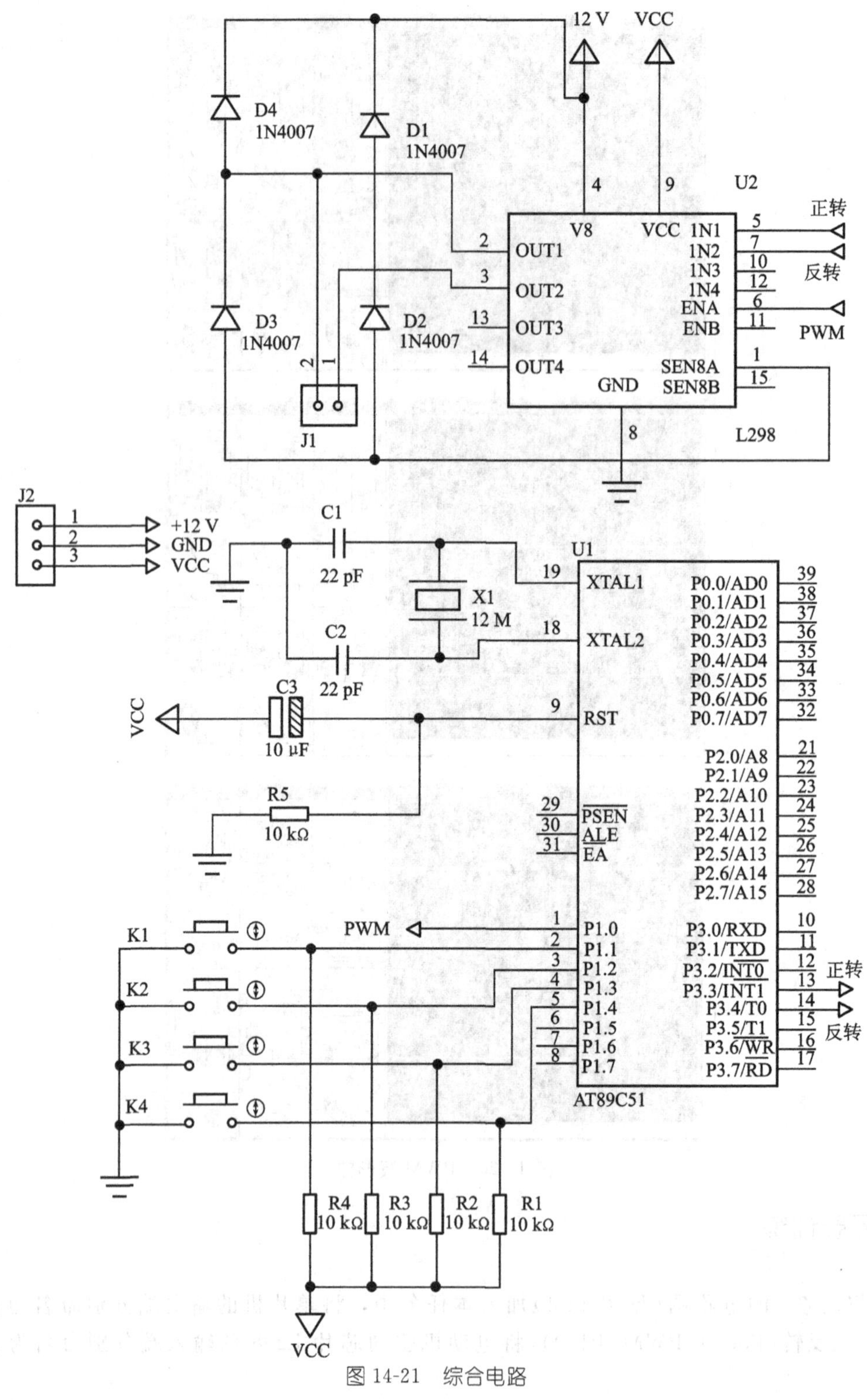

图 14-21　综合电路

任务 3　PCB 板的生成

活动情景

电路控制部分及驱动部分的仿真调试通过之后，就要调试 PROTEUS 软件提供的强大的 PCB 布线工具，我们可以很方便地设计各具特色的印刷电路板，图 14-22 所示为最后生成印刷电路板的 3D 仿真显示。

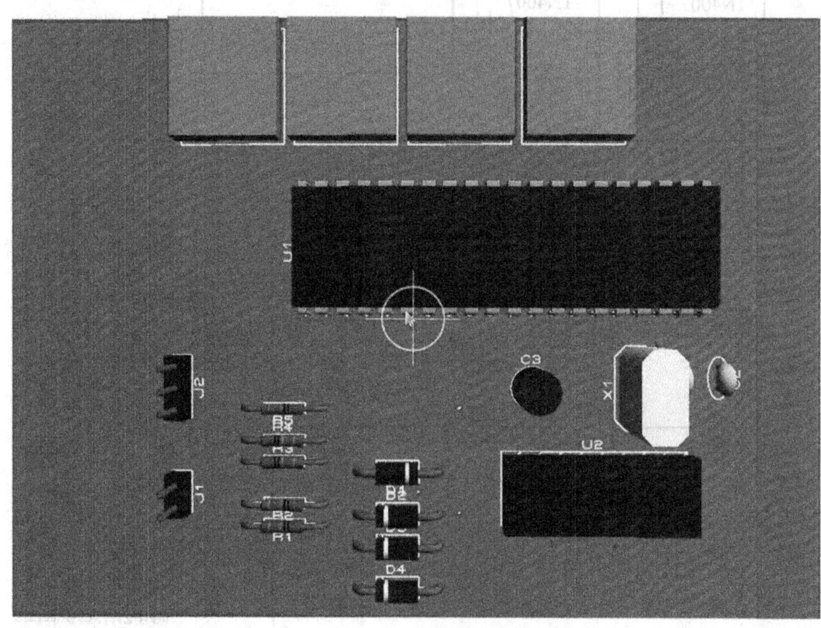

图 14-22　3D 仿真显示

任务要求

（1）掌握自动布线与手动布线相结合的方法，能对自动布线进行修改，以满足实际需要。

（2）掌握元件封装的制作方法。

技能训练

（1）对仿真电路进行后期处理　撤出仿真仪器；把直流电动机换成接线端子，加入电源接线端子，并打开单片机芯片的隐藏管脚；加入单片机复位电路和振荡电路。整理后的电路如图 14-23 所示。

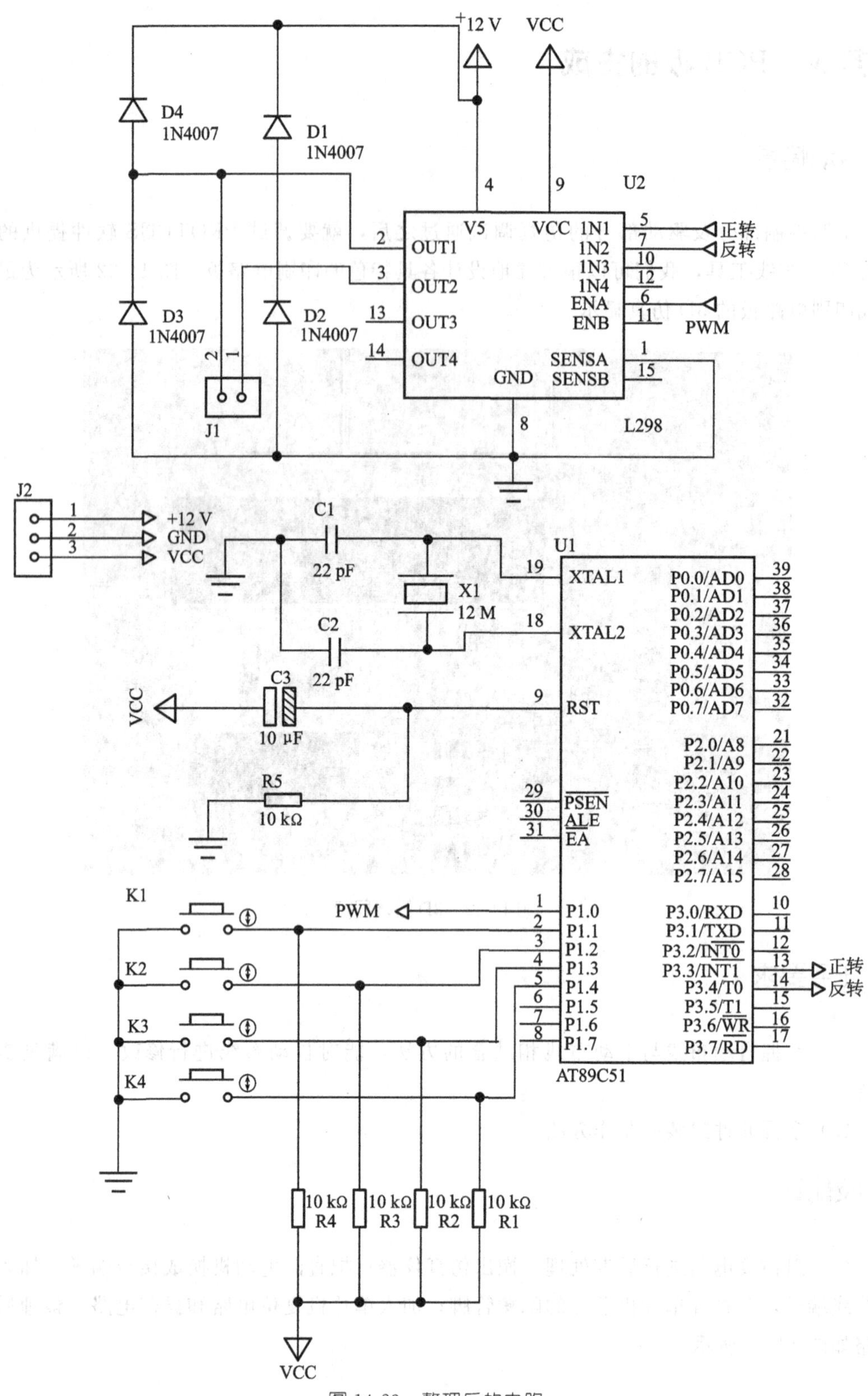

图 14-23　整理后的电路

(2) 软件中没有轻触开关(BUTTON)的 PCB 封装，需要自己制作一个，具体步骤如下。

①打开 PROTEUS 软件的 PCB 制板程序(ARES)，选择方形焊盘，尺寸为 S-70-30，将焊盘放置在绘图区中，用鼠标选中焊盘，选择菜单栏查看 \ 原点，将方形焊盘设为元件的原点。如图 14-24 所示。

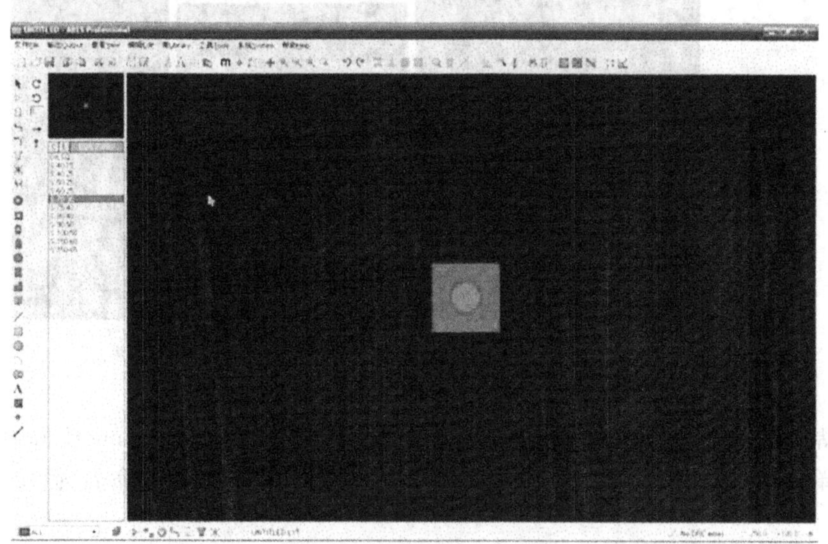

图 14-24　放置方形焊盘

②选择圆形焊盘，尺寸为 S-80-30，在方形焊盘右侧 100 th(2.54 mm)处放置，如图 14-25 所示。

③选中 2D 绘图工具，在两个焊盘外面绘制轻触开关的外形边界，如图 14-26 所示。

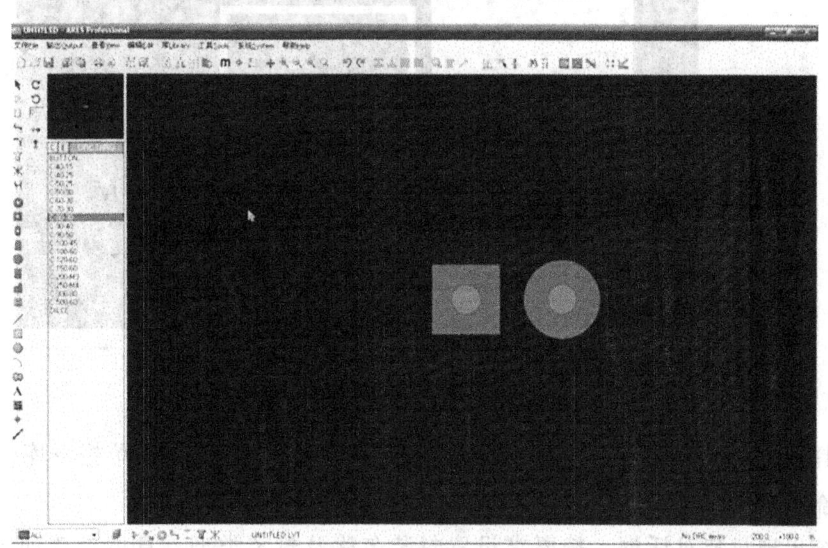

图 14-25　放置圆形焊盘

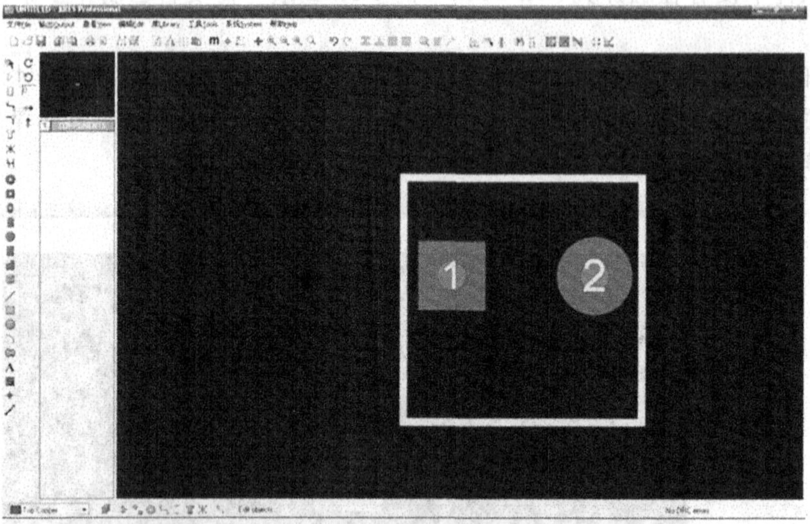

图 14-26 绘制元件边界

④在焊盘上单击，选择菜单栏→工具→自动元件名管理(Auto Name Geneator)，在方形焊盘上单击，系统自动命名为 1；在圆形焊盘上单击，系统自动命名为 2。如图14-27所示。

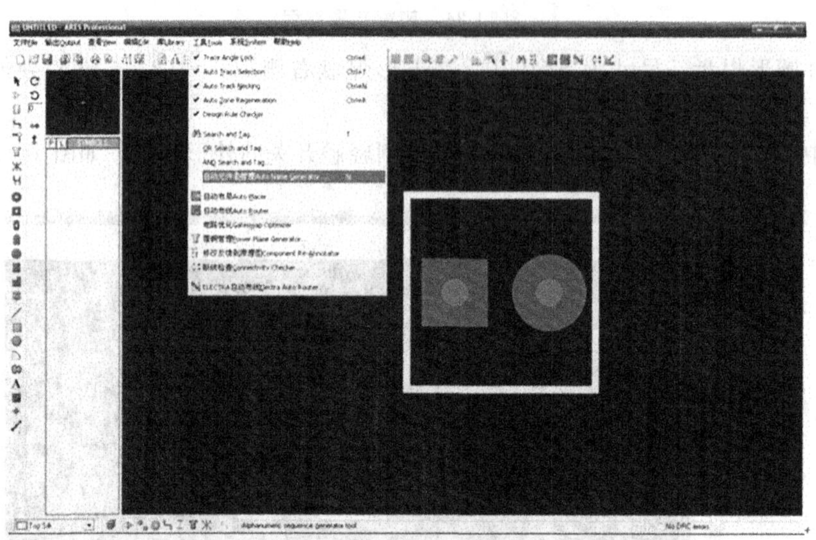

图 14-27 管脚命名

⑤选择工具栏上的箭头图标，选中封装元件外轮廓，选择菜单栏→库→添加元件到封装库命令，如图 14-28 所示。

⑥系统出现封装对话框，按要求设置封装名称及封装类型，具体设置如图 14-29 所示。这样就完成了元件封装的制作，其他元件封装制作与此类似。

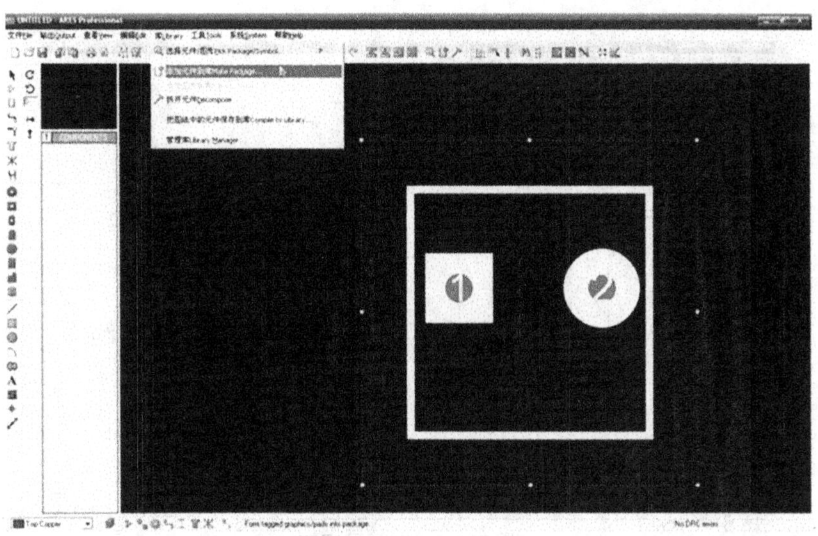

图 14-28　封装命令

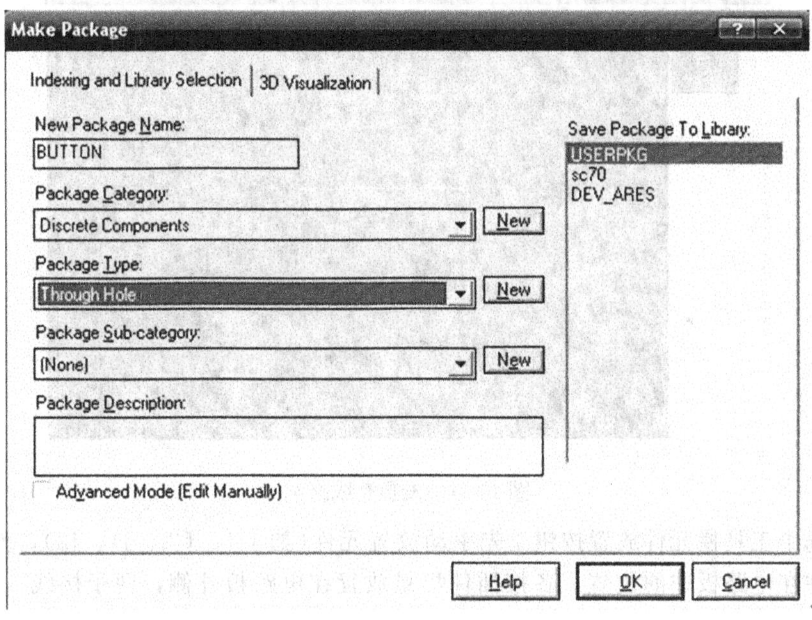

图 14-29　封装对话框

基本活动

(1) 运行 PROTEUS 软件的 ISIS 程序，打开经过 PCB 预处理过得原理图，选择菜单栏→工具→网络表到 ARES，系统会自动将原理图转换为网络表，生成元件连线图，并自动打开 ARES 程序，如图 14-30 所示。

(2) 选中 2D 绘图工具，选择电路板为 Board Edge 层，绘制电路板边框，如图 14-31 所示。

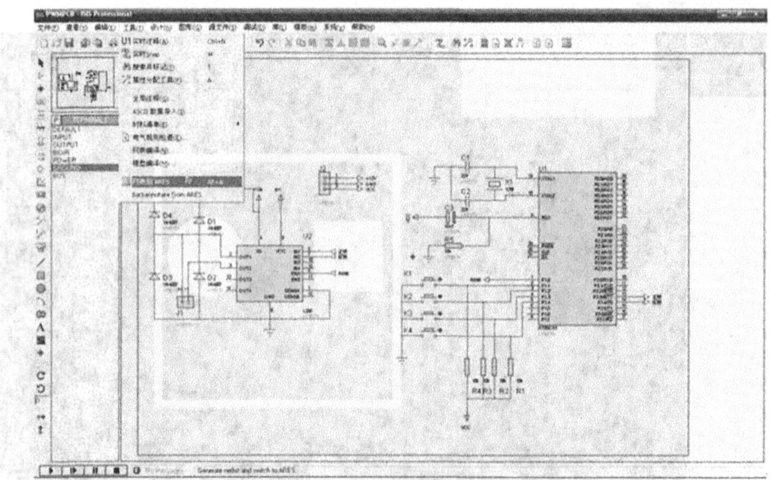

图 14-30　生成网络表

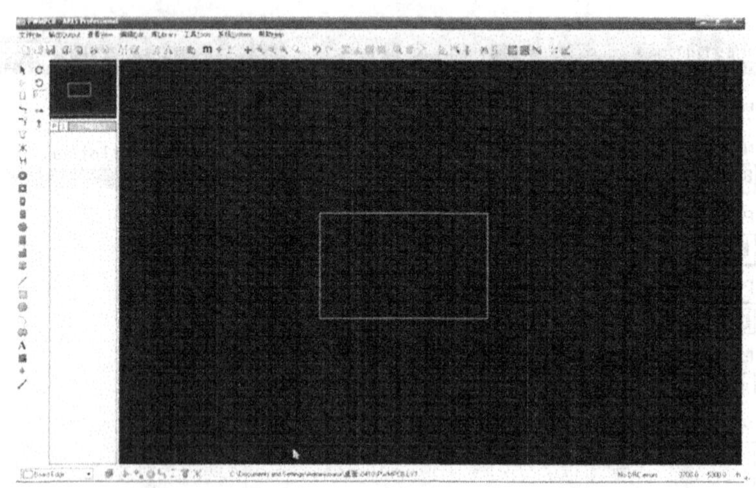

图 14-31　设置布线区域

（3）选中工具栏元件放置按钮　先手动放置元件（如 U1、U2、J1、J2），然后根据需要调整元件在电路板中的位置，各接插件尽量放置在电路板外侧，便于接线。如图 14-32 所示。

（4）利用 ARES 软件的自动放置元件功能　首先，由系统自动放置元件，然后可以根据自己的需要，对元件进行手动调整，调整后元件布局如图 14-33 所示。

（5）利用自动布线功能　由软件自动布线，结果如图 14-34 所示。

（6）轻触开关可以用手动布线的方法来实现，选择工具栏添加封装图标，添加 4 个轻触开关（BUTTON），然后利用手动布线功能手动布线，完成后电路板如图 14-35 所示。

（7）铺铜　为了增强电路板的抗干扰能力，可以采用铺铜技术，电路板顶层和底层全部采用接地的铺铜处理。铺铜后电路板如图 14-36 所示。

（8）打开 3D 仿真显示　查看 3D 仿真电路情况。效果如图 14-37 所示。

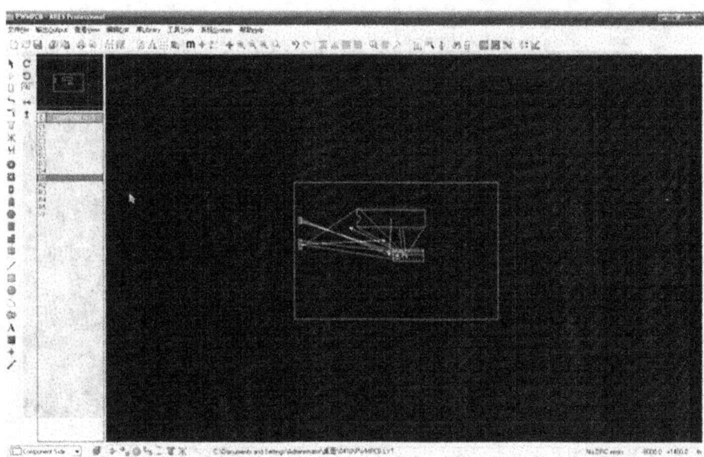

图 14-32　手动放置元件

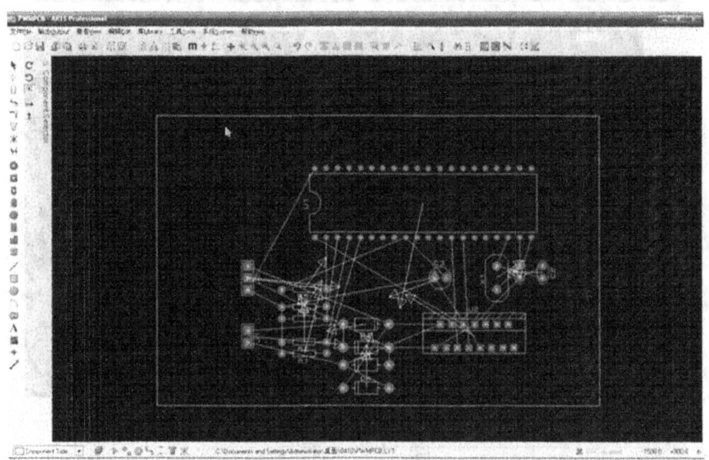

图 14-33　自动放置元件

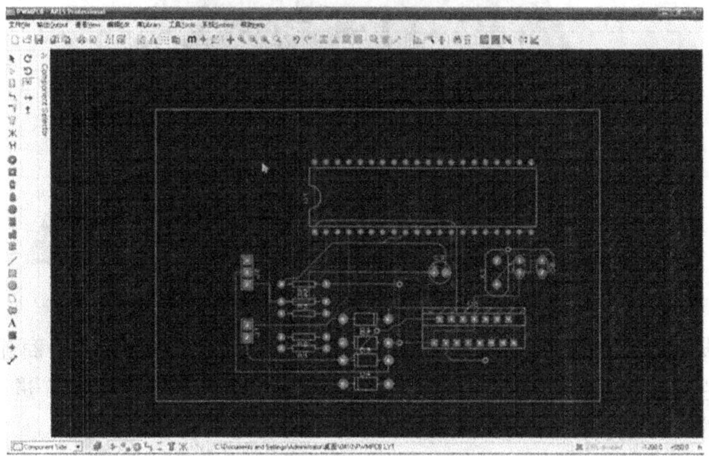

图 14-34　自动布线

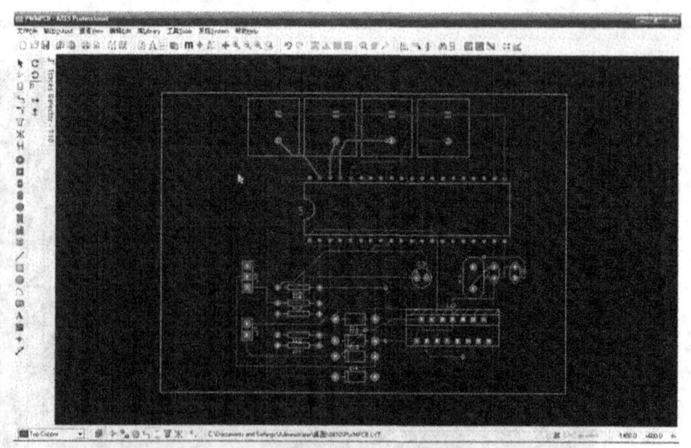

图 14-35　手动布线

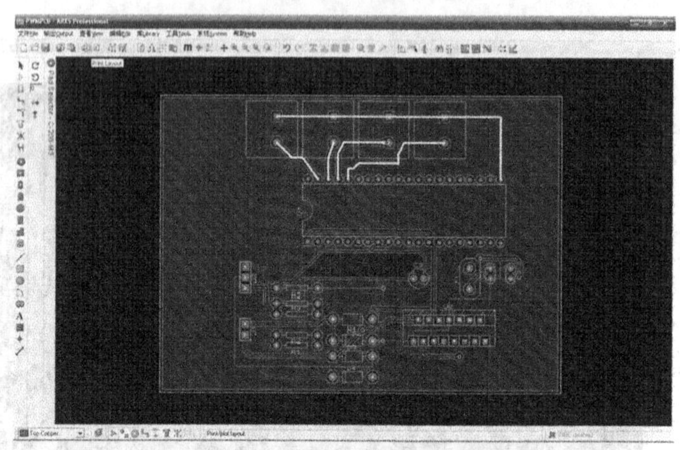

图 14-36　铺铜

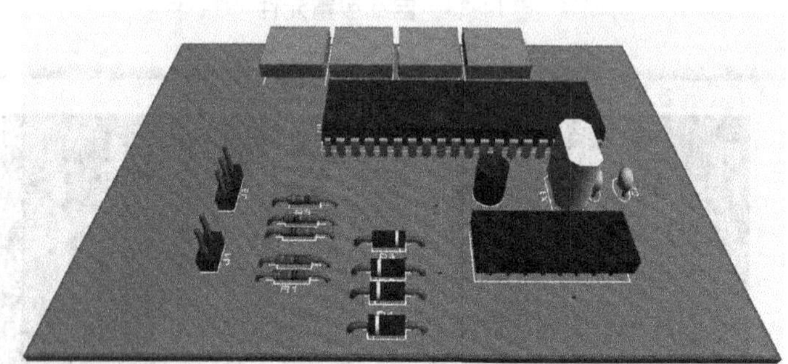

图 14-37　3D 显示

（9）完成设计的电路板，可以生成光绘文件直接由印刷电路板厂商生产出成品电路板。点击菜单栏输出→输出 Gerber 文件，出现设置对话框，按图 14-38 进行设置，点击确定后自动生成 Gerber 文件。

（10）点击菜单栏输出，查看 Gerber 命令，选择刚才生成的 Gerber 文件，软件会显示出电路板的图形。如图 14-39 所示。

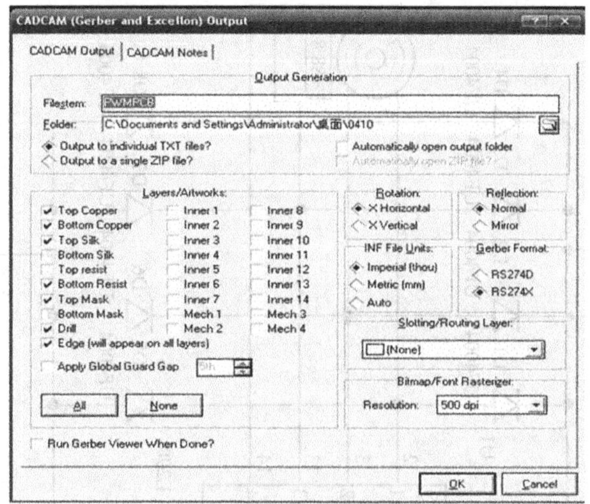

图 14-38　Gerber 文件设置对话框

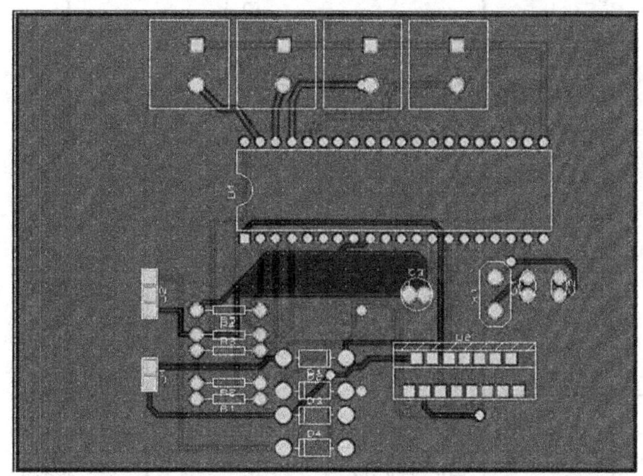

图 14-39　Gerber 文件显示

项目小结

本项目是一个综合的应用电路，在单片机软、硬件仿真的基础上，介绍了电动机驱动电路芯片 L298 的控制、仿真方法，PWM(占空比可调)信号的产生方法及 PCB 布线方面的知识。通过本项目的操作，同学们应该对 PROTEUS 软件在单片机仿真中的应用有较为全面的了解，并掌握单片机软件转换、设置以及硬件电路控制、仿真的操作。

在 PCB 布线时，要首先把原理图进行相关处理，去掉各种虚拟仪器，打开隐藏管脚，添加接线端子及封装等工作，为后期的 PCB 综合布线做好准备。

思考练习

用学习过的方法对图 14-40 所示电路进行调试、控制及仿真，并记录仿真结果。

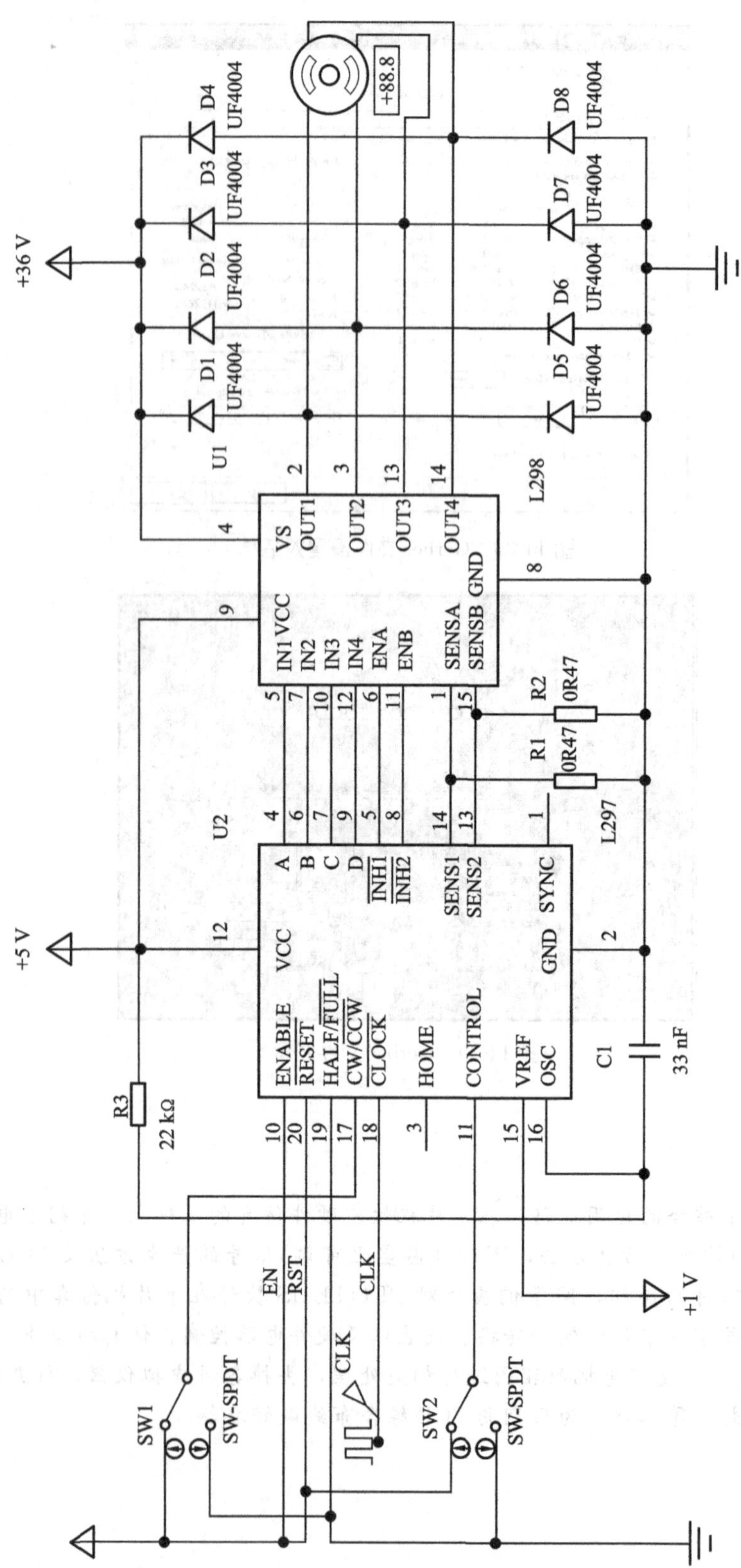
+36 V
+5 V
+1 V
D1 UF4004
D2 UF4004
D3 UF4004
D4 UF4004
D5 UF4004
D6 UF4004
D7 UF4004
D8 UF4004
+88.8
U1
L298
VS
OUT1
OUT2
OUT3
OUT4
IN1 VCC
IN2
IN3
IN4
ENA
ENB
SENSA
SENSB GND
U2
L297
VCC
A
B
C
D
INH1
INH2
SENS1
SENS2
SYNC
GND
ENABLE
RESET
HALF/FULL
CW/CCW
CLOCK
HOME
CONTROL
VREF
OSC
R1 0R47
R2 0R47
R3 22 kΩ
C1 33 nF
EN
RST
CLK
SW1 SW-SPDT
SW2 SW-SPDT

图14-40 综合练习图

附录　常用元器件中英文对照表

7407 驱动门

1N4007 二极管

74LS00 与非门

74LS04 非门

74LS08 与门

74LS390 TTL 双十进制计数器

7SEG 4 针 BCD-LED 输出从 0～9 对应于 4 根线的 BCD 码

7SEG 3～8 译码器电路 BCD-7SEG 转换电路

ALTERNATOR 交流发电机

AMMETER-MILLI mA 安培计

AND 与门

BATTERY 电池/电池组

BUS 总线

CAP 电容

CAPACITOR 电容器

CLOCK 时钟信号源

CRYSTAL 晶振

D-FLIPFLOP D 触发器

FUSE 保险丝

GROUND 地

LAMP 灯

LED-RED 红色发光二极管

LM016L 2 行 16 列液晶，可显示 2 行 16 列英文字符，有 8 位数据总线 D0-D7，RS，R/W，EN 三个控制端口(共 14 线)，工作电压为 5 V。没背光，和常用的 1602B 功能和引脚一样(除了调背光的两个线脚)

LOGIC ANALYSER 逻辑分析器

LOGICPROBE 逻辑探针

LOGICPROBE [BIG] 逻辑探针 用来显示连接位置的逻辑状态

LOGICSTATE 逻辑状态 用鼠标点击，可改变该方框连接位置的逻辑状态

LOGICTOGGLE 逻辑触发

MASTERSWITCH 按钮 手动闭合，立即自动打开

MOTOR 马达

OR 或门

POT-LIN 三引线可变电阻器

POWER 电源

RES 电阻
RESISTOR 电阻器
SWITCH 按钮 手动按一下一个状态
SWITCH-SPDT 二选通一按钮
VOLTMETER 伏特计
VOLTMETER-MILLI mV 伏特计
VTERM 串行口终端
Electromechanical 电机
Inductors 电感器
Laplace Primitives 拉普拉斯变换
Miscellaneous 各种器件
Modelling Primitives 各种仿真器件
Optoelectronics 各种发光器件 发光二极管，LED，液晶等
Resistors 各种电阻
Simulator Primitives 常用的仿真器件
Speakers & Sounders 喇叭和音响
Switches & Relays 开关，继电器
Keyboard 键盘
Switching Devices 晶闸管
Transistors 晶体管(三极管，场效应管)
Analog ICs 模拟电路集成芯片
Capacitors 电容集合
Connectors 排座，排插
Data Converters ADC，DAC 数据转换器
Debugging Tools 调试工具
ECL 10000 Series 各种常用集成电路

参 考 文 献

[1] 周景润，等．基于 PROTEUS 的电路及单片机系统设计与仿真 [M]．北京：北京航天航空大学出版社，2006.

[2] 林志琦，等．基于 Proteus 的单片机可视化软硬件仿真 [M]．北京：北京航空航天大学出版社，2006.